Photoshop CC 中文版

张焕生 | 著

全能一本通

中国青年出版社

图书在版编目（CIP）数据

中文版Photoshop CC全能一本通/张焕生著.
— 北京：中国青年出版社，2019.2
ISBN 978-7-5153-5451-4
I.①中… II.①张… III.①图象处理软件 IV.①TP391.413
中国版本图书馆CIP数据核字（2018）第295050号

策划编辑　张　鹏
责任编辑　张　军
封面设计　彭　涛

中文版Photoshop CC全能一本通
张焕生／著

出版发行：中国青年出版社
地　　址：北京市东四十二条21号
邮政编码：100708
电　　话：（010）50856188／50856189
传　　真：（010）50856111
企　　划：北京中青雄狮数码传媒科技有限公司
印　　刷：湖南天闻新华印务有限公司
开　　本：787 x 1092　1/16
印　　张：25
版　　次：2019年6月北京第1版
印　　次：2019年6月第1次印刷
书　　号：ISBN 978-7-5153-5451-4
定　　价：89.90元
(附赠独家秘料，含语音视频教学+案例素材文件+海量设计资源)

本书如有印装质量等问题，请与本社联系
电话：（010）50856188／50856189
读者来信：reader@cypmedia.com
投稿邮箱：author@cypmedia.com
如有其他问题请访问我们的网站：http://www.cypmedia.com

前 言

首先感谢您选择并阅读本书！

软件介绍

现如今，使用Photoshop进行电脑美术设计已经成为现代设计师必备的职业技能。作为一款世界顶级水平的图像设计软件，Adobe Photoshop（PS）因其专业的技能和强大的兼容能力，广泛应用于平面广告设计、界面设计、插画设计、网页设计等诸多领域，深受平面设计人员和图形图像处理爱好者的喜爱。在竞争日益激烈的商业社会中，Photoshop发挥着举足轻重的作用，设计师可以通过Photoshop将艺术构思和创作灵感更好地表现出来，创作出许多令人惊叹的作品。

内容提要

为了使读者能够快速掌握使用Photoshop进行平面作品设计的方法和技能，本书以最新的Photoshop CC版本为基础，根据读者的学习习惯，采用由浅入深的讲解方式进行讲解，本书由河北水利电力学院张焕生老师编写，全书共计约60万字，全书先对软件各功能模块的使用方法和具体应用进行介绍，再以实战案例的形式展示Photoshop各常用领域的具体应用，帮助读者快速达到理论知识与应用技能的同步提高。

全书共分为14章，主要内容介绍如下：

章节	内容概要
Chapter 01	主要对Photoshop CC的基础知识进行介绍，包括软件的应用领域、新增功能、工作界面以及辅助工具的应用等
Chapter 02	主要对Photoshop图像操作的相关知识进行介绍，包括图像的基础知识、文件的基本操作以及画布与像素的应用等
Chapter 03	主要对Photoshop选区应用的相关知识进行介绍，包括选区的概念与分类、选区的创建以及选区的编辑操作等
Chapter 04	主要对Photoshop图像修饰与修复的相关操作进行介绍，包括复制图像工具的应用、修复图像工具的应用以及修饰图像工具的应用等
Chapter 05	主要对Photoshop图像模式与色彩调整的相关知识进行介绍，包括图像颜色模式应用、自动校正颜色操作以及颜色调整命令的应用等
Chapter 06	主要对Photoshop路径和矢量工具的应用进行介绍，包括钢笔工具的应用、路径的编辑、路径的填充与描边以及使用形状工具进行路径绘制等
Chapter 07	主要对Photoshop文字的应用进行介绍，包括一般文字的创建方法、路径文字的创建操作、变形文字的创建操作以及文本编辑的相关操作等
Chapter 08	主要对Photoshop图层与图层样式的应用进行介绍，包括图层的原理、图层的创建与编辑、图层组的应用以及图层样式的应用等
Chapter 09	主要对Photoshop蒙版与通道的应用进行介绍，包括蒙版的属性介绍、图层蒙版的应用、矢量蒙版的应用、剪贴蒙版的应用、快速蒙版的应用以及通道的创建与编辑等
Chapter 10	主要对Photoshop滤镜的应用进行详细介绍，主要包括滤镜的种类介绍、滤镜与滤镜库的应用、智能滤镜的应用以及各种常见滤镜的具体应用等
Chapter 11	主要对Photoshop动画与视频的应用进行详细介绍，主要包括动画的制作基础、视频文档与视频图层的创建、视频图层的编辑以及动画的创建等
Chapter 12	主要对Photoshop 3D技术成像的相关知识进行详细介绍，主要包括3D对象的操作、3D对象的创建以及3D对象的纹理编辑等
Chapter 13	主要对Photoshop动作与任务自动化的相关知识进行详细介绍，主要包括动作的录制、动作与动作组的管理以及批处理与图像编辑自动化等
Chapter 14	主要对Photoshop在平面设计中的综合应用进行介绍，主要包括文字效果制作、包装设计、创意合成、图像效果处理以及创意海报设计等

赠送超值资源

为了帮助读者更加直观地学习本书，随书附赠的资源中包括以下学习资料：

● 书中全部实例的素材文件，方便读者高效学习；

● 语音视频教学，手把手教你学，扫除初学者对新软件的陌生感；

● 赠送海量设计素材，可极大地提高学习效率，真正做到物有所值。

读者对象

本书是读者了解和掌握Photoshop CC软件应用的最佳途径，非常适合以下读者群体使用：

● 大中专院校相关专业的师生；

● 社会各级同类培训班的学员；

● 从事艺术设计和广告设计的初级设计师；

● 从早期版本Photoshop升级到Photoshop CC的用户；

● 对Photoshop软件感兴趣的读者。

本书在编写过程中力求严谨，但由于时间和精力有限，纰漏和考虑不周之处在所难免，敬请广大读者予以批评、指正。

编 者

目 录

07 文字工具

08 图层和图层样式

09 蒙版和通道

Chapter 01

Photoshop CC基础知识

Photoshop是一款非常优秀的图形图像处理软件，在学习Photoshop之前必须先了解它的基础知识。本章将向读者介绍Photoshop CC的概述、新增的功能、工作界面以及辅助工具的应用等知识。通过本章内容的学习，读者可以对Photoshop有一个深刻的认识，为以后各功能的学习打下良好的基础。

核心知识点

❶ 了解Photoshop的诞生与发展　　❸ 熟悉Photoshop的工作界面
❷ 熟悉Photoshop的新增功能　　　❹ 掌握Photoshop辅助工具的应用

世界自然基金会公益海报

儿童插画

CG场景效果

数码后期处理

建筑效果处理

1.1 Photoshop 概述

Photoshop是Adobe公司最为出名的一款图像处理软件。自1990年2月诞生了只能在苹果机（Mac）上运行的Photoshop1.0，至2013年Photoshop CC的面世，Photoshop早已在图像处理行业占据了主导地位。该软件集图像扫描、图像制作、编辑修改、图像输入、色彩调整等多种功能于一体，深受广大平面设计人员和电脑美术专业者的热爱。

1.1.1 Photoshop 的诞生与发展

1987年秋，美国密歇根大学博士研究生托马斯·洛尔（Thomes Knoll）编写了一个叫作Display的程序，用来在位图显示器上显示灰阶图像。托马斯的哥哥约翰·洛尔（John Knoll）在一家影视特效公司做视觉特效总监，他让弟弟帮他编写一个处理数字图像的程序，于是托马斯重新修改了Display的代码，使其具备羽化、色彩调整和颜色校正功能，并可以读取各种格式的文件。这个程序被托马斯改名为Photoshop。洛尔兄弟最初把Photoshop交给了一家扫描仪公司，它的首次上市是与Barneyscan XP扫描仪捆绑发行的，版本为0.87。后来Adobe公司买下了Photoshop的发行权，并于1990年2月推出了Photoshop 1.0版本。该版本的推出给计算机处理行业带来了巨大的冲击，Photoshop从此成为Adobe软件帝国的重要一员。

1991年2月，Adobe推出了Photoshop 2.0，新版本增加了路径功能，支持栅格化Illustrator文件，支持CMYK模式，最小分配内存也由原来的2MB增加到4MB。该版本的发行引发了桌面印刷的革命。此后，Adobe公司开发了一个Windows视窗版本Photoshop 2.5。1995年3.0版本发布，增加了图层功能。1996年的4.0版本中增加了动作、调整图层和标明版权的水印图像功能。1998年的5.0版本中增加了历史记录面板、图层样式、撤销和垂直书写文字等功能。从5.0.2版本开始，Photoshop首次为中国用户设计了中文版。1998年发布的Photoshop 5.5版本中，首次捆绑了ImageReady，从而填补了Photoshop在Web功能上的欠缺。2002年3月Photoshop 7.0发布，增强了数码图像的编辑功能。

2003年9月，Adobe公司将Photoshop与其他几个软件集成为Adobe Creative Suite CS套装，这一版本称为Photoshop CS，功能上增加了镜头模糊、镜头校正以及智能调节不同区域亮度的数码照片编修功能。2005年推出了Photoshop CS2，增加了消失点、Bridge、智能对象、污点修复画笔工具、红眼工具等功能。2007年推出了Photoshop CS3，增加了智能滤镜、视频编辑和3D等功能，软件界面也重新设计了。2008年9月发布Photoshop CS4，增加了旋转画布、绘制3D模型、GPU显卡加速等功能。2010年4月Photoshop CS5发布，增加了混合器画笔工具、毛刷笔尖、操控变形和镜头校正等功能。时隔2年之后，Photoshop CS6发布。2013年，Photoshop CC面世。

1.1.2 Photoshop 的应用领域

Photoshop是一款功能非常强大的图像处理软件，它的应用范围很广泛，不论是平面设计、插画设计、矢量绘图、网页制作、3D效果还是多媒体应用，都发挥着不可替代的重要作用。新版本的Photoshop CC 2017，在图像、文字、视频、图形上都有了进一步的优化和改进，本节将对Photoshop主要的应用领域进行详细介绍。

1. 平面设计

Photoshop应用最广泛的领域就是平面设计，从电脑设计Banner图、详情图到印刷制作的户外广告、海报招贴等，基本上都需要使用Photoshop进行图像优化处理。Photoshop不仅成为了图像处理领域的行业标杆，也揭开了印刷界的又一新篇章。

世界自然基金会公益海报　　　　冰激凌广告设计　　　　啤酒广告设计

2. 界面设计

界面设计这一新兴行业随着互联网时代的飞速发展也逐渐被观众所熟知，从以往的游戏界面、软件APP界面到如今的手机应用界面、Ipad显示界面、智能家电的设计和制作都是利用Photoshop来完成的。使用Photoshop的混合选项、滤镜、图像调整功能，可以制作出不同质感和色彩的画面效果。

APP应用界面　　　　手机游戏界面　　　　音乐播放器界面

3. 插画设计

插画设计作为当今时代艺术视觉效果表达形式之一，逐渐成为年轻人的热潮。在招贴海报、CD封面、品牌宣传甚至服装设计中都能看到电脑艺术插画的身影。利用Photoshop软件可以绘制出不同风格特色的插画，插画设计逐渐成为新文化群众传播意识形态的一种方式。

时尚概念插画　　　　创意儿童插画　　　　西班牙大师时装插画

4. 网页设计

由于互联网信息技术的不断更新换代，人们对网页整体感官的审美要求也在不断提高。使用Photoshop加工、美化网页中的元素，处理网页中的版面、线条可以使整体网页效果更具张力，结合Dreamweaver和Flash软件进行动画交互的融合再处理，便可实现互动的网站页面效果。

Html5登录界面

百度贴吧网页设计

Html5网站Banner图

Html5摄影网站

5. 动画与CG设计

Photoshop常用来绘制不同艺术效果的CG艺术作品，模型贴图通常也是使用Photoshop来制作完成的，通过Photoshop能够快速且有效地渲染图片。一些三维软件的贴图制作功能都比较弱，而且动画渲染的时间比较长，使用Photoshop不仅能够有效地节约时间，而且制作出的场景贴图、画面质感、人物效果都十分逼真。

CG人物效果

CG场景效果

CG汽车贴图

6. 数码摄影后期处理

Photoshop具有强大的图像处理功能，为数码爱好者提供了无限的想象创作空间，是摄影专业人士必学的软件之一。用户可以使用Photoshop随意地对图像进行加工、修改、合成和再处理，制作出极其富创造力的艺术作品。除此之外，使用Photoshop制作出的海报独具创意，人物细节处理更加完善，色调显示更加丰富。

数码后期人物与碎片合成　　　　　　　**数码后期人物裙子合成**　　　　　　　**数码后期人物与景观加工合成**

7. 效果图后期处理

虽然大部分建筑效果都需要在3ds Max中制作，但其后期修饰调整图片多数是在Photoshop中完成的。如果需要添加人物、树木、车辆、建筑等一些装饰效果，在Photoshop中能够快速方便地完成，这样不但能节约渲染时间，把更多的精力花在处理制作图片上，而且通过Photoshop的调整能使画面更有质感，整体更加美观。

建筑效果图雪景后期　　　　　　　**建筑效果图雨景后期**　　　　　　　**建筑效果图夜景后期**

1.2　Photoshop CC 2017 新增功能

Photoshop CC中增加的新功能很多，较之前的版本有了许多改进和完善。在Photoshop CC 2017中，Photoshop程序下载速度提高65%；改善了画板转存为PDF的功能，可以包含画板的名称和背景；改善了所有的内容感知功能，更能保存图片细节、减少模糊和涂抹痕迹；增加了"内容感知填色"的颜色适应处理功能；改善了预设色板中的对比值。

其中比较重要的操作和功能包括图像资源生成、智能增加取样、防抖滤镜、高dpi显示支持、增强的Camera Raw功能、图像的智能锐化以及可编辑的矩形和圆角矩形、匹配字体、条件动作、实时3D绘画、3D面板、径向滤镜效果等。

1.2.1　图像资源生成功能

　　图像资源生成是Photoshop CC新增的一项针对Web网页图片非常实用的功能。利用Photoshop可以随时导出不同尺寸、不同格式、不同品质的Web设计图片，这对广大的切片输出工作者和Web设计者来说尤其有用。在菜单栏中执行"文件>导出>将图层导出到文件"命令，打开"将图层导出到文件"对话框进行设置。

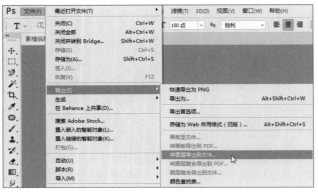

選擇"将图层导出到文件"命令　　　　　　　　　"将图层导出到文件"对话框

1.2.2　智能增加取样功能

　　智能增加取样是Photoshop CC加入的全新功能，可以确保用户在放大图片的同时保留画面更多的细节和锐度，不会因图片放大而导致画质受损。

　　使用智能增加取样功能，在扩大图片、强化照片细节的同时，可以保留画面清晰度而不产生杂点，尽可能避免因放大照片而导致的画面模糊、失真。应用智能增加取样功能可以实现低分辨率照片放大满足打印要求，高分辨率的照片放大满足户外广告打印更高像素的要求。打开图像，执行"图像>图像大小"命令，打开"图像大小"对话框，修改文档大小，选择"重新采样"为"保留细节（扩大）"。

执行"图像大小"命令　　　　　　　　　　"图像大小"对话框

1.2.3　防抖滤镜功能

　　相机防抖是Photoshop CC中令人期待的新鲜功能。该功能最大的用途便是可以将拍摄时因手抖动、慢速快门以及长焦距等不清晰的照片，通过后期处理方式还原为清晰的照片。使用这项功能，能够精确分析不同照片的曲线以恢复清晰度，效果令人惊叹。打开素材原图，选择"滤镜>锐化>防抖"命令，打开"防抖"对话框，选择防抖区域并设置各项参数，单击"确定"按钮可查看应用防抖滤镜的效果。

选择"防抖"命令

"防抖"对话框

Photoshop CC的防抖功能在消除照片虚化的效果上非常出色，此项功能的加入让Photoshop在照片编辑领域将变得更加强大。

模糊描摹设置及显示模糊评估区域

显示模糊评估区域的多区域设置

"模糊临摹边界"可视为整个处理的最基础锐化，即由它先勾出大体轮廓，再由其他参数辅助修正。取值范围为10~199，数值越大锐化效果越明显。当该参数取值较高时，图像边缘的对比会明显加深，并会产生一定的晕影，这是很明显的锐化效应。剩下的参数微调，用户可以随意拖动滑块，在左侧窗口可以看到渲染的最终效果。

我们对Photoshop CC的"相机防抖"及"智能锐化"的锐化性能作了比较，感觉智能锐化实现的强度没有相机防抖强烈。对于轻微的手抖等原因造成的一些不太严重的模糊，使用Photoshop CC的防抖功能完全可以得到较好的修正效果。

1.2.4 高 dpi 显示支持功能

Photoshop CC添加了对高dpi显示的支持，如Retina显示屏，在使用高分辨率的显示功能时，还能以原文档200%的大小查看文档。执行"视图>200%"命令或者按Shift+Ctrl组合键并双击缩放工具图标，可以以200%的大小查看所有打开的文档。

选择200%命令

1.2.5　增强的 Camera Raw 功能

在Photoshop CC 中，用户可以将Camera Raw作为滤镜使用，这就意味着用户能够使用该功能处理更多类型的文件，包括PNG、TIFF和JPEG等。另外，Camera Raw支持图层功能，用户可将Camera Raw所做的编辑以滤镜的方式套用到Photoshop内的任何图层或文件，加以美化，方便更精确地修改影像、修正透视曲线的现象。

Camera Raw滤镜基本面板　　　　　　　　　Camera Raw滤镜分离色调面板

1.2.6　图像的智能锐化功能

智能锐化是Photoshop CC中对锐化工具的一次重大改革，可以真正做到在锐化图像时，对图像进行智能区分并选择需要进行锐化的区域。图像智能锐化同时支持用户对其进行微调，以展示更加细腻自然的高品质图像效果。Photoshop CC中的智能锐化工具可以使照片看上去更加清晰自然，还可以对皮肤细节、纹理等整体进行锐化处理，以减少杂点和光晕的影响，有效提升照片的整体质量。

"智能锐化"对话框

1.2.7　可编辑的矩形和圆角矩形功能

Photoshop CC提供了更为强大的圆角矩形功能，用户可以在绘制形状之后灵活调整和编辑圆角矩形的尺寸，甚至可以在圆角矩形中编辑个别的圆角半径。如果形状将用于网络，还可以从图像转存成CSS，大大节省时间。

绘制矩形形状　　　　　　　　　　设置圆角参数，变为圆角矩形形状

绘制不同弧度的圆角矩形形状　　　　　　添加文字查看效果

相信大家做设计的时候一般都会用到圆角的图形，比如圆角矩形，又不想切换到Illustrator或者Coredraw等软件里进行调整，Photoshop CC之前的版本画圆角矩形就比较麻烦，还要输入半径一个一个地试，现在在Photoshop CC 中局部圆角的形状改变可以轻松实现。

绘制圆角形状

弹出提示对话框，选择"是"

拖动锚点调整四角矩形形状

调整完成

1.2.8　匹配字体功能

Photoshop CC版本增加了智能识别字体并匹配功能，当用户打开一张图片，看到图片上的字体并想使用该字体时，不用到处查询它到底是哪一种字体了。在Photoshop CC的菜单栏中执行"文字>匹配字体"命令，进行智能字体识别操作即可。遗憾的是，暂时只能识别拉丁文字，中文字体还不能识别。

字体识别

1.2.9 条件动作功能

Action动作是Photoshop中的批处理功能，方便大家在使用Photoshop批量处理照片时记录操作。而条件动作则是Photoshop CC对动作命令的一大改进，它允许用户在使用Action动作批量处理时可以通过简单的命令语句，如"如果/就"设置动作执行的规则，实现智能动作批量处理。用户可以通过条件动作生成根据多个不同条件之一，选择操作的动作，即首先选择条件，然后有选择性地制定文档满足条件时播放的动作和不满足条件时播放的动作。

打开素材图片，执行"窗口>动作"命令或按下Alt+F9组合键，打开"创建新动作"对话框，对要创建的动作进行命名，然后录制动作。

新建动作

录制动作

录制完成后，停止记录。打开素材图片，单击"动作"面板中的"播放选定的动作"按钮，即可对素材图片执行之前录制的动作操作。

1.2.10 升级的3D面板功能

Photoshop CC的3D面板进行了重新设计，使2D到3D编辑的转变更为顺畅。3D面板具备许多熟知的图层面板选项，如复制、范例、群组和删除等，用户可以很快轻松上手。在Photoshop CC中对3D物体和纹理进行绘制时，即时预览的速度最高可提高100倍，互动效果也更好。有了更为强大的Photoshop绘图引擎，任何3D模型都栩栩如生。

3D面板

1.2.11 实时 3D 绘画功能

Photoshop CC可以让用户在绘制3D模型时实现更精确地控制和更高地准确度。在默认的"实时3D绘画"模式下绘画时，能够看到画笔描边会同时在3D模型视图和纹理视图中实时更新。"实时3D绘画"模式也可显著提升性能，并可最大限度地减少失真。

3D房屋绘图

3D城市绘图

3D人物绘图

1.2.12 径向滤镜功能

Camera Raw中全新的径向滤镜功能可以让用户先使用椭圆选框工具定义选区，然后将局部校正应用到这些选区，以在选区的内部或外部应用校正。用户可以在一张图像上放置多个径向滤镜，并为每个滤镜应用一套不同的调整。

Camera Raw滤镜的参数设置对话框

1.3 Photoshop CC 的工作界面

Photoshop CC的工作界面同之前的版本相比有很大的变化，其中增加了许多新的选项和按钮。为了能够熟练地使用Photoshop CC，我们先来了解一下其工作界面。Photoshop CC的工作界面由菜单栏、工具栏、属性栏、文档窗口、状态栏等组成。

1.3.1 菜单栏

Photoshop CC的菜单栏包括文件、编辑、图像、图层、文字、选择、滤镜、3D、视图、窗口、帮助共11个菜单，执行这些菜单栏里的命令，可以进行大部分的图像编辑操作。

Ps 文件(F) 编辑(E) 图像(I) 图层(L) 文字(Y) 选择(S) 滤镜(T) 3D(D) 视图(V) 窗口(W) 帮助(H)

下表对Photoshop CC的菜单栏及其功能进行了介绍。

菜单	功能介绍
文件	集合了新建、打开、存储、置入、导入、导出、打印等一系列针对文件的管理命令
编辑	集合了剪切、拷贝、粘贴、清除、填充、描边等对图像文件进行编辑处理的操作命令
图像	集合了用于调整图像模式、颜色以及版面尺寸大小等多种命令
图层	集合了对图层进行调整的多项操作命令
文字	集合了字符面板、段落面板、匹配字体、字体预览大小等相关文字操作的命令
选择	集合了对图像选区的多项操作命令，包括取消选择、扩大选取、载入选区等
滤镜	集合了用于制作图像特殊画面效果的素描、纹理、艺术效果、模糊、锐化等多种滤镜效果
3D	集合了与 3D 图层相关的操作命令，包括新建 3D 图层、新建 3D 模型、合并 3D 图层等命令
视图	包含了校样颜色、放大、缩小、标尺、对齐、新建参考线等视图调整命令
窗口	该菜单栏中的命令主要用于显示和隐藏软件提供的不同操作命令的面板，也能够对打开的窗口进行有效地管理
帮助	该菜单栏中的命令主要是为了用户了解和学习软件，便于查看软件的在线帮助

用户可以将鼠标指针置于菜单列表中带有三角形图标 ▸ 的菜单项上，则会弹出级联菜单。例如在"窗口"菜单下执行"排列"命令后，其级联菜单下回显示更多关于排列窗口的相关命令。

"窗口>排列"级联菜单

1.3.2 工具箱

工具箱将Photoshop CC中所有的工具都以按钮的形式集中在了一起，工具栏中的部分图标右下角有一个黑色小三角图标 ▫，表示这是一个工具组。在工具栏中单击该工具所在的工具组，在弹出的工具组中选择自己需要的子工具即可。如果对工具不熟悉，可将鼠标指针移至工具栏上的工具按钮并停留一会儿，此时会出现工具提示，显示工具的名称和快捷键。下面以图例的形式对工具栏进行详细的介绍。

- 移动工具/画板工具：用于移动和控制画板大小。
- 快速选择工具/魔棒工具：用于快速选择选区。
- 仿制图章工具/图案图章工具：用于复制指定图像，并将其粘贴到其他位置。
- 路径选择工具/直接选择工具：用于选择图像和移动锚点调整形状和路径。

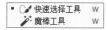  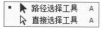

● 减淡工具/加深工具/海绵工具：用于调整图像的色调深浅以及饱和度。

● 模糊工具/锐化工具/涂抹工具：用于图像的模糊和鲜明化处理。

● 渐变工具/油漆桶工具/3D材质拖放工具：使用指定的颜色、渐变或材质进行填充。

● 污点修复画笔工具/修复画笔工具/修补工具/内容感知移动工具/红眼工具：用于修复图像或消除图像中的红眼现象。

● 钢笔工具/自由钢笔工具/添加锚点工具/删除锚点工具/转换点工具：用于绘制、修改滤镜及形状，或对矢量路径和形状进行变形操作。

● 矩形工具/圆角矩形工具/椭圆工具/多边形工具/直线工具/自定形状工具：用于制作矩形、圆角矩形、多边形以及各式各样的形状图形。

● 吸管工具/3D材质吸管工具/颜色取样器工具/标尺工具/注释工具/计数工具：用于取出色样、度量图像的大小、插入注释和添加计数符号。

● 横排文字工具/直排文字工具/直排文字蒙版工具/横排文字蒙版工具：用于横向或纵向输入文字或添加文字蒙版。

● 矩形选框工具/椭圆选框工具/单行选框工具/单列选框工具：用于绘制指定的矩形或者椭圆选区。

● 裁剪工具/透视裁剪工具/切片工具/切片选择工具：用于把图像裁切成需要的尺寸大小或者制作网页时切割图像。

● 画笔工具/铅笔工具/颜色替换工具/混合器画笔工具：用于表现不同效果的画笔效果，或者替换图像中的某种颜色。

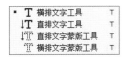   

● 橡皮擦工具/背景橡皮擦工具/魔术橡皮擦工具：用于擦除图像或者将指定颜色的图像删除。

● 套索工具/多边形套索工具/磁性套索工具：用于选取指定曲线、多边形和不规则形状的选区。

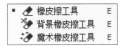 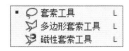

● 抓手工具/旋转视图工具：用于移动和旋转图像，进而从不同的位置和角度观察图像效果。

● 历史记录画笔工具/历史记录艺术画笔工具：利用画笔工具表现独特的毛笔质感或复原图像。

● 缩放工具 🔍：用于放大和缩小图像，观察不同区域的细节效果。

● 编辑工具栏：在工具栏列表中右击"编辑工具栏"按钮 ⋯⋯，选择"编辑工具栏"选项 ⋯⋯ ▪ ⋯ 编辑工具栏…，在打开的"自定义工具栏"对话框中进行工具栏的自定义操作，如隐藏或显示附加工具、修改工具的快捷键等。

"自定义工具栏"对话框

1.3.3 属性栏

属性栏一般位于菜单栏的下方，用于设置各个工具的具体参数。选择的工具不同，软件提供的属性栏选项也有所不同。选择画笔工具后，其属性栏如下图所示。

画笔工具属性栏

选择画笔工具后，在属性栏中单击画笔预设下拉按钮，即可弹出用于选择并设置画笔样式的拾取器，如下左图所示。

若选择渐变工具，则属性栏自动切换为相应的属性选项，在其中单击渐变色块右侧的下拉按钮，即可弹出渐变样式拾取器，如下右图所示。

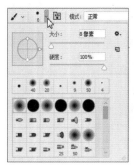

画笔样式拾取器

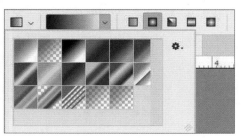

渐变样式拾取器

1.3.4　文档窗口

在Photoshop CC中打开一个图像时，会创建一个文档窗口。如果打开多个图像，则会按打开顺序停放在选项卡中，单击一个文档名称，即可将其设置为当前的窗口。按下Ctrl+Tab组合键，可以按照前后顺序切换文档窗口；按下Ctrl+Shift+Tab组合键，可以按照相反的顺序切换文档窗口。

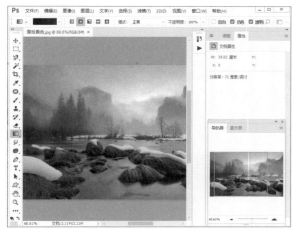

Photoshop CC文档窗口

按下Ctrl+Tab组合键切换文档窗口

1.3.5　工作区

工作区指的是Photoshop CC工作界面中的灰色区域。在软件中打开或导入图像后，图像窗口即停靠在工作区内，此时可以看到，在工作区顶部图像文件窗口标题部分依次显示文件名称、文件格式、缩放比例以及颜色模式等信息，如下左图所示。

状态栏位于图像窗口底部，主要用于显示当前所编辑图像的显示参数值及当前文档图像的相关信息。单击文件信息右侧的三角形按钮，将弹出下拉菜单，选择所需的选项，即可在状态栏中显示相应的信息，如下右图所示。

工作区标题栏

工作区底部状态栏菜单

1.4　Photoshop CC 的辅助工具

　　用户在使用Photoshop进行图像处理时，常常会使用到一些辅助工具对对象进行测量、排布、对齐等操作。Photoshop CC的辅助工具主要包括标尺、参考线、智能参考线、注释、对齐功能和显示/隐藏额外内容等。辅助工具不能用于编辑图像，其主要作用是帮助用户更好地完成选择、定位或编辑图像的操作。这些辅助工具的作用和特点各不相同，下面将对应用进行详细介绍。

1.4.1　标尺

　　标尺位于窗口的左侧或顶端，可以在使用时拖动处理，不使用时将其隐藏。标尺工具的特点是可以计算工作区任意两点之间的距离，且标尺工具所绘制出来的距离直线不会被打印出来。标尺是以类似X轴和Y轴的数值条来显示图像的宽度和高度。

　　执行"图像>分析>标尺工具"命令，或者在工具栏中选择标尺工具，按住Shift键的同时单击下图花盆的上端，按住鼠标左键向下拖曳至花盆下端并释放鼠标，上方的属性栏会显示数值，即可测量出两点之间的距离。用户可以按下Ctrl+R组合键，显示标尺；再次按下Ctrl+R组合键，将标尺隐藏。

标尺工具

1.4.2　参考线

　　参考线是浮动显示在图像上起辅助作用的线条，不会被打印出来。参考线可以准确对齐或放置对象，用户可以根据个人需求，在窗口中建立多条参考线。打开图像后，按下Ctrl+R组合键，即可显示标尺。然后将鼠标指针移动到标尺栏中，按住鼠标左键从标尺中拖出一条参考线，将参考线定位到需要的位置后释放鼠标左键即可。

　　用户还可以通过执行"视图>新建参考线"命令，打开"新建参考线"对话框，在其中单击"水平"或"垂直"单选按钮定位参考线的方向，并在"位置"数值框中输入相应的数值以精确定位参考线的具体位置，完成后单击"确定"按钮，即可在相应的位置精确新建参考线。

　　新建参考线后，用户还可以对参考线执行清除或锁定等命令，这些命令都位于"视图"菜单中。执行"视图"菜单命令，选择相应的级联命令，即可执行对应的操作。

显示参考线　　　　　　　　"新建参考线"对话框

1.4.3　智能参考线

智能参考线是一种在需要时出现，不需要时隐藏的参考线。使用移动工具进行操作时，智能参考线可以帮助用户对齐形状、切片和选区。

执行"视图>显示>智能参考线"命令，即可启用智能参考线，在移动对象时显示出智能参考线。

1.4.4　注释工具

使用Photoshop中的注释工具，可以在图像中添加文字注释、内容。一个文档中可以添加多个注释，带画笔图标是当前显示的注释。如果要删除注释，可在注释上单击鼠标右键，选择快捷菜单中的"删除注释"命令。选择菜单中的"删除所有注释"命令，或单击工具属性栏中的"清除全部"按钮，则可删除所有注释。

选择注释工具　　　　　　　　添加注释

1.4.5　对齐功能

对齐功能有利于准确地放置选区的边缘、裁剪选框、切片、形状的路径等，使得移动物体或选取边界时可以与参考线、网格、图层、切片或文档边界等进行自动对齐定位。

执行"视图>对齐"命令，使其处于（√）状态，然后在"视图>对齐到"子菜单里选择一个对齐项目，即可启用该对齐功能。再次执行"视图>对齐"命令，取消其（√）标记，即可关闭全部对齐功能。若只想取消某一个对齐功能，则执行"视图>对齐到"命令，取消子菜单中的对应项目即可。

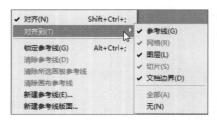 

启用对齐功能 　　　　　　　　　关闭对齐功能

1.4.6　显示/隐藏额外内容

Photoshop中的显示/隐藏额外内容功能可以进行文档额外内容显示与隐藏的控制，用户可以执行"视图>显示>显示额外选项"命令，在打开的对话框中选择性的显示和隐藏画布中的额外内容。

"显示额外选项"对话框

综合实训　制作小清新风格名片

学习完本章的知识后，相信用户对Photoshop的应用有了一定的认识。下面以制作小清新风格名片的实例来巩固所学的知识，具体操作如下。

Step 01 打开Photoshop CC软件后，按下Ctrl+O组合键打开"打开"对话框，选择"素材.jpg"图片，如下左图所示。单击"打开"按钮，即可打开选择的图片，如下右图所示。

"打开"对话框 　　　　　　　　　打开素材图片

Step 02 执行"滤镜>Camera Raw滤镜"命令，在打开的"Camera Raw滤镜"对话框中设置相应的参数，然后单击"确定"按钮，如下左图所示。

Step 03 将该图片保存并命名为"花纹.jpg",然后新建9.4厘米×5.8厘米的文档,设置分辨率为300像素/英寸、颜色模式为"CMYK颜色",并命名为"名片正面",单击"确定"按钮,如下右图所示。

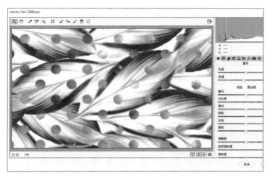

Camera Raw滤镜参数设置对话框 新建文档

Step 04 执行"文件>置入嵌入的智能对象"命令,在打开的对话框中选择"花纹.jpg"图片,将其打开。为了便于后期打印裁切,执行"视图>新建参考线"命令,在画布的上下左右添加距离画布边缘0.2厘米的参考线,如下左图所示。

Step 05 执行"滤镜>锐化>智能锐化"命令,在打开的"智能锐化"对话框中设置"数量"为390%、"半径"为3.1像素、"减少杂色"为10%,如下右图所示。

创建参考线 智能锐化参数设置

Step 06 选择矩形工具并绘制矩形形状,颜色填充为#ffffff,如下左图所示。

Step 07 执行"窗口>属性"命令,在打开的"属性"面板中设置四角半径的半径值均为70像素,如下右图所示。

绘制矩形并填充颜色 设置矩形的四角半径

Step 08 继续使用矩形工具绘制矩形，设置描边大小为7.41像素，描边颜色填充为#000000。执行"窗口>属性"命令，在打开的"属性"面板中设置四角半径的半径值均为62.5像素，效果如下左图所示。

Step 09 双击该图层，在打开的"图层样式"对话框中为矩形添加"渐变叠加"图层样式，参数设置如下右图所示。

绘制矩形

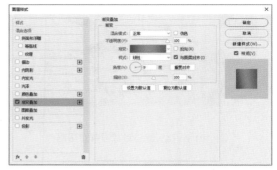

添加"渐变叠加"图层样式

Step 10 单击"确定"按钮，然后在矩形中添加相应的文字，查看名片正面的效果，如下左图所示。

Step 11 使用相同的方法制作名片背面并添加文字，查看名片背面的效果，如下右图所示。

查看名片正面效果

制作名片的背面

Chapter 02

图像的基本操作

　　用户在Photoshop中处理图像时，首先必须学习图像的基本操作，如新建文件、打开文件等。本章将向用户介绍图像的基础知识、图像文件的操作、像素和画布的操作以及图像的编辑等。通过本章内容的学习，使用户对图像的操作有一定的了解，这也是创作精美作品的第一步。

核心知识点

❶ 了解图像的基础知识　　　　　　　❸ 了解像素和画布的操作
❷ 熟悉图像文件的操作　　　　　　　❹ 掌握图像的编辑操作

垂直翻转画布

内容识别效果

名信片正面效果

名信片背面效果

2.1 图像基础知识

Photoshop是一款图像处理软件，使用它可以对图像进行设计和美化，使之成为满足用户需求且具有一定商业价值的作品。Photoshop CC版本的出现，使软件的应用领域大大拓宽，为众多从事不同行业的设计者提供了创新性的技术支持。本小节将对图像的基础知识进行介绍。

2.1.1 像素

像素（Pixel）是组成位图图像最基本的元素，是构成位图图像的最小单位。每一个像素都有自己的位置，并记载着图像的颜色信息。单位长度内图像的像素越多，颜色信息就越丰富，该图像的分辨率越高，图像显示的效果越逼真，不过文件也会随之增大。

 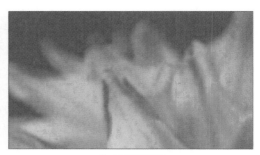

100%显示的图像 　　　　　　　　　　　　　　放大显示像素

2.1.2 矢量图和位图

矢量图是用一系列计算机指令来描述和记录图像的，它由点、线、面等元素组成，所记录的是对象的几何形状、线条粗细和色彩等。矢量图是与分辨率无关的，所以在矢量图软件中，可以任意移动和修改图像，且不会丢失图像的细节或影像的清晰度。矢量图是由称作矢量的数学对象定义的曲线和直线构成的，是根据图像的几何特征对图像进行描述的。

矢量图最大的优点是无论旋转、放大或缩小等都不会失真，所以非常适合制作图标、Logo等需要经常缩放或者按照不同的打印尺寸输出的文件内容，同时又能保证图像的清晰度。矢量图最大的缺点是难以表现色彩层次逼真的图像效果。

 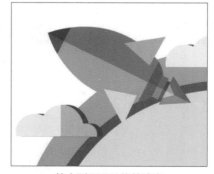

原图100%效果 　　　　　　　　　　　　放大到500%依然清晰

位图也被称为点阵图或像素图，是由称作像素的单个点组成的。当位图放大到一定程度时，可以看到位图由一个个小方块组成，不同的小方块上显示不同的颜色和亮度，这些小方块就是像素。像素是位图图像中最小的组成元素，位图的大小和质量由像素的多少决定，像素越多，颜色之间的过渡越平滑，图像越清晰。

位图与分辨率有关，因此，如果以高于创建时的分辨率来打印或以高缩放比率对其进行扩大，将会使清晰的图像变得模糊，也就是我们通常所说的图像变虚了。

位图图像可以通过扫描仪和数码相机获得，也可通过Photoshop等软件生成。位图图像的主要优点是层次多、细节丰富、表现力强、细腻，可以十分逼真地模拟出像照片一样的真实效果。但在保存时，需要记录每一个像素的位置和颜色值，因此，位图占用的存储空间比较大，对系统的硬件要求也比较高。

原图100%效果

放大后图像变模糊

2.1.3　图像文件的格式

Photoshop CC共支持20多种格式的图像，使用不同文件存储格式，决定了图像的压缩方式以及是否与一些文件相兼容等属性，对图像后期的应用起着非常重要的作用。下面介绍一些常用的图形文件格式的特点和用途。

1. JPEG格式

JPEG（.jpg/.jpeg）是一种有损压缩的格式，支持上百万种颜色，适用于照片。其压缩技术十分先进且图像受损质量不太大。JPEG格式支持CMYK、RGB和灰度的颜色模式，但不支持Alpha通道。在生成JPEG格式的文件时，可以通过设置压缩的类型产生不同大小和质量的文件，但经过压缩的JPEG图像一般不适合打印，压缩越大，图像文件越小，图像质量也越差。

2. PSD格式

PSD（.psd）图像文件格式是Photoshop默认存储格式，是唯一能支持全部图像色彩模式的格式。PSD格式可以保存图像的图层、蒙版、通道、路径、遮罩、未栅格化文字、图层样式等许多信息，以便下次打开文件时继续制作和修改，是在未完成图像处理任务前一种常用且较好保存图像信息的格式。

3. PNG格式

PNG（.png）是一种无损压缩的网页图像格式，它支持透明图像的绘制，可以把图像背景设为透明，用网页本身的颜色信息来代替设为透明的颜色，这样可以使图像与网页背景和谐地融合在一起。PNG格式结合了GIF的良好压缩功能和JPEG的无限调色板功能，能把文件压缩到极限以利于网络传播，且又能保留所有与图像品质相关的信息，缺点是不支持动画应用效果。

4. GIF格式

GIF（.gif）格式的特点是压缩比高，磁盘空间占用较少，支持背景透明，可以将单帧的图像组合起来成为动画，所以这种格式迅速得到了广泛的应用。GIF格式的缺点是只有256种颜色，且不支持Alpha通道。

5. BMP格式

BMP（.bmp）格式是微软公司的专用格式，也是常见的位图格式，这种格式被大多数软件所支持。

BMP格式主要用于保存位图图像，支持RGB、索引颜色、灰度和位图颜色模式，但是不支持Alpha通道。该格式的优点是包含的图像信息较丰富，压缩对图像质量不会产生什么影响，缺点是位图格式产生的文件较大，占用磁盘空间比较大。

6. TIFF格式

TIFF（.tiff）是一种无损压缩图像格式。工作中几乎所有涉及位图的应用程序都能处理TIFF格式的文件，它可以在许多图像软件之间转换。TIFF格式优点是有压缩和非压缩两种形式，支持带Alpha通道的CMYK、RGB和灰度文件，支持LZW压缩，支持不带Alpha通道的Lab、索引颜色和位图文件。缺点是格式结构较为复杂，兼容性较差，有些软件可能不能正确识别TIFF格式。

7. EPS格式

EPS（.eps）是用于图形交换的最常用格式，是苹果（Mac）计算机用户常用的一种矢量文件格式。EPS格式的优点是支持Photoshop所有的颜色模式，可以在排版软件中以低分辨率预览，而在打印时以高分辨率输出，可以用来存储矢量图和位图。缺点是不支持Alpha通道。

8. 其他图像格式

（1）PDF（.pdf）是一种适用于电子出版软件的文档格式，可以应用于不同平台和系统。PDF文件可以包含导航和文档查找功能，还可以包含矢量和位图图形。

（2）TGA（.tga）是图形、图像数据的一种通用格式，格式结构比较简单，是计算机生成图像向电视转换的一种首选格式。

（3）PCX（.pcx）是ZSOFT公司在开发图像处理软件Paintbrush时用的一种格式，该格式经过压缩占用磁盘空间较少。

2.2　图像文件的操作

在Photoshop CC中，图像文件的基本操作包括图像文件的新建、打开、置入、导入、导出和保存等。灵活运用这些操作可以加快图像处理的速度。在Photoshop CC 2017中，用户不仅可以编辑一个现有的图像，也可以创建一个全新的空白文件，然后在它上面进行操作，或者将其他图像拖入其中进行编辑。下面分别对图像文件的一些基本操作进行详细介绍。

2.2.1　新建文件

新建图像文件是指在Photoshop工作界面中创建一个图像文件，方法是执行"文件>新建"命令或按下Ctrl+N组合键，打开"新建文档"对话框，如下左图所示。在其中可以设置文件的名称、宽度、高度、分辨率、颜色模式和背景内容等参数，完成后单击"创建"按钮，即可新建一个空白文件，如下右图所示。

"新建"对话框　　　　　　　　　　　　在工作界面中新建的图像文件

下面对"新建文档"对话框中各选项和参数的含义进行介绍，具体如下。

● 预设详细信息：在文本框中可输入新文档名称，也可使用默认的文件名"未标题-1"。创建文件后，文件名会显示在文档窗口的标题栏内。保存文件时，文件名会自动显示在存储文件的对话框内，如下左图所示。

● 宽度/高度：用于设置文件的宽度和高度，在右侧的下拉列表中可以选择一种单位，包括"像素"、"英寸"、"厘米"、"毫米"、"磅"和"派卡"。

● 分辨率：用于设置文件的分辨率，在右侧的下拉列表中可选择分辨率的单位，包括"像素/英寸"和"像素/厘米"。

● 颜色模式：可以选择文件的颜色模式，包括位图、灰度、RGB颜色、CMYK颜色和Lab颜色选项。

● 背景内容：可以选择文件背景的内容，包括"白色"、"黑色"和"背景色"。"白色"为默认的颜色；"黑色"是指创建黑色背景；"背景色"是指使用工具箱中的背景色作为文档"背景"图层的颜色。用户也可通过右边的拾色器新建自定义背景颜色。

● 高级选项：单击该折叠按钮，可以显示对话框中隐藏的选项，即"颜色配置文件"和"像素长宽比"选项。在"颜色配置文件"下拉列表中可以为文件选择一个颜色配置文件，如下中图所示；在"像素长宽比"下拉列表中可以选择像素的长宽比，计算机显示器上的图像是由方形像素组成的，除非使用用于视频的图像，否则都应选择"方形像素"，如下右图所示。

新建文档参数设置 "颜色配置文件"列表 "像素长宽比"列表

● 照片：在该选项卡下，可以看到10个关于照片不同尺寸的空白文档预设，如下左图所示。

● 打印：在该选项卡下，可以看到14个关于打印不同尺寸的空白文档预设，如下右图所示。

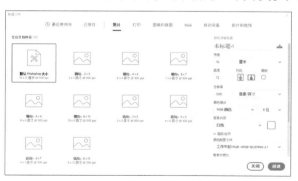

"照片"选项卡

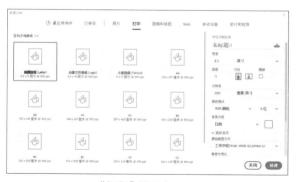

"打印"选项卡

● 图稿和插图：在该选项卡下，可以看到6个关于图稿和插图常用尺寸的空白文档预设，如下左图所示。

● Web：在该选项卡下，可以看到9个关于Web不同尺寸的空白文档预设，如下右图所示。

"图稿和插图"选项卡   Web选项卡

- 移动设备：在该选项卡下，可以看到26个关于移动设备不同尺寸的空白文档预设，如下左图所示。
- 胶片和视频：在该选项卡下，可以看到25个关于胶片和视频常用尺寸的空白文档预设，如下右图所示。

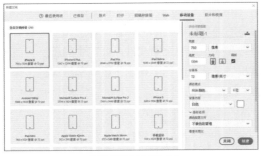

"移动设备"选项卡   "胶片和视频"选项卡

2.2.2　打开文件

要在Photoshop中编辑图像文件，如图片素材及照片等，需要先将其打开。文件的打开方法有很多种，用户可以使用命令打开、通过快捷方式打开，也可以在Adobe Bridge中打开。

1. "打开"命令

执行"文件>打开"命令或按下Ctrl+O组合键，如下左图所示。即可打开"打开"对话框，在其中选择所需图像文件的打开路径，并单击选中文件，然后单击"打开"按钮或者双击该文件，即可打开该图像文件，如下中图所示。在Photoshop CC 2017开始界面的左侧增加了"打开"按钮，也可直接单击打开图像文件，如下右图所示。

执行"文件>打开"命令   "打开"对话框   "打开"按钮

2. "打开为"命令

执行"文件>打开为"命令，弹出"打开"对话框，选择文件并在"打开为"列表中为其指定正确的格式，然后单击"打开"按钮，将其打开。如果这种方法不能打开文件，则选取的文件格式可能与文件的实际格式不匹配，或者文件已损坏。

3. "打开为智能对象"命令

执行"文件>打开为智能对象"命令，弹出"打开"对话框，选择一个文件并将其打开，如下左图所示。该文件就可以转换为智能对象，如下右图所示。

打开为智能对象　　　　　　　　　　　"图层"面板中的状态

4. 打开最近使用过的文件

执行"文件>最近打开文件"命令，在其级联菜单中保存了用户最近在Photoshop中打开的多个文件，选择其中的一个文件即可直接将其打开。如果要清除该目录，可以选择菜单底部的"清除最近的文件列表"选项，如下左图所示。在Photoshop CC 2017的开始界面显示了最近打开的文件，包括编辑时间、大小和类型，直接单击就可打开最近编辑的图像，如下右图所示。

执行"清除最近的文件列表"命令　　　　　　　　　最近打开文件面板

2.2.3 置入文件

置入文件和打开文件有所不同，置入文件操作只有在Photoshop工作界面中已经存在图像文件时方能激活。置入是将新的图像文件放置到打开或新建的图像文件中。置入文件操作还可将Illustrator软件生成的AI格式文件以及EPS、PDF、PDP文件打开并放入当前操作的图像文件中。

1. "置入嵌入的智能对象"命令

执行"置入嵌入的智能对象"命令，可以选择一幅图像文件作为智能对象打开，也可以置入JPEG文件，但最好是置入PSD或是TIFF格式文件，这样方便用户添加图层、修改图像并重新保存文件而不造成任何损失。

新建空白文档，执行"文件>置入嵌入的智能对象"命令，打开"置入嵌入对象"对话框，如下左图所示。单击"置入"按钮后，单击属性栏中的"提交变换"按钮或按下Enter键，即可将该图像文件置入新建的空白文档中，如下右图所示。

"置入嵌入对象"对话框　　　　　　　　　　置入图像对象

2. "置入链接的智能对象"命令

执行"文件>置入链接的智能对象"命令，可以选择一幅图像文件作为智能对象链接到当前文档中，当源图像文件发生更改时，链接的智能对象内容也会随之更新。执行"文件>置入链接的智能对象"命令，如下左图所示。在打开的"置入链接对象"对话框中选择所需文件，单击"置入"按钮，将该图像文件置入文档中。链接的智能对象会在"图层"面板中创建并显示带有链接的图标 🔗，如下右图所示。

 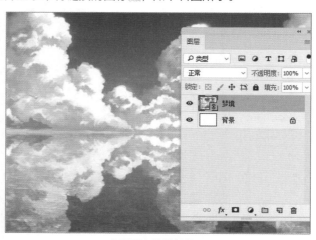

置入链接对象　　　　　　　　　　　　　查看置入的链接效果

2.2.4　导入和导出文件

在使用Photoshop编辑图像文件时，经常需要使用其他软件处理过的图像文件。通过"文件>导入"、"文件>导出"下拉菜单中的命令，可以将这些内容导入到图像中或将图像进行导出。

1. "导入"命令

执行"文件>导入"命令，即可在"导入"命令的级联菜单中看到"变量数据组"、"视频帧到图层"、"注释"、"WIA支持"选项。

2. "导出"命令

"导出"命令与"导入"命令正好相反，在Photoshop中对图像进行编辑和调整处理后，若要将其导出为AI格式或其他格式的文件，则可使用"导出"命令。执行"文件>导出"命令，在其级联菜单中有多个命令可供用户选择。选择"路径到Illustrator"命令，可将Photoshop中制作的路径导入到Illustrator文件中。保存的路径可以在Illustrator中打开，并可以应用于矢量图形的绘制中。其具体的操作方法是执行"文件>导出>路径到Illustrator"命令，弹出"导出路径到文件"对话框，如下左图所示。单击"确定"按钮后，在弹出的"选择存储路径的文件名"对话框中进行设置，完成后单击"保存"按钮即可，如下右图所示。

"导出路径到文件"对话框　　　　"选择存储路径的文件名"对话框

选择Zoomify命令，则允许在网页浏览器中使用鼠标放大或缩小图片，方便浏览。执行"文件>导出>Zoomify"命令，如下左图所示。弹出"Zoomify导出"对话框，单击"确定"按钮即可，如下右图所示。

执行Zoomify命令　　　　　　　"Zoomify导出"对话框

2.2.5　保存图像文件

新建文件或者对打开的文件进行编辑之后，应及时保存处理结果。Photoshop提供了几个用于保存文件的命令，用户可以用不同的格式存储文件，以便其他程序使用。

1."存储"命令

打开一个图像文件并对其进行编辑之后，若不需要对其文件名、文件格式或存储位置进行修改，可以执行"文件>存储"命令，或按下Ctrl+S快捷键直接存储文件，覆盖以前的图像效果。

2."存储为"命令

如果要将文件保存为另外的名称、其他格式或者存储在其他位置，可以执行"文件>存储为"命令，或按下"Ctrl+Shift+S"快捷键，如下左图所示。在打开的"另存为"对话框中将文件另存，如下右图所示。

执行"文件>存储为"命令　　　　　　　　　　　　"另存为"对话框

- 保存在：可以选择图像的保存位置。
- 文件名/保存类型：可输入文件名，然后在"保存类型"下拉列表中选择图像的保存格式。
- 作为副本：勾选该复选框，可另存一个文件副本，副本文件与源文件存储在同一位置。
- 注释/Alpha通道/专色/图层：可以选择是否存储Alpha通道、图层、注释和专色。
- 使用校样设置：将文件的保存格式设置为EPS或PDF时，该复选框可用，勾选该复选框可以保存打印用的校样设置。
- ICC配置文件：勾选该复选框，可保存嵌入在文档的中ICC文件。
- 缩览图：勾选该复选框，为图像创建缩览图，此后在"打开"对话框中选择一个图像时，对话框底部会显示此图像的缩览图。

3."签入"命令

执行"文件>签入"命令保存文件时，允许存储文件的不同版本以及各版本的注释。该命令可用于Version Cue工作区管理的图像，如果使用的是来自Adobe Version Cue项目的文件，文档标题栏会提供有关文件状态的其他信息。

2.2.6 关闭图像文件

完成图像的修改编辑操作后，可以使用"文件"菜单中的命令，或者单击窗口中的按钮关闭文件。

1.关闭文件

执行"文件>关闭"命令（快捷键为Ctrl+W）或单击文档窗口右上角的"关闭"按钮，可以关闭当前文件，如下左图所示。

2. 关闭全部文件

如果在Photoshop中打开了多个文件，可以执行"文件>关闭全部"命令，关闭所有文件，如下右图所示。

执行"关闭"命令 执行"关闭全部"命令

3. 退出程序

执行"文件>退出"命令，可关闭文件并退出Photoshop，如下左图所示。如果有文件没有保存，会弹出一个提示对话框，询问用户是否保存文件，如下右图所示。

执行"退出"命令 提示对话框

用户也可以单击程序窗口右上角的"关闭"按钮，退出Photoshop，如下图所示。

单击"关闭"按钮

2.3 像素和画布操作

在学习了如何对文件进行新建、打开、导入、导出和保存等基本操作之后，需要进一步掌握文件以及图像窗口的基本操作，这些操作包括修改图像的分辨率、修改图像的尺寸、修改画布的大小、旋转画布等，下面分别对其进行详细介绍。

2.3.1　修改图像的分辨率

图像分辨率是指单位面积内图像所包含像素的数目，通常用像素/英寸或像素/厘米表示。图像包含的数据越多，图像分辨率越高，单位长度上像素越多，图像就越清晰；分辨率越低，单位长度上像素越少，图像就越模糊。

在电脑图像中，分辨率又可以分为图像分辨率、屏幕分辨率和打印分辨率。目前，PC显示器的设备分辨率为60~120dpi，而打印设备的分辨率则是360~1440dpi。

2.3.2　修改图像的尺寸

在Photoshop中，对图像文件进行处理时，经常需要调整图像的大小。修改图像尺寸的操作方法是执行"图像>图像大小"命令，在打开的"图像大小"对话框中对图像的相关参数进行设置，如下左图所示。完成设置后单击"确定"按钮，即可应用调整。

"图像大小"对话框左边的窗口显示调整参数的预览图像；在右上角的齿轮菜单内可以启用和禁用"缩放样式"选项；从"尺寸"弹出菜单中，选取其他度量单位显示最终输出的尺寸；单击"链接"图标，可以在启用或者禁用"约束比例"选项之间进行切换。单击"重新采样"下拉列表，可以选择不同方法进行重新采样，如下右图所示。

下面对"图像大小"对话框中"重新采样"下拉列表中各选项的含义进行详细的介绍。

"图像大小"对话框

"重新采样"下拉列表

- 自动：Photoshop 根据文档类型以及是放大还是缩小来选取重新取样方法。
- 保留细节（扩大）：选择该选项，可在放大图像时使用"减少杂色"滑块消除杂色。
- 两次立方（较平滑）（扩大）：为基于两次立方插值且旨在产生更平滑效果的有效图像放大方法。
- 两次立方（较锐利）（缩减）：为基于两次立方插值且具有增强锐化效果的有效图像缩减方法，可以在重新取样后的图像中保留细节。
- 两次立方（平滑渐变）：用于将周围像素值分析作为依据的方法，速度较慢，但精度较高。"两次立方（平滑渐变）"使用更复杂的计算，产生的色调渐变比"邻近"或"两次线性"更为平滑。
- 邻近（硬边缘）：是一种速度快但精度低的图像像素模拟方法。该方法会在包含未消除锯齿边缘的插图中保留硬边缘并生成较小的文件。但是，该方法可能产生锯齿状效果，在对图像进行扭曲、缩放或在某个选区上执行多次操作时，这种效果会变得非常明显。
- 两次线性：是一种通过平均周围像素颜色值来添加像素的方法，该方法可生成中等品质的图像。

2.3.3 修改画布的大小

画布是承载图像的一个展示区域，对画布的尺寸进行调整可以在一定程度上影响图像尺寸的大小。打开图像后，执行"图像>画布大小"命令，在"画布大小"对话框中可以对图像的宽度和高度进行设置，并调整扩展区域的方向和颜色；用户也可以通过改变"新建大小"选项组中的参数来改变图像画布的大小，或通过单击箭头来选择"定位"的位置，设置画布增大或减小的方向，如下图所示。

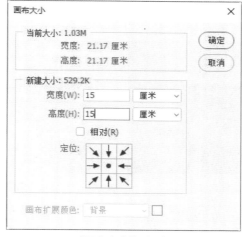

"画布大小"对话框

下面对"画布大小"对话框中各参数的含义和应用进行介绍。

- 当前大小：此处显示出当前图像的文件大小，以及宽度和高度的尺寸，方便用户对比调整。
- 新建大小：在此选项组中输入新画布的宽度和高度，并在其右侧的下拉列表中选择单位。
- 相对：勾选此复选框，设置宽度和高度文本框中的数值为新画布相对于原画布的相对大小。
- 定位：默认情况下自动定位在九宫格的正中间，若想在图像的哪个方向上调整画布大小，只需单击相应的方格，即可定位其扩展方向。
- 画布扩展颜色：在该下拉列表中有前景色、背景色、白色、黑色和灰色等选项可供选择，选择"其他"选项后，在弹出的"拾色器（画布扩展颜色）"对话框中设置画布扩展的颜色，如下图所示。

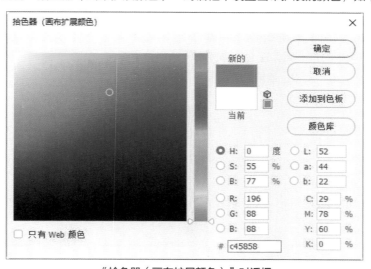

"拾色器（画布扩展颜色）"对话框

实战 修改图像的尺寸和画布的大小

学习完Photoshop调整图像和画布的功能后，下面以修改图像的尺寸和画布大小的案例来巩固所学的知识，具体操作方法如下。

Step 01 启动Photoshop CC软件，将需要改变尺寸的图像文件直接拖曳到工作区中，即可打开该图像文件，此处打开"山水风景.jpg"图像文件，如下左图所示。

Step 02 执行"图像>图像大小"命令或按下Alt+Ctrl+I组合键，如下右图所示。

打开原图像文件

执行"图像大小"命令

Step 03 在打开的"图像大小"对话框中设置"宽度"为20厘米，单击"限制长宽比"按钮 后，设置分辨率为300像素/英寸。完成设置后单击"确定"按钮，将改变的图像大小应用到当前文件中，如下左图所示。

Step 04 接着执行"图像>画布大小"命令，或按Alt+Ctrl+C组合键，如下右图所示。

"图像大小"对话框

执行"画布大小"命令

Step 05 打开"画布大小"对话框，选择定位中间的箭头，也就是默认情况下的定位，设置以图像中心为原点向四周增大画布大小，画布扩展颜色设置为#ffffff，如下左图所示。

Step 06 设置增大画布大小的方向后，在"新建大小"选项组中设置"宽度"为22厘米、"高度"为14.5厘米，完成设置后单击"确定"按钮，效果如下右图所示。

"画布大小"对话框

查看设置后的效果

2.3.4　旋转画布

　　"图像>图像旋转"下拉菜单中包含用于旋转画布的命令，执行这些命令可以旋转或翻转整个图像。执行"图像>图像旋转>任意角度"命令，如下左图所示。打开"旋转画布"对话框，输入画布旋转的角度，即可按照设定的角度和方向精确旋转画布，如下右图所示。

"图像旋转"下拉菜单　　　　　　　　　　　　　"旋转画布"对话框

原图　　　　　　　　　　　　水平翻转画布　　　　　　　　　　　　垂直翻转画布

2.4　图像的编辑

　　使用Photoshop CC打开图像或者新建图像文件后，想要使图像符合用户的要求，就需要对图像进行编辑操作。本节将为用户介绍图像的简单编辑操作，包括图像的裁剪、移动、变换和变形等。通过本节内容的学习，可使用户进一步了解图像的常用编辑操作方法，从而为后面的学习打下基础。

2.4.1　图像的裁剪

　　Photoshop CC的裁剪工具是将图像中被裁剪工具选取的图像区域保留，其他区域删除的一种工具。默认情况下，裁剪后图像的分辨率与未裁剪的原照片分辨率相同。要裁剪图像，可以选择裁剪工具 ㄅ，直接在文档中拖动，并调整裁剪控制框，以确定要保留的范围，如下左图所示。然后按Enter键确认，即可完成裁剪操作，如下右图所示。

裁剪区域调整　　　　　　　　　　　　裁剪完成

选择工具箱中的裁剪工具后，其属性栏如下图所示。

裁剪工具属性栏

下面对裁剪工具属性栏中各参数的应用进行介绍，具体如下。

- 工具预设选取器下拉按钮：单击属性栏最左侧的下拉按钮，可以打开工具预设选取器面板，在预设选取器里可以选择预设的参数后，对图像进行裁剪，如下左图所示。
- 裁剪比例：在此下拉菜单中，不仅可以选择裁切比例或设置新的裁切比例，还可以新建和管理裁切预设。如果Photoshop CC图像中有选区，则按钮显示为选区，如下右图所示。

工具预设选取器下拉列表　　**"裁剪比例"下拉列表**

- 裁剪输入框：可以自由设置裁切的长宽比。
- 拉直🖼：用于矫正倾斜的照片。
- 设置裁切工具的叠加选项⊞：单击此按钮，可以设置Photoshop CC裁剪框的视图形式，如黄金比例或金色螺线等，如下左图所示。
- 设置其他裁剪选项⚙：单击此按钮，可以设置裁剪的显示区域以及裁剪屏蔽的颜色、不透明度等，如下右图所示。

设置裁切工具的叠加选项列表　　**设置其他裁剪选项列表**

- 删除裁剪的像素：勾选该复选框后，裁剪完毕的图像将不可更改；不勾选该复选框，即使裁剪后选择Photoshop CC裁剪工具单击图像区域，仍可显示裁切前的状态，并且可以重新调整裁切框。
- 内容识别：这是Photoshop CC 2017版本中新增的一个功能。当裁剪的范围超出当前文档时，就会在超出的范围填充单色或保持透明，如下左图所示。此时若勾选"内容识别"复选框，Photoshop会自动对超出范围的区域进行分析并填充内容，四角的白色被自动填补，如下右图所示。

未勾选"内容识别"复选框的裁剪效果　　　　　　　勾选"内容识别"复选框的裁剪效果

2.4.2　图像的移动

移动工具 ⊕.是Photoshop CC使用最频繁的工具之一，不论是移动文档中的图层、选区内的图像，还是将其他文档中的图像拖入当前文档，都需要使用该工具。选择移动工具后，其属性栏如下图所示。

移动工具属性栏

- 自动选择：如果文档中包含多个图层或组，可勾选该复选框并在下拉列表中选择要移动的内容。选择"图层"选项，使用移动工具在画面单击时，可以自动选择工具下面包含像素的最顶层的图层；选择"组"选项，则在画面单击时，可以自动选择工具下包含像素的最顶层图层所在的图层组。
- 显示变换空间：勾选该复选框以后，选择一个图层时，就会在图层内容的周围显示定界框，用户可以拖动控制点来对图像进行变换操作。如果文档中的图层数量较多，并且需要经常进行缩放、旋转等变换操作，该复选框比较实用。
- 对齐图层：选择两个或多个图层后，可单击相应的按钮让所选图层对齐，这些按钮包括顶对齐、垂直居中对齐、底对齐、左对齐、水平居中对齐和右对齐。
- 分布图层：如果选择三个或三个以上的图层，可单击相应的按钮，使所选图层按照一定的规则均匀分布，包含按顶分布、垂直居中分布、按底分布、按左分布、水平居中分布等。

2.4.3　图像的变换与变形

在Photoshop CC中，用户可以对图像、图层、选区、路径或矢量形状等对象进行变换与变形操作，如缩放、旋转、斜切、扭曲等。执行"编辑>变换"下拉菜单中包含对图像进行变换的各种操作命令，如下左图所示。执行这些命令后，都会在图像上出现一个定界框，拖动定界框中的控制点，可以进行变换操作。用户也可以使用Ctrl+T组合键，并在画布上右击，在弹出的快捷菜单中选择对图像的变换操作，如下右图所示。

执行"编辑>变换"命令　　　　　　　　　　　变换定界框

2.4.4　内容识别缩放比例

　　内容识别缩放比例是一个十分神奇的缩放功能，普通缩放方法在调整图像大小时会影响所有像素，而内容识别缩放比例功能则主要影响不重要可视内容区域中的像素。根据画面主要内容，它可以结合通道的保护来对图像进行内容识别比例的变换，创建独特的图像效果。

　　由于"内容识别缩放"功能不能处理背景图层，所以打开图像文件后，按住Alt键并双击"图层"面板中的"背景"图层，如下左图所示。将背景图层转换为普通图层后，执行"编辑>内容识别缩放"命令或按下Alt+Shift+Ctrl+C组合键，如下右图所示。

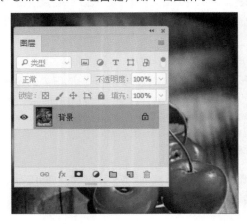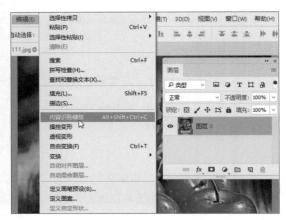

　　此时在图像中会显示内容识别比例编辑框，通过属性栏中的参数设置，控制图片中需要保护的部分，被保护的部分会被保留，而未被保护的部分会参与缩放。"内容识别缩放"属性栏如下图所示。

"内容识别缩放"命令属性栏

　　下面对"内容识别缩放"命令属性栏中各参数的含义和应用进行介绍，具体如下。

● "数量"数值框：用于为内容识别比例设置保护范围以减少失真。数值越大，失真程度越小，反之亦然。

● "保护"数值框：用于指定创建的Alpha通道，以使该Alpha通道区域被保护。

● "保护肤色"按钮：单击该按钮保护皮肤颜色，即保护前景图像。

　　　　原图　　　　　　　　　　　　水平、垂直缩放50%

综合实训 制作风景明信片

学习完本章的知识后，相信用户对Photoshop图像的基本操作有了一定的认识。下面以制作风景明信片的操作来巩固本章所学的知识，具体操作如下。

Step 01 打开Photoshop CC软件，将"素材.jpg"图片直接拖曳到工作区中，即可打开该图像文件，效果如下左图所示。

Step 02 此时可以看到素材图片的地平线不平，选择裁剪工具，单击属性栏上的"拉直"按钮，从需要矫正的地平线左端单击拖动线条至地平线的右端，矫正地平线，如下右图所示。

打开图像文件

矫正地平线

Step 03 勾选裁剪工具属性栏中的"内容识别"复选框，将裁剪的空白区域填充完整，如下左图所示。

Step 04 执行"文件>存储为"命令或按Ctrl+Shift+S组合键，将图片命名为"制作风景明信片-正面.psd"，方便下次打开对图片进行修改，如下右图所示。

裁剪图像

保存图像

Step 05 选中直排文字工具，在画面上添加文字并设置文字的格式和颜色，然后绘制线条进行点缀，效果如下左图所示。

Step 06 选择移动工具，对画面上的文字进行调整修改，如下右图所示。

创建文字

移动文字

Step 07 执行"图像>图像大小"命令，打开"图像大小"对话框，调整明信片的"宽度"为15厘米、"高度"为9.37厘米、分辨率为300像素/英寸，如下左图所示。

Step 08 执行"图像>画布大小"命令，在打开的对话框的"新建大小"选项组中，设置"宽度"为16厘米、"高度"为10.37厘米，完成设置后单击"确定"按钮，如下右图所示。

设置图像大小

设置画布大小

Step 09 执行"文件>存储"命令，对名信片正面进行保存。执行"文件>存储为"命令，在打开的对话框中保存图片为"风景明信片正面.jpeg"，如下左图所示。

Step 10 执行"文件>新建"命令，打开"新建文档"对话框。新建一个"宽度"为15厘米、"高度"为9.37厘米、分辨率为300像素/英寸、颜色模式为"CMYK颜色"的空白文件，命名为"风景明信片背面"，单击"创建"按钮，如下右图所示。

保存图像文件

新建明信片背面文档

Step 11 执行"文件>置入嵌入的智能对象"命令，在打开的对话框中选择"美景.jpg"图像文件作为智能对象打开，如下左图所示。

Step 12 选择移动工具，在属性栏中勾选"显示变换控件"复选框或按Ctrl+T组合键，调整图片至合适的大小，如下右图所示。

选择要置入的图像

自由变换图像

Step 13 取消勾选移动工具属性栏中的"显示变换控件"复选框，便于更清晰地编辑图片。执行"文件>置入链接的智能对象"命令，在打开的对话框中选择"英文装饰.jpeg"图像文件作为智能对象打开，如下左图所示。右击"英文装饰"图层，在快捷菜单中选择"栅格化图层"命令。

Step 14 选中"英文装饰"图层，按Ctrl+T组合键，将图像调整至合适的大小和位置，如下右图所示。

选择要置入的图像

自由变换图像

Step 15 右击"美景"图层，在快捷菜单中选择"栅格化图层"命令。选择裁剪工具，对美景图像进行裁剪，然后在画面中双击即可，如下左图所示。

Step 16 执行"图像>画布大小"命令，在打开对话框的"新建大小"选项组中设置"宽度"为16厘米、"高度"为10.37厘米，完成设置后单击"确定"按钮，如下右图所示。

裁剪图像

设置画布大小

Step 17 执行"文件>存储为"命令，或按Ctrl+Shift+S组合键，将图像存储为"制作风景明信片-背面.psd"文件，方便下次打开对图片进行修改。执行"文件>存储为"命令，保存图片为"风景明信片背面.jpeg"。

Step 18 执行"文件>关闭"命令，关闭文件，查看名信片正面和背面效果，如下图所示。

名信片正面效果

名信片背面

Chapter
03

图像的选区

　　选区是Photoshop中非常重要的功能，合理使用选区可以很方便地对图像的局部进行操作，并且选区之外的图像部分不会被影响。本章主要介绍Photoshop选区的相关知识，如创建选区的工具、创建选区的命令、选区的操作和选区的编辑操作等。

核心知识点

❶ 了解选区的概述　　　　　　　　　　❸ 掌握选区的基本操作

❷ 熟悉创建选区工具的应用　　　　　　❹ 掌握选区的编辑操作

添加选区

使用选区制作海报效果

移动选区

为选区添加描边

制作网页促销Banneer

3.1　选区概述

选区是Photoshop中十分重要的功能，它的作用是指定在图像中需要进行编辑操作的区域，对选区内图像进行编辑时，选区外的图像不受影响。在Photoshop中，用户可以通过某些方式选取图像中的区域，形成选区。选择一张图片，如下左图所示。首先要指定编辑操作的有效区域，即创建选区，如下中图所示。创建选区后，就可单独对选区内的图像进行编辑修改，如下右图所示。最后按下Ctrl+D组合键取消选区即可。

原图　　　　　　　　　　　　创建选区　　　　　　　　　　　调整选区图像色调

Photoshop三大基础分别是选区、图层、路径，这也是Photoshop的精髓所在。通过本章的学习，学会创建规则和不规则选区的方法，以及选区的编辑修改等操作，掌握利用选区创建图像并修改图像，为Photoshop功能的全面应用打下基础。

3.1.1　什么是选区

选区是封闭的区域，可以是任何形状。选区一旦建立，几乎所有的操作就只对选区范围内的图像有效。而如果要对全图进行操作，则必须先取消选区。选区还有另一种用途，就是可以分离图像，选择一张图片，如下左图所示。如果要为图像更换背景，可以使用选区抠出图像，置于新的背景中，如下右图所示。

原图　　　　　　　　　　　　　　　　　抠出图像

3.1.2　选区的类型

Photoshop CC提供了多种选区操作工具和功能，用户在处理图像时可根据不同需要来进行选择。在Photoshop中打开图像文件后，先确定想要设置的图像效果，然后选择较为合适的工具或功能进行处理。Photoshop中的选区大部分是靠使用选框工具来实现的，选框工具共9个，分别是矩形选框工具 、椭圆选框工具 、单行选框工具 、单列选区工具 、套索工具 、多边形套索工具 、磁性套索工具 、快速选择工具 、魔棒工具 。其中前4个工具属于规则选框工具，其余的为不规则选框工具。

3.2 创建选区

Photoshop CC提供了多种工具和命令创建选区，在处理图像时，用户可以根据不同需要来进行选择。打开图像文件后，先确定要设置的图像文件，然后再选择较为合适的工具或命令创建选区。下面对常用的选框工具的应用进行详细介绍。

3.2.1 矩形选框工具

创建矩形选区的方法是在工具箱中选择矩形选框工具，其属性栏如下图所示。在图像中按住鼠标左键进行拖动，即可绘制出矩形选框，框内的区域就是选择区域，即选区。若要绘制正方形的选区，可在按住Shift键的同时按住鼠标左键进行拖动，绘制出的选区即为正方形。

矩形选框工具属性栏

下面对矩形选框工具属性栏中各参数的含义和应用进行介绍，具体如下。

● 选区选项按钮组：这一组按钮主要用于控制选区的创建方式，▣表示创建新选区、▣表示添加到选区、▣表示从选区减去、▣表示与选区交叉。新选区按钮用来创建新的选区，如下左图所示；添加到选区按钮用来创建连续选区，将当前选区添加到原来创建的选区中，如下中图所示；从选区减去按钮可以将当前创建的选区从原来的选区中减去，如下右图所示；与选区交叉按钮可以将当前创建的选区和原来的选区相交。

创建新选区

添加到选区

从选区减去

● "羽化"文本框：用于设置羽化值来柔和表现选区的边缘。在图像中创建选区，如下左图所示。其中羽化的单位像素大小代表虚化的程度，值越大，选区的边缘越柔和，如下右图所示。

羽化值为0像素

羽化值为100像素

- "平滑边缘转换"按钮：单击此按钮，可以消除选区锯齿边缘，只有在选择椭圆选框工具时才可使用。
- 样式：在该下拉列表框中可以选择设置选区的形状，包括"正常"、"固定比例"与"固定大小"三个选项。其中"正常"为自由拖动选取选区；"固定比例"用于指定宽度与高度比例值来固定选区的比例大小，如下左图和中图所示；"固定大小"用于指定宽度与高度的具体数值来固定选区的大小，如下右图所示。

| 宽高比为2:1 | 宽高比为1:2 | 绘制固定大小的选区 |

- "选择并遮住"按钮：在当前已经存在选区的情况下，此按钮将被激活，单击即可弹出"选择并遮住"对话框，以调整选区的状态。

3.2.2　椭圆选框工具

椭圆选框工具主要用于绘制椭圆形选区，用法与矩形选框工具基本相同，其属性栏如下图所示。

椭圆选框工具属性栏

椭圆选框工具属性栏中的参数与矩形选框工具基本相似，只是"消除锯齿"选项被激活。取消勾选该复选框时，选区的边缘会呈现锯齿状，如下左图所示；勾选该复选框时，可以使椭圆形选区的边缘变得比较平滑，如下右图所示。选择椭圆选框工具后，按住Shift键的同时按住鼠标左键进行拖动，绘制出的选区即为正圆形。用户也可以尝试按住Alt键绘制以起点为中心的椭圆形选区，或按住Alt+Shift组合键绘制以起点为中心的的正圆形选区。

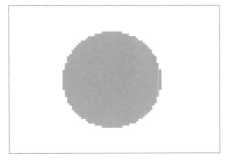 

| 未勾选"消除锯齿"复选框 | 勾选"消除锯齿"复选框 |

3.2.3　单行或单列选框工具

　　使用单行选框工具可以在图像窗口中绘制1个像素宽度的水平选区，使用单列选框工具可以在图像窗口中绘制1个像素宽度的垂直选区。值得注意的是，由于单行或单列选框工具绘制的选区都是以1像素为单位的，所以绘制出的选区非常细，填充选区后即显示为一条非常细的线，用户可以按下Ctrl++组合键放大图像，然后对其进行观察或操作。

　　在工具箱中选择单行选框工具，并在属性栏中单击"添加到选区"按钮，然后在图像中单击绘制出单行选区，还可多次单击绘制出网格的多条横线效果，如下左图所示。选择单列选框工具，保持"添加到选区"按钮被选中，在图像中单击绘制出单列选区以增加选区，以此绘制出网格形选区，如下右图所示。

使用单行选框工具绘制选区　　　　　　　　　　使用单列选框工具绘制选区

3.2.4　套索工具

　　选框工具组中的工具只能创建规则的几何图形选区，在实际应用中有时需要创建不规则的选区。不规则选区是比较随意、自由、不受具体形状制约的选区。Photoshop为用户提供了套索工具组和魔棒工具组，其中包含套索工具、多边形套索工具、磁性套索工具、魔棒工具以及快速选择工具，以帮助用户更自由地对选区进行创建。

　　套索工具主要用于创建手绘类不规则选区，所以一般都不用来精确绘制选区。选择套索工具，然后按住鼠标左键沿图像轮廓进行绘制，如下左图所示。绘制完成后释放鼠标，绘制的套索线将自动闭合成为选区，如下中图所示。如果鼠标指针未到达起始点便释放鼠标左键，则释放点与起始点自动连接，形成一条具有直边的选区，如下右图所示。

按住鼠标拖动　　　　　　　　　　选区自动闭合　　　　　　　　　　提前释放鼠标左键

3.2.5 多边形套索工具

使用多边形套索工具可以创建具有直线轮廓的不规则选区，使用该工具可以轻松地绘制出多边形形态的图像选区。其操作方法是选择多边形套索工具，在图像中单击创建选区的起始点，然后沿需要创建的选区轨迹单击鼠标左键，创建选区的其他端点，如下左图所示。最后将鼠标指针移动到起始点处，鼠标指针一侧会出现闭合的圆圈，此时单击鼠标左键即可，如下中图所示。如果鼠标指针在非起始点的其他位置，双击鼠标左键也可以闭合选区，如下右图所示。

 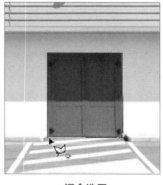 

创建多边形选区　　　　　　　　　　闭合选区　　　　　　　　　　得到选区

3.2.6 磁性套索工具

磁性套索工具是一种比较智能的选择类工具，可以轻松地绘制出边框很复杂的图像选区。其操作方法是选择磁性套索工具，然后在图像窗口中需要创建选区的位置单击确定选区起始点，沿选区的轨迹拖动鼠标，系统将自动在鼠标指针移动的轨迹上选择对比度较大的边缘产生节点，如下左图所示。当鼠标指针返回到起始点，鼠标指针一侧会出现闭合的圆圈，如下中图所示。即可创建出精确的不规则选区，如下右图所示。当锚点定位错误时可以按下Delete键删除锚点。

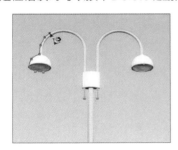 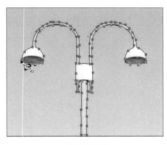 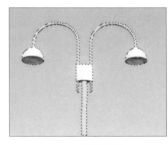

沿图像边缘创建选区　　　　　　　　闭合选区　　　　　　　　　　得到选区

磁性套索工具属性栏在另外两种套索工具属性栏的基础上进行了一些拓展，除了基本的选区方式和羽化外，还可以对宽度、对比度和频率进行设置。当使用数位板时，可以单击"使用绘图板压力以更改钢笔宽度"按钮，其属性栏如下图所示。

磁性套索工具属性栏

下面对磁性套索工具属性栏中各参数的含义和应用进行介绍，具体如下。

● "宽度"文本框：在该文本框中输入数值，可以设置磁性套索工具搜索图像边缘的范围。此工具以当前鼠标指针多处的点为中心，以在此输入的数值为宽度范围，在此范围内寻找对比度强烈的图像边缘以生成定位锚点。在勾勒规则边界或者临近对象的边界比较明显的图像时，可以设置较大的宽度值来快速勾勒对象；当临近对象的边界比较模糊、对比度弱，则设置较小的宽度值来小心勾勒。

- "对比度" 文本框：该文本框中的百分比数值控制此行套索工具选择图像时，确定定位点所依据的图像边缘反差度。如果临近对象的边界比较明显，则设置比较大的对比度；如果临近对象的边界比较模糊，则设置比较小的对比度。

- "频率" 文本框：用于设置锚点添加到路径中的密度。频率值越大，锚点就越多，路径的拟合度就越高；反之，越少。

- "使用绘图板压力以更改钢笔宽度" 按钮：单击该按钮，使用绘图板压力更改钢笔的宽度，增大压力会使宽度值变小。

实战　使用多种选框工具制作柠檬茶海报

　　学习完Photoshop多种创建选区工具的应用后，下面以制作柠檬茶海报的案例来巩固所学的知识，具体操作方法如下。

Step 01 启动Photoshop CC软件，选取 "柠檬茶.jpg" 图片直接拖曳到工作区中，即可打开该图像文件，右击 "背景" 图层，在快捷菜单中选择 "背景图层" 命令，在弹出的对话框中设置名称为 "柠檬茶"，单击 "确定" 按钮，如下左图所示。

Step 02 选择磁性套索工具，在属性栏中设置各参数的数值，如下右图所示。

原图

设置磁性套索工具属性栏参数

Step 03 沿杯子边缘单击创建选区起始点，沿边缘拖动鼠标，如下左图所示。

Step 04 当鼠标指针返回到起始点时，一侧会出现闭合的圆圈，如下右图所示。

沿边缘拖动鼠标

闭合选区

Step 05 当鼠标指针一侧出现闭合的圆圈时，单击鼠标左键，即可创建选区，如下左图所示。

Step 06 执行"选择>反选"命令，或按下Shift+Ctrl+I组合键对选区进行反选，按下Delete键对背景进行删除，随后按下Ctrl+D组合键取消选区，如下右图所示。

创建选区

删除背景

Step 07 选取"柠檬.jpg"图片，直接拖曳到Photoshop CC的工作区中，即可打开该图像文件，右击该图层，在快捷菜单中选择"背景图层"命令，在弹出的对话框中设置名称为"柠檬"。选择多边形套索工具，沿柠檬边缘单击创建选区起始点，沿边缘拖动鼠标，如下左图所示。由于多边形套索工具绘制出的均为直线，所以单击的距离要小一点，必要时可以放大图像。

Step 08 返回到起始点时，鼠标指针一侧会出现闭合的圆圈，如下右图所示。

沿边缘拖动鼠标

闭合选区

Step 09 当鼠标指针一侧出现闭合的圆圈时，单击鼠标左键，即可创建选区，如下左图所示。

Step 10 执行"选择>反选"命令对选区进行反选，按下Delete键对背景进行删除，随后按下Ctrl+D组合键取消选区，如下右图所示。

创建选区

删除背景

Step 11 新建20厘米×28厘米的文档，设置分辨率为150、颜色模式为RGB颜色，并命名为"柠檬茶海报"，单击"确定"按钮，将之前抠取的"柠檬茶"图像和"柠檬"图像拖曳至新建文档中，并调整图像的大小和位置，添加背景及文字，如下左图所示。

Step 12 选择椭圆选框工具，在图像的左上方绘制椭圆选区，如下右图所示。

将抠取的图像拖曳至新建文档中

创建椭圆选区

Step 13 按下Ctrl+Shift+N组合键新建图层，按下Alt+Delete组合键为椭圆选区填充颜色#f3ca1d，按下Ctrl+D取消选区，选择矩形选框工具在图像中绘制矩形选区，如下左图所示。

Step 14 按下Ctrl+Shift+N组合键新建图层，按下Alt+Delete组合键给选区填充颜色为#708d15，按下Ctrl+D组合键取消选区，调整图像色调，然后再添加一些文字，查看海报效果，如下右图所示。

创建矩形选区

查看海报效果

3.2.7　魔棒工具

　　魔棒工具是根据图像的饱和度、色度或亮度等信息来选择对象的范围，可以在一些背景较为单一的图像中快速创建选区，其属性栏如下图所示。用户可以通过调整容差值来控制选区的精确度。容差值可以在属性栏中进行设置。另外，魔棒工具属性栏还提供其他一些参数设置，方便用户灵活地创建自定义选区。

魔棒工具属性栏

下面对魔棒工具属性栏中各参数的含义和应用进行介绍，具体如下。

● 容差：该文本框用于设置颜色取样的范围，在0~255之间。容差值越低，颜色被选择范围越小，如下左图所示。容差值越高，颜色被选择的范围越大，如下右图所示。容差值与颜色选择范围成正比。

容差为10像素时创建的选区　　　　　　容差为50像素时创建的选区

● 只对连续像素取样：单击此按钮，只要颜色是连续的，则相同颜色的像素全部被选择，如下左图所示。关闭此按钮，不管颜色是否连续，只要是相同颜色的像素则全部被选择，如下右图所示。

单击"只对连续像素取样"按钮　　　　关闭"只对连续像素取样"按钮

● 从复合图像中进行颜色取样：单击此按钮，对所有可见图层进行颜色选择范围的操作；关闭此按钮，对单个图层进行颜色选择范围的操作。

3.2.8　快速选择工具

快速选择工具隐藏在魔棒工具组中，右击魔棒工具即可在弹出的列表中选择快速选择工具，其属性栏如下图所示。

使用快速选择工具创建选区时，其选取范围会随着鼠标指针的移动而自动向外扩展，同时自动查找和跟随图像中定义的边缘。使用快速选择工具进行选取时，选区的大小还受属性栏中画笔大小的影响，画笔越大，则选取的选区就越大。快速选择工具比较适合选择图像和背景相差较大的图像，在扩大颜色范围、连续选取时，其操作自由性相当高。

快速选择工具属性栏

下面对快速选择工具属性栏中各参数的含义和应用进行介绍，具体如下。

- 选区选项：包括"新选区"、"添加到选区"和"从选区减去"三个按钮。创建选区后，将从"新选区"自动切换到"添加到选区"的状态。
- 画笔：通过单击画笔缩览图或者其右侧的下拉按钮，弹出画笔选项面板，如下左图所示。画笔选项面板中包括大小、硬度、间距、角度、圆度等参数。单击下方"大小"右侧的下拉按钮，可在弹出的下拉列表中设置笔尖大小为"关"、"钢笔压力"、"光笔轮"三种类型，设置完成后在图像中单击，在要选择的区域中拖动，即可创建选区，如下中图、下右图所示。

"画笔"下拉按钮　　　　　**创建的选区**　　　　　**得到选区**

- 从复合图像中进行颜色取样：单击此按钮，对所有可见图层进行颜色选择范围的操作，如下左图所示。关闭此按钮，对单个图层进行颜色选择范围的操作，如下右图所示。

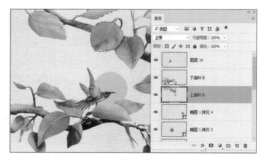

单击"从复合图像中进行颜色取样"按钮　　　　　**关闭"从复合图像中进行颜色取样"按钮**

- "自动增强选区边缘：单击此按钮，将减少选区边界的粗糙度和块效应，自动将选区向图像边缘进一步流动，并对图像边缘进行调整。

3.3　通过命令创建选区

除了可以使用选框工具、魔棒工具、快速选择工具在图像中创建选区，Photoshop CC还为用户提供了"全部"、"取消选择"、"色彩范围"和"快速蒙版"等命令，合理使用它们也可以根据不同的需求快速创建选区，下面分别进行介绍。

3.3.1　"全部"命令

"全部"命令是将图像整体选中。执行"选择>全部"命令或按下Ctrl+A组合键，执行全选操作，如下左图所示。即可将图像中的所有像素（包括透明像素）选中，在此情况下图像四周显示浮动的黑白线，如下右图所示。

执行"选择>全部"命令　　　　　　　　　　**全选图像**

3.3.2　"取消选择"命令

"取消选择"命令顾名思义，就是取消选中的选区。取消选区有3种方法，一是执行"选择>取消选择"命令；二是按下Ctrl+D组合键；三是选择任意选区创建工具，在图像中的任意位置单击。在对图像进行处理的过程中，最常用的是第二种方法。

3.3.3　"色彩范围"命令

"色彩范围"命令操作原理和魔棒工具基本相同，但功能更为强大。使用此命令可以从图像中一次得到一种颜色或几种颜色的选区。在Photoshop中打开任意一张图像文件，如下左图所示。然后执行"选择>色彩范围"命令，弹出"色彩范围"对话框，如下中图所示。在该对话框中包括"选择"、"本地化颜色簇"、"选区预览"等参数，用户可以根据需要设置不同的选项，然后将吸管放在图像或黑白预览区域上，单击对要包含的颜色进行取样。也可以在"选择"下拉列表中选择颜色或者色调的范围，但是不能调整选区。单击"确定"按钮后得到创建的选区，如下右图所示。

原图　　　　　　　**"色彩范围"对话框**　　　　　　　**得到选区**

下面对"色彩范围"对话框中各参数的含义和应用进行介绍，具体如下。

- 选择：该下拉列表用于选择预设颜色，通常在图像或预览窗口中单击，取样该位置的颜色。
- 本地化颜色簇：勾选该复选框，用于设置选择颜色的范围。值越大，可以选择的相同颜色越多，因此选区也会越大，如下左图所示。值越小，选区越小，如下右图所示。

"本地化颜色簇"范围为100%　　　　　　　"本地化颜色簇"范围为20%

- 预览效果选项：定义选择的对象为图像的某个范围还是整个图像，若选择"选择范围"单选按钮，则用黑色和白色表现预览画面；若选择"图像"单选按钮，则通过原图像颜色表现预览画面。
- 选区预览：该下拉列表用于设置显示选区和蒙版区域的方式。在其下拉列表中可选择"无"、"灰度"、"黑色杂边"、"白色杂边"和"快速蒙版"5种图像的显示方式。

(1) 无：不显示选择区域。

(2) 灰度：以灰度图像表示选择区域。其中白色表示选中区域，黑色表示未被选中的区域。

(3) 黑色杂边：显示黑色背景。保持原样的表示选中的区域，黑色表示未被选中的区域。

(4) 白色杂边：显示白色背景。保持原样的表示选中的区域，白色表示未被选中的区域。

(5) 快速蒙版：以快速蒙版来表示选择区域。保持原样的表示选中的区域，被半透明的蒙版所遮盖的区域表示未被选中的区域。

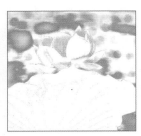

灰度　　　　　　黑色杂边　　　　　　白色杂边　　　　　　快速蒙版

- 载入：单击该按钮，打开"载入"对话框载入存储的AXT格式的色彩范围文件。
- 存储：单击该按钮，打开"存储"对话框存储AXT格式的色彩范围文件。
- 吸管工具/添加到取样/从取样减去：设置选区后，添加或减少选择的颜色范围。
- 反相：反转取样的色彩范围的选区，它提供了一种在单一背景上选择多个颜色对象的方法，即用吸管工具选择背景，然后勾选该复选框以反选选区，得到所要对象的选区。

3.3.4 "以快速蒙版模式编辑"按钮

在图像中创建选区，如下左图所示。双击"以快速蒙版模式编辑"按钮 ⊡，将弹出"快速蒙版选项"对话框，如下中图所示。其中"色彩指示"选项组中的参数定义颜色表示被蒙版区域还是所选区域；"颜色"选项组中的参数定义蒙版的颜色和不透明度。设置完成单击"确定"按钮查看效果，如下右图所示。

创建选区

"快速蒙版选项"对话框

图像效果

选择一张图片，单击工具箱中的"以快速蒙版模式编辑"按钮 ⬚，进入快速蒙版编辑状态。使用画笔工具在图像中为需要成为选区的部分添加快速蒙版进行保护，即对咖啡杯及其底盘部分进行涂抹以保护该区域，涂抹后的区域呈半透明蓝色显示。单击"以标准模式编辑"按钮 ⬛ 退出快速蒙版，从而得到除咖啡杯及其底盘外的选区。

原图

进入快速蒙版编辑状态

涂抹确定非选区

退出快速蒙版得到选区

值得注意的是，在进入快速蒙版编辑状态后，用户使用画笔工具对图像进行涂抹时，还可以执行"选择>在快速蒙版模式下编辑"命令，取消对其的勾选状态，也可退出快速蒙版。

3.4 选区的基本操作

为了使创建的选区更加符合不同的使用需要，在图像中绘制或创建选区后还可以对选区进行多次修改或编辑。这些编辑操作包括选区的移动、选区的反选、选区的运算、选区的复制、选区的存储和载入等，下面对其进行详细的介绍。

3.4.1　选区的移动

若创建的选区并未与目标图像重合或未完全覆盖需要的区域，此时最简单的方法就是移动该选区，对选区进行重新定位。在选择任意创建选区工具的状态下，将鼠标指针移动到选区内或边缘位置，当鼠标指针变为 形状时单击并拖动鼠标，即可移动选区。

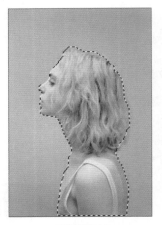

选择的选区　　　　　　　　　移动后的选区

除了移动选区外，用户还可以移动选区中的图像。其操作方法是，创建选区后选择移动工具，将鼠标指针移动到选区内或边缘处，当鼠标指针变为 形状时单击并拖动鼠标，即可移动选区内的图像，移动后的位置自动以背景色进行填充。

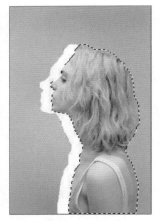

变换的鼠标指针样式　　　　　　　移动选区内的图像

移动选区内图像的方法是创建选区后选择移动工具，当鼠标指针变为 形状时，将选区拖动到另一个图像窗口中，此时该选区内的图像复制至另一个图像中。若在拖动过程中按住Ctrl+Shift组合键，则复制到另一图像窗口的选区图像将被放置在该图像的中心位置。

3.4.2　选区的反选

在Photoshop中，"反向"命令主要用于选择复杂对象。在选择图像时，当发现多种颜色的复杂对象在单一背景上，通过"反向"命令可以使选择图像更加简单。

首先在图像中创建选区，如下左图所示。执行"选择>反向"命令，如下右图所示。用户也可以按下

Shift+Ctrl+I组合键，或者在使用选框工具、套索工具或魔棒工具时单击鼠标右键，在弹出的快捷菜单中执行"选择反向"命令，来反选选区。值得注意的是，对图像执行反选选区操作的前提是图像中必须要有选区。

创建选区

执行"选择>反向"命令

3.4.3　选区的运算

选区运算是指在画面中存在选区的情况下，使用选框工具、套索工具和魔棒工具创建新选区时，新选区与现有选择区之间进行运算，从而生成需要的选区。通常情况下，一次操作很难将所需对象完全选中，这就需要通过运算来对选区进行完善。

新选区

添加到选区

从选区减去

与选区交叉

3.4.4　选区的复制

复制选区是对选区内的内容进行复制。使用选框工具创建选区后，用户可以按下Ctrl+C组合键执行复制操作，然后按下Ctrl+V组合键粘贴选区内的图像。

3.4.5　选区的存储和载入

如果需要把已经创建好的选区存储起来，方便以后再次使用，那么就需要执行存储选区和载入选区的操作。

创建选区后，直接单击鼠标右键，在弹出的快捷菜单中选择"存储选区"命令；或执行"选择>存储选区"命令，在弹出的"存储选区"对话框中设置相应的参数，并可以对选区进行命名，如下左图所示。如果不命名，Photoshop会自动以Alpha 1、Alpha 2这样的文字来命名。

当需要载入存储的选区时，可以执行"选择>载入选区"命令，或在图像中单击鼠标右键，选择"载入选区"命令，打开"载入选区"对话框，如下右图所示。

用户可以在"文档"下拉列表中选择保存的选区，在"通道"下拉列表中选择存储选区的通道名称，在"操作"选项组中单击相应的单选按钮后单击"确定"按钮，即可载入选区。

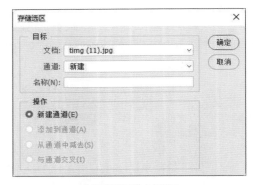

"存储选区"对话框　　　　　　　　　　"载入选区"对话框

下面对"存储选区"对话框中各参数的含义和应用进行介绍，具体如下。

● 文档：用于设置保存选区的目标图像文件，默认为当前图像，若选择"新建"选项，则将其保存到新建的图像中。

● 通道：设置存储选区的通道。

● 名称：用于设置需要存储选区的名称，以便区分清不同的选区。

● 新建通道：单击该单选按钮，可以为当前选区建立新的目标通道。

如果存储了多个选区，用户可以单击"通道"下拉按钮，在下拉列表中选择需要的选区。因此，之前存储时用合适的名称来命名选区，方便进行查找。若勾选"反向"复选框，则载入选区后执行反选操作。

3.5　选区的编辑操作

新建选区后还需要对选区进行进一步编辑调整，以达到理想的效果。在Photoshop"选择"菜单的"修改"子列表中包含用于编辑选的各种命令，包括"平滑"、"扩展"、"收缩"、"羽化"等。Photoshop提供了多种方法供用户选择，像"选区描边"以及"选择并遮住"都是经常用到的对选区进行编辑的操作命令，本节将带领读者一起了解怎么使用这些选区编辑命令。

3.5.1 选区的平滑

平滑选区是指调节选区的平滑度，若对矩形选区进行平滑选区操作，经过调整后则会成为一个圆角矩形选区。操作方法是在图像中绘制选区，如下左图所示。执行"选择>修改>平滑"命令，打开"平滑选区"对话框，在其中设置"取样半径"为80像素后，单击"确定"按钮，如下中图所示。此时图像中的矩形选区变为圆角矩形选区，如下右图所示。

绘制选区　　　　　　　　"平滑选区"对话框　　　　　　　调整后的选区效果

选择多边形套索工具在图像中绘制一个超过图像边缘的选区，如下左图所示。执行"选择>修改>平滑"命令，在打开"平滑选区"对话框中设置"取样半径"为150像素，勾选"应用画布边界的效果"复选框，即可在不破坏选区的基础上进行平滑操作，如下中图所示。不勾选"应用画布边界的效果"复选框，"平滑选区"操作会自动删除图像之外的选区，如下右图所示。

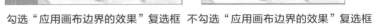

绘制选区　　　　勾选"应用画布边界的效果"复选框　不勾选"应用画布边界的效果"复选框

3.5.2 选区的扩展和收缩

扩展选区即按指定数量的像素扩大选择区域，通过扩展选区操作可以精确扩展选区的范围，使选区更人性化，符合用户的需求。操作方法是在图像中绘制选区，如下左图所示。执行"选择>修改>扩展"命令，打开"扩展选区"对话框，在其中设置"扩展量"为20像素，完成后单击"确定"按钮，如下中图所示。此时图像中的选区沿甜点杯边缘进行扩展，如下右图所示。

绘制选区　　　　　　　　"扩展选区"对话框　　　　　　　调整后的选区效果

收缩选区操作与扩展选区正好相反，收缩选区即按指定数量的像素缩小选区，通过收缩选区操作可去除图像的边缘杂色，使选区更精确。操作方法是，首先绘制选区，如下左图所示。执行"选择>修改>收缩"命令，打开"收缩选区"对话框，设置"收缩量"为5像素后单击"确定"按钮，如下中图所示。此时图像中选区的边缘更精确，如下右图所示。

绘制选区　　　　　　　　"收缩选区"对话框　　　　　　　调整后的选区效果

3.5.3　选区的羽化

使用"羽化"命令可以使选区边缘变得柔和，从而使选区内的图像与选区外的图像过渡自然。羽化选区的方法是创建选区，执行"选择>修改>羽化"命令或按下Shift+F6组合键，打开"羽化选区"对话框，在其中设置"羽化半径"后单击"确定"按钮，即可完成选区的羽化操作。

"羽化选区"对话框

值得注意的是，羽化选区后的效果是不能立即看到的，需要对选区内的图像执行移动、填充等操作才能看到图像边缘的柔化效果。

3.5.4　选区的描边

对选区执行"描边"命令时，可以使用一种颜色填充选区边界，还可以设置填充的宽度。打开任意一个图像，在图像中绘制选区，如下左图所示。执行"编辑>描边"命令，在打开的"描边"对话框中设置描边的"宽度"值和描边的"位置"，如下右图所示。

绘制选区 　　　　　　　　　　　　　　　"描边"对话框

下面对"描边"对话框中各参数的含义和应用进行介绍，具体如下。

● 宽度：用于设置描边后生成填充线条的宽度。

● 颜色：单击右边的色块，将打开"拾色器（描边颜色）"对话框，设置描边区域的颜色。

● 位置：用于设置描边的位置，包括"内部"、"居中"和"居外"3个单选按钮。

● 混合：设置描边后颜色的不透明度和着色模式，单击"模式"下拉按钮，选择不同的混合模式。

● 保留透明区域：勾选该复选框，在进行描边时将不影响原图层中的透明区域。

单击"颜色"选项右边的色块，在打开"拾色器（描边颜色）"对话框中，设置描边的颜色，这里设置的颜色为#ffffff，如下左图所示。

设置好描边的宽度、颜色、位置后，单击"确定"按钮，按下Ctrl+D组合键取消选择，即可得到选区的描边效果，如下右图所示。

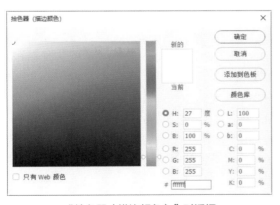

"拾色器（描边颜色）"对话框 　　　　　　　　　　　　　描边选区

3.5.5　选区边缘的调整

在Photoshop CC中，之前版本的"调整边缘"功能已经被"选择并遮住"替换。新的"选择并遮住"功能提供比"调整边缘"更精准的抠图效果，可以提高选区边缘的品质并允许用户对照不同的背景查看选区以便轻松编辑。选择任意一个选区绘制工具，在图像中创建一个选区，然后单击其工具属性栏中的"选择并遮住"按钮，或是执行"选择>选择并遮住"命令，将打开选择并遮住对话框，如下左图所示。该对话框中包含的视图模式设置下拉按钮可以更改选区的显示方式，如下中图所示。单击"全局调整"折叠按钮，可以进行相应的参数调整，如下右图所示。

选择并遮住对话框　　　　　　"视图模式"下拉列表　　　　　"全局调整"参数设置

下面对选择并遮住对话框中各参数的含义和应用进行介绍，具体如下。

● 视图：在"视图模式"选项组的"视图"下拉列表中，用户可以根据不同的需要选择最合适的预览方式，选择某个模式后，将在图像中显示该模式的信息。其中"闪烁虚线"选项表示预览具有标准选区边界的选区，在柔化边缘选区上，边界围绕被选中50%以上的像素；"叠加"选项表示将选区作为蒙版预览；"黑底"选项表示在黑色背景下预览选区；"黑白"选项表示在黑白对比的模式下进行预览。

● 显示边缘：勾选该复选框，指定在发生边缘调整的位置显示选区边框。

● 显示原稿：勾选该复选框，将显示原始选区以进行比较。

● 高品质预览：勾选该复选框，可以以高品质方式预览图像效果。

● 边缘检测：在该选项组中"半径"用于确定发生边缘调整的选区边界的大小，对锐边使用较小的半径，对较柔和的边缘使用较大的半径。"智能半径"复选框用于自动调整边界区域中发现的较硬边缘和柔化边缘的半径。如果边框是硬边缘或柔化边缘，或是要控制半径设置并且更精确地调整画笔，则需取消此复选框。

● 平滑：当创建的选区边缘非常生硬，甚至有明显的锯齿时，使用此选项可用来进行柔化处理。

● 羽化：在选区及周围像素间创建柔化边缘过渡，要获得更精细的结果可调整"半径"参数值。

● 对比度：设置此参数可以调整边缘的虚化程度，数值越大，选区边缘颜色反差越大，边缘越尖锐；数值越小，边缘颜色反差越小，边缘越柔和。通常用来创建比较精确的选区。

● 移动边缘：向左拖动滑块减小百分比值，以收缩选区边缘；向右拖动滑块增大百分比值，以扩展选区边缘。使用负值可以向内移动柔化边缘的边框，向内移动边框有助于从选区边缘移去不想要的背景颜色。

● 净化颜色：勾选该复选框，可以将彩色边替换为附近完全选中的像素的颜色。颜色替换的强度与选区边缘的软化度是成比的。

● 输出到：决定调整后的选区是变为当前图层上的选区或蒙版，还是生成一个新图层或文档。

综合实训 制作网页促销 Banner 图

学习完本章的知识后，相信用户对Photoshop选区的创建、编辑和修改有了一定的认识。下面以制作网页促销Banner图来巩固本章节的知识，具体操作如下。

Step 01 启动Photoshop CC软件，执行"文件>新建"命令，在打开的对话框中设置一个"宽度"为1920像素、"高度"为960像素、分辨率为300像素/英寸、颜色模式为RGB的空白文档，命名为"网页促销banner图"，单击"创建"按钮，如下左图所示。

Step 02 执行"文件>置入嵌入的智能对象"命令，在打开的对话框选择"背景.jpg"素材，单击"置入"按钮，适当调整其大小，效果如下右图所示。

"新建文档"对话框　　　　　　　　　　　　置入图像文件

Step 03 选择工具箱中的椭圆选框工具，按下Shift键的同时在图像中绘制正圆选区，如下左图所示。

Step 04 按下Ctrl+Shift+N组合键，新建图层并命名为"椭圆"。按下Alt+Delete组合键，为选区填充颜色为#ededec，按下Ctrl+D组合键取消选区，在圆形中添加文字，如下右图所示。

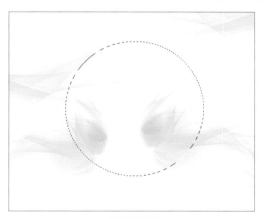

创建正圆选区　　　　　　　　　　　　填充颜色并添加文字

Step 05 选择矩形选框工具，在图像中绘制矩形选区，单击属性栏中"添加到选区"按钮，在图像中再绘制一个矩形选区，如下左图所示。

Step 06 按下Ctrl+Shift+N组合键新建图层，按下Alt+Delete组合键给选区填充颜色为#a41924，按下Ctrl+D组合键取消选区，然后添加一些文字查看效果，如下右图所示。

创建矩形选区　　　　　　　　　　　　　　　填充颜色并添加文字

Step 07 选中"椭圆"图层，执行"选择>载入选区"命令，在打开的"载入选区"对话框中单击"确定"按钮即可，如下左图所示。

Step 08 执行"选择>修改>扩展"命令，在打开的"扩展选区"对话框中设置"扩展量"为15像素，单击"确定"按钮，如下右图所示。

"载入选区"对话框　　　　　　　　　　　　　"扩展选区"对话框

Step 09 执行"编辑>描边"命令，在打开的"描边"对话框中设置"宽度"为7像素、颜色为#ffffff、"位置"为居中，单击"确定"按钮即可，如下左图所示。

Step 10 按下Ctrl+D组合键取消选区，置入鲜花素材图片并放在圆形周边，效果如下右图所示。

"描边"对话框　　　　　　　　　　　　　　　添加鲜花查看效果

Step 11 执行"文件>置入嵌入的智能对象"命令，选择"素材鸟1.jpg"图片作为智能对象打开，右击"素材鸟1"图层，执行"栅格化图层"命令，效果如下左图所示。

Step 12 隐藏其他图层，只显示"素材鸟1"图层，执行"选择>色彩范围"命令，在打开的"色彩范围"对话框中设置"颜色容差"为33，将吸管放在图像白色区域上并单击鼠标左键，设置完成单击"确定"按钮即可，如下右图所示。

置入素材图像

"色彩范围"对话框

Step 13 选择多边形套索工具，交换单击属性栏中"添加到选区"和"从选区减去"按钮，把选区的边缘以及没有添加的选区进行修改调整，如下左图所示。

Step 14 按下Delete组合键删除背景选区，按下Ctrl+D组合键取消选区，调整图像大小，移动至合适的位置，显示其他图层，效果如下右图所示。

调整选区

删除素材背景

Step 15 执行"文件>置入嵌入的智能对象"命令，选择"素材鸟2.jpg"图片作为智能对象打开，如下左图所示。右击"素材鸟2"图层，执行"栅格化图层"命令。

Step 16 选择磁性套索工具，沿小鸟边缘单击创建选区起始点，沿边缘拖动鼠标，当返回到起始点，鼠标指针一侧会出现闭合的圆圈，如下右图所示。单击鼠标左键，即可创建选区。

置入素材图像

闭合选区

Step 17 执行"选择>反选"命令对选区进行反选，按下Delete键对背景进行删除，随后按下Ctrl+D组合键取消选区，效果如下左图所示。

Step 18 调整图像大小，并移至合适的位置，如下右图所示。

删除背景

调整图像位置

Step 19 单击"创建新的填充或调整图层"下三角按钮，在列表中选择"亮度/对比度"选项，适当提高亮度和对比度，按Ctrl+Alt+G组合键向下创建剪贴蒙版，调整鸟的效果，如下左图所示。

Step 20 置入"飘带.png"素材，适当调整大小并放在正圆形两侧，再调整图层的顺序，将飘带置于鲜花的下方，效果如下右图所示。

设置亮度和对比度参数

置入素材

Step 21 为飘带素材添加"投影"图层样式，并适当置入修饰素材。至此，本案例制作完成，效果如下图所示。

查看最终效果

Chapter 04

图像的修复与修饰

利用Photoshop的图像修复和修饰功能，可以处理拍照时不利因素对图片的影响，使图片更加完美。图像的修复和修饰工具主要包括复制工具、修复工具和修饰工具等，本章将主要介绍这些工具的使用方法。通过本章内容的学习，用户可以熟练掌握修图的方法。

核心知识点

❶ 熟悉复制图像工具的应用
❷ 掌握修复图像工具的应用

❸ 掌握修饰图像工具的应用

使用污点修复画笔工具修复图像

使用修补工具修复人像

海绵工具的"加色"模式效果

美化人像

4.1 复制图像

在Photoshop中，用户可以使用仿制图章工具组中的工具复制图像，该工具组中包括仿制图章工具和图案图章工具，可以使用颜色或图案填充图像或选区，以得到图像的复制或替换效果。

4.1.1 仿制图章工具

使用仿制图章工具 可以从图像中取样，并将样本复制到其他图像或同一图像的其他部分中，其属性栏如下图所示。仿制图章工具也可以用于修复照片构图，它可以保留照片原有的边缘，不会损失部分图像。

使用仿制图章工具可以使特定区域的图像仿制到同一图像的指定区域，即取样区域和仿制区域的图像像素完全一致。仿制图章工具不仅可以将图像绘制到具有相同颜色模式的任何打开的文档的另一部分，还可以将一个图层的一部分绘制到另一个图层上。该工具对于复制对象或移除图像中的缺陷很有用。

按下Alt键为图像设置一个取样点，并在另一个区域上拖动绘制。其中十字光标显示的是仿制的取样区域，而图章拖动过的区域则是图像仿制的区域。

仿制图章工具属性栏

下面对仿制图章工具属性栏中各参数的含义和应用进行介绍，具体如下。

● 切换画笔面板：单击该按钮，可以打开"画笔"面板。

● 切换仿制源面板：单击该按钮，可以打开"仿制源"面板。

● 对齐：勾选"对齐"复选框，整个取样区域仅使用一次，即使操作由于某种原因停止，再次使用仿制图章工具进行操作时，仍可从上次操作结束时的位置开始；取消勾选"对齐"复选框，则会在每次停止并重新开始绘制时使用初始取样点中的样本像素。

● 样本：在此下拉列表中可以选择定义源图像时所采取的图层范围。该下拉列表中包括"当前图层"、"当前和下方图层"和"所有图层"3个选项。若选择"当前和下方图层"选项，则定义从现用图层及其下方的可见图层中取样；若选择"当前图层"选项，则定义仅从现用图层中取样；若选择"所有图层"选项，则定义从所有可见图层中取样。

● 打开以在仿制时忽略调整图层：在"样本"下拉菜单中选择了"当前和下方图层"或"所有图层"选项时，该按钮将被激活，单击后将在定义源图像时忽略图层中的调整图层。

4.1.2 图案图章工具

使用图案图章工具 可以将特定区域指定为图案纹理并进行仿制，其属性栏如下图所示。用户可以在图案图章工具属性栏中选择Photoshop提供的图案，也可以通过菜单命令来自定义图案。

图案图章工具属性栏

下面对图案图章工具属性栏中各参数的含义和应用进行介绍，具体如下。

● 图案拾色器：单击图案缩览图右侧的三角形按钮，打开"图案拾色器"，在此可选择所应用的图案样式。

● 印象派效果：勾选该复选框，可以制作出具有印象派绘画的抽象效果。

4.2　修复图像

在Photoshop CC中，用户可以使用修复工具组中的工具对破损或有污渍的图像进行编辑，使之符合工作的要求或审美情趣。该工具组可以将取样点的像素信息非常自然地复制到图像其他区域，并保持图像的色相、饱和度以及纹理等属性，是一组快捷高效的图像修饰工具。图像修复工具主要包括污点修复画笔工具、修复画笔工具、修补工具、内容感知移动工具和红眼工具，下面分别对其应用进行详细的介绍。

4.2.1　污点修复画笔工具

污点修复画笔工具 ✍.可以去除图像中的污点，其属性栏如下图所示。污点修复画笔工具能取样图像中某一点的图像，将该图像覆盖到需要应用的位置，在复制图像时，能将样本像素的光照、纹理、透明度和阴影与所修复的像素相匹配，产生自然的修复效果。使用污点修复画笔工具不需要进行取样定义样本，只要确定需要修补图像的位置，然后在需要修补的位置单击并拖动鼠标，释放鼠标左键即可修复图像中的污点，这也是它与修复画笔工具最根本的区别。

值得注意的是，相对于以前的版本，Photoshop CC做出了有史以来最具震撼的革新，在污点修复画笔工具中添加智能化因素，使用智能化的内容识别功能可以使图像的修复更真实完美。

污点修复画笔工具属性栏

下面对污点修复画笔工具属性栏中各参数的含义和应用进行介绍，具体如下。
- 画笔：与画笔工具属性栏对应的选项一样，用来设置画笔的样式和大小等参数。
- 模式：单击该下拉按钮，在下拉列表中选择绘制后生成图像与底色之间的混合模式。
- 类型：该按钮组用于设置修复图像区域修复过程中采用的修复类型。
  - 近似匹配：单击该按钮，将使用修复区域周围的像素来修复图像。
  - 创建纹理：单击该按钮，将使用被修复图像区域中的像素来创建修复纹理，并使纹理与周围纹理相协调。
  - 内容识别：为默认选中的按钮，该功能与"填充"命令的内容识别相同，会自动使用相似部分的像素对图像进行修复，同时进行完整匹配。
- 对所有图层取样：勾选该复选框，可使取样范围扩展到图像中所有的可见图层。

操作提示：修复图像

在修复图像时，通常需要放大要处理的图像，在处理图像的过程中，应多取样、多涂抹，让处理的对象与周围的环境相符合，这样可以让处理的图片效果更真实。

实战　使用污点修复画笔工具修复图像

学习完Photoshop污点修复画笔工具的应用后，下面以修复图像中热气球的案例来巩固所学知识，具体操作方法如下。

Step 01 启动Photoshop CC软件，执行"文件>打开"命令，打开"热气球.jpg"素材文件，如下左图所示。

Step 02 选择污点修复画笔工具，在工具属性栏的"画笔"下拉列表中设置画笔的大小，设置"类型"为"内容识别"，如下右图所示。

打开原图像   设置画笔参数

Step 03 在需要修复处按住鼠标左键进行涂抹，如下左图所示。

Step 04 涂抹完成后释放鼠标左键，完成图像的修复，如下右图所示。

涂抹需要修复的位置

修复图像

Step 05 将属性栏的"类型"设置为"近似匹配"，然后在需要修复处按住鼠标左键进行涂抹，如下左图所示。

Step 06 涂抹完成后释放鼠标左键，完成图像的修复，调整图像"亮度/对比度"后，在图像左上角添加文字，查看最终效果，如下右图所示。

进一步涂抹修复

查看最终效果

4.2.2 修复画笔工具

修复画笔工具 ✎.的最佳操作对象是有划痕或褶皱的照片，或是有污点、划痕的图像，因为该工具能够根据要修改点周围的像素及色彩将其完美无缺地复原，而不留任何痕迹。其属性栏如下图所示。

修复画笔工具属性栏

下面对修复画笔工具属性栏中各参数的含义和应用进行介绍，具体如下。

- 模式：在下拉列表中选择修复画笔工具的混合模式效果。
- 取样：单击该按钮，表示使用修复画笔工具对图像进行修复时以图像区域中某处颜色作为基点。
- 图案：单击该按钮，可在其右侧的拾取器中选择已有的图案用于修复。

4.2.3 修补工具

修补工具 ⊕.是使用图像中其他区域或图案中的像素来修复选中的区域，其属性栏如下图所示。修补工具的使用方法和修复画笔工具相似，修补工具会将样本像素的纹理、光照和阴影与源像素进行匹配，一般用于修复人物脸部的雀斑、痘印等。不同之处在于修补工具必须要建立选区，在选区范围内修补图像。

修补工具属性栏

下面对修补工具属性栏中各参数的含义和应用进行介绍，具体如下。

- 修补：在此下拉列表中，选择"正常"选项时，将按照默认的方式进行修补；选择"内容识别"选项时，Photoshop将自动根据修补范围周围的图像进行智能修补。
- 源：单击该按钮，则需要选择要修补的区域，然后将鼠标指针放置在选区内部，拖动选区至无瑕疵的图像区域，选区中的图像被无瑕疵区域的图像所替换。
- 目标：单击此按钮，则操作顺序与"源"正好相反，需要先选择无瑕疵的图像区域，然后将选区移动至有瑕疵的图像区域。
- 透明：选择该复选框，可以将选区内的图像与目标位置处的图像以一定的透明度进行混合。
- 使用图案：单击该按钮后，在图像中绘制选区后，如下左图所示。该按钮被激活后，在其"图案拾色器"面板中选择一种图案，并单击"使用图案"按钮，则选区内的图像被应用为所选择的图案，最后取消选区即可，如下右图所示。

创建选区　　　　　　　　　　　　　　　替换背景图案

若在"修补"下拉列表中选择"内容识别"选项,则其属性栏如下图所示。

修补工具属性栏中的"内容识别"

下面对修补工具属性栏中"内容识别"选项下各参数的含义和应用进行介绍,具体如下。

● 结构:此数值越大,则修复结果的形态会更贴近原始选区的状态,边缘可能会略显生硬;数值越小,则修复边缘会更柔和、自然,但可能会出现过度修复的问题。

● 颜色:此参数用于控制修复结果中,可修改源色彩的强度。数值越小,则保留更多被修复图像区域的色彩;数值越大,则保留更多源图像的色彩。

值得注意的是,在使用修补工具以"内容识别"方式进行修补后,只要不取消选区,即可随意设置"结构"及"颜色"参数,直到得到满意的结果为止。

实战 使用修复工具修复人物照片

学习完Photoshop多种修复图像的工具后,下面以修复人物照片的案例来巩固所学的知识,具体操作方法如下。

Step 01 启动Photoshop CC软件,执行"文件>打开"命令,打开"照片.jpg"文件,如下左图所示。

Step 02 选择修补工具,在属性栏中单击"从目标修补源"按钮,然后在图像右上方的文字处按住鼠标左键拖动,绘制出一个选区,如下右图所示。

素材图片

绘制选区

Step 03 拖动选区到不需要修复的图像上,释放鼠标左键,即可使用其他部分的图像修补有缺陷的图像区域,如下左图所示。

Step 04 按住Ctrl+D组合键取消选区,查看效果,如下右图所示。

向下拖动图像

查看修补的效果

Step 05 选择修复画笔工具，在按住Alt键的同时单击人物雀斑旁边的脸部皮肤，如下左图所示。

Step 06 取样完成后，在人物脸部的雀斑图像上单击，即可消除雀斑，如下右图所示。

 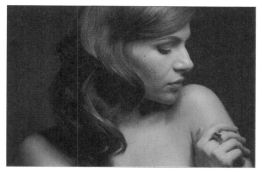

按住Alt键单击　　　　　　　　　　　　　消除污点

Step 07 使用同样的方法，使用修复画笔工具消除人物面部和身体上的雀斑和痘痘，如下左图所示。

Step 08 调整画面合适的"亮度/对比度"，查看最终效果，如下右图所示。

修复图像　　　　　　　　　　　　　　　查看调整后效果

4.2.4　内容感知移动工具

内容感知移动工具 ✖.可以在无须复杂图层或慢速精确地选择选区的情况下，快速将图像移动或复制到另外一个位置。该工具适合在单纯的背景上使用，处理上要注意尽量往相近背景做移动拷贝，越相近的背景融合才会越自然。内容感知移动工具的属性栏与修补工具属性栏用法相似，其属性栏如下图所示。

内容感知移动工具属性栏

- 模式：单击该下拉按钮，选择图像移动的方式。在此下拉列表中，选择"移动"选项时，将选取的区域移动到另外的地方，移动之后，软件会自动根据周围环境填充空出的区域；选择"扩展"选项时，将选取的区域移动复制到另外的地方。

- 对所有图层取样：勾选该复选框，可从所有可见图层中对数据进行取样。如果取消勾选"对所有图层取样"复选框，则只能从现有图层中取样。

> **操作提示：后退和前进**
>
> 　　绘制图像后，若想恢复以前的操作，按下Ctrl+Z组合键即可向上恢复一步。若想恢复多个操作步骤，可以多次按Ctrl+Alt+Z组合键。

4.2.5 红眼工具

红眼现象是指在使用闪光灯或光线昏暗处进行拍摄时，人物或动物眼睛泛红的现象。这是由于在过暗的地方，眼睛为了看清东西而放大瞳孔增进通光量，在瞬间高亮的状态下相机拍摄到的通常都是张大的瞳孔，红色是瞳孔内血液映出的颜色。

使用红眼工具 ，不仅可以移去使用闪光灯拍摄的照片中的红眼现象，还可以移去动物照片中的白色或绿色反光，其属性栏如下图所示。但红眼工具对"位图"、"多通道"、"索引颜色"颜色模式的图像不起作用。

红眼工具属性栏

下面对红眼工具属性栏中各参数的含义和应用进行介绍，具体如下。

- 瞳孔大小：直接在该数值框中输入数值或拖动下方的滑块，可增大或减小受红眼工具影响的区域。
- 变暗量：用于设置瞳孔的亮度。直接在数值框中输入数值或拖动下方的滑块，可调整校正的暗度。

> **操作提示：红眼现象的形成**
>
> 红眼是由于相机闪光灯在主体视网膜上反光引起的。在光线暗淡的房间里照相时，由于主体的虹膜张开得很宽，会更加频繁地看到红眼。为了避免红眼现象，可使用相机的红眼消除功能，或者使用远离相机镜头位置的独立闪光装置。

实战 使用红眼工具修复人像

学习完Photoshop红眼工具的应用后，下面以修复人像红眼现象的案例来巩固所学知识，具体操作方法如下。

Step 01 启动Photoshop CC软件，执行"文件>打开"命令，打开"红眼人物.jpg"文件，效果如下左图所示。

Step 02 选择红眼工具，在属性栏中设置"瞳孔大小"为23%、"变暗量"为20%，在眼睛处绘制一个矩形框，如下中图所示。

Step 03 使用相同的方法在另一只眼睛处绘制一个矩形框，为了更好地消除人物眼中的泛红现象，可以多次绘制矩形框去除人物红眼现象，设置完成后查看效果，如下右图所示。

打开原素材图像

绘制矩形选区

查看去除红眼效果

4.3　修饰图像工具

使用Photoshop可以对图像进行修饰、润色以及变换等调整，其中，对图像细节修饰的工具包括模糊和锐化工具、减淡和加深工具、海绵工具、涂抹工具等，下面分别对这些工具的应用进行详细介绍。

4.3.1　模糊和锐化工具

使用模糊工具 ○.可以降低图像中相邻像素之间的对比度，从而使图像中像素与像素之间的边界区域变得柔和，产生一种模糊效果，起到凸显图像主体部分的作用，其属性栏如下图所示。

模糊工具属性栏

下面对模糊工具属性栏中各参数的含义和应用进行介绍，具体如下。

- 模式：在该下拉列表中可以选择模糊图像的模式。
- 强度：用于设置模糊的压力程度。数值越大，模糊效果越明显；数值越小，模糊程度越弱。模糊工具一般情况下是结合多种工具使用的，它的功能体现在对图像细节处的调整。

使用锐化工具 △.可以增加图像中像素边缘的对比度和相邻像素间的反差，从而提高图像的清晰度或聚焦程度，使图像产生清晰的效果，其属性栏如下图所示。锐化工具对应的工具属性栏与模糊工具属性栏相似。锐化工具属性栏中"强度"数值框中的数值越大，锐化效果就越明显。

锐化工具属性栏

打开图片，如下左图所示。选取锐化工具后，使用鼠标在图像中拖动，即可对图像进行锐化，如下右图所示。

素材图　　　　　　　　　　　　　　　　锐化效果

在锐化工具属性栏中，若勾选"保护细节"复选框，可以增强细节并使因像素化而产生的不自然感最小化。如果取消此复选框的勾选，可以产生更夸张的锐化效果。

操作提示：模糊工具和锐化工具的应用

使用这两个工具时，需要反复在图像上进行涂抹，才能有较为明显的效果。用户可以通过调整属性中的"强度"值增强效果。

4.3.2 减淡与加深工具

使用减淡工具 ![]可以提高图像中色彩的亮度，该工具主要根据照片特定区域曝光度的传统摄影计数原理使图像变亮，其属性栏如下图所示。在输入法为英文状态下按O键，即可快速切换到减淡工具。

减淡工具属性栏

下面对减淡工具属性栏中各参数的含义和应用进行介绍，具体如下。

● 范围：在下拉列表中选择用于减淡的作用范围，该下拉列表中有3个选项，分别为"阴影"、"中间调"和"高光"。"阴影"选项用于更改图像中颜色显示较暗的区域；"中间调"选项用于更改图像中颜色呈灰色显示的区域；"高光"选项用于只对图像显示较亮区域进行更改。

● 曝光度：用于设置对图像色彩减淡的程度，输入的数值越大，对图像减淡的效果越明显。

● 保护色调：勾选该复选框后，使用减淡工具进行操作时可以尽量保护图像原有的色调不失真。

打开图片，如下左图所示。选择减淡工具后，使用鼠标在图像中拖动，即可对图像进行减淡处理，如下右图所示。

素材图

减淡效果

加深工具 ![]与减淡工具作用相反，使用加深工具可以改变图像特定区域的阴影效果，从而使图像呈加深或变暗显示，其属性栏如下图所示。加深工具的属性栏与减淡工具相同。

加深工具属性栏

打开图片，如下左图所示。选择加深工具后，使用鼠标在图像中拖动，即可对图像进行加深处理，如下右图所示。

素材图

加深效果

4.3.3　海绵工具

海绵工具 ●.可以精确地更改图像区域中的色彩饱和度，使用该工具在特定的区域内涂抹，会自动根据不同图像的特点改变图像的颜色饱和度和亮度。利用海绵工具能够自如地调节图像的色彩效果，其属性栏如下图所示。

海绵工具属性栏

下面对海绵工具属性栏中各参数的含义和应用进行介绍，具体如下。

● 模式：该下拉列表中有"去色"和"加色"两个选项。打开素材图片，如下左图所示。选择"去色"
　　选项，将降低图像颜色的饱和度；选择"加色"选项，则增加图像颜色的饱和度，如下右图所示。

原素材　　　　　　　　　　　　　　　　　"加色"模式

● 流量：用于设置去色或加色的程度。
● 自然饱和度：勾选该复选框后，在增加饱和度操作时，可以避免颜色过于饱和而出现溢色。

海绵工具的使用方法与加深工具及减淡工具类似，选择海绵工具，在属性栏中设置相关选项后，按住鼠标左键进行涂抹即可。

4.3.4　涂抹工具

涂抹工具 ●.可以模拟在湿的颜料布上涂抹而使图像产生变形效果。其原理是提取最先单击处的颜色与鼠标拖动经过的颜色，将其融合挤压，以产生模糊的效果。使用涂抹工具可以沿鼠标拖动的方向涂抹图像中的像素，使图像呈现一种扭曲的效果，其属性栏与模糊工具类似，如下图所示。

涂抹工具属性栏

使用涂抹工具可以涂抹图像中的数据，制作出水彩画效果的图像。选择涂抹工具后，设置适当的笔触大小，直接在图像中涂抹，即可在涂抹的区域制作出水彩画效果。如果勾选工具属性栏中的"手指绘画"复选框，在涂抹过程中，将使用前景色填充涂抹的图像。

综合实训 **使用修饰图像工具修复人物图像**

　　学习完本章的知识后，相信用户对Photoshop图像修饰有了一定的认识。下面以修复人物图像来巩固本章节的知识，具体操作如下。

Step 01 启动Photoshop CC软件，执行"文件>打开"命令，在打开的对话框中选择"人像.jpg"素材文件，单击"打开"按钮，如下左图所示。

Step 02 选择修补工具，在属性栏中单击"从目标修补源"按钮，然后在图像相机上方的文字处按住鼠标左键拖动，绘制出一个选区，如下右图所示。

打开素材图片

绘制选区

Step 03 拖动选区到不需要修复的图像上，释放鼠标左键，即可用其他部分的图像修补有缺陷的图像区域，如下左图所示。

Step 04 按住Ctrl+D组合键取消选区，可见选中区域的文字被修补，效果如下右图所示。

向左拖动图像

查看效果

Step 05 选择污点修复画笔工具，在属性栏中设置相应的画笔参数，如下左图所示。

Step 06 在图像右上方的文字处进行涂抹，如下右图所示。

设置画笔工具属性

涂抹文字

Step 07 选择仿制图章工具，在属性栏中设置相应的画笔参数，如下左图所示。

Step 08 按住Alt键，在人物面部雀斑周围单击取样，如下右图所示。

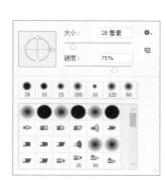

设置画笔工具属性

取样

Step 09 在图像中人物脸上有雀斑的地方单击或拖动鼠标，如下左图所示。

Step 10 继续使用相同的方法对照片中人物鼻子右边的雀斑进行修复，设置完成后查看效果，如下右图所示。

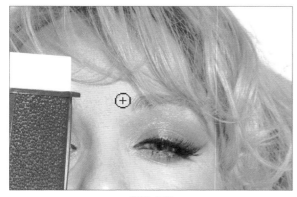

删除雀斑

修复图像

Step 11 选择修复画笔工具，在属性栏中设置相应的画笔参数，如下左图所示。

Step 12 按住Alt键，在痘痘周围单击取样，然后在图像中人物脸上有痘痘的地方单击或拖动鼠标，如下右图所示。

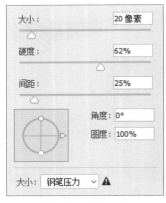

设置画笔工具属性

修复痘痘

Step 13 继续使用相同的方法对照片中人物下巴处的痘痘进行修复，设置完成后查看效果，如下左图所示。

Step 14 选择红眼工具，在属性栏中设置相应的参数，在眼睛处绘制一个矩形框，如下右图所示。

查看效果

使用红眼工具绘制矩形框

Step 15 设置完成后可见消除人物的红眼现象，如下左图所示。

Step 16 选择减淡工具，在属性栏中设置相应的画笔参数，设置"范围"为"中间调"、曝光度为24%，并设置大小和硬度参数，如下右图所示。

查看效果

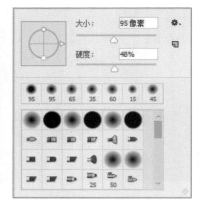

设置画笔工具属性

Step 17 在图像中人物脸颊处按住鼠标左键进行拖动，在图像中涂抹提亮图像效果，如下左图所示。

Step 18 操作完成后查看效果，如下右图所示。

涂抹提亮脸颊 　　　　　　　查看效果

Step 19 选择海绵工具，在属性栏中设置相应的画笔参数，设置"模式"为"加色"、流量为"50%"，如下左图所示。

Step 20 设置前景色为#ff0000，在人物嘴唇处拖动鼠标，为了使图像更加自然，可随时放大图像和缩小画笔大小进行涂抹，如下右图所示。

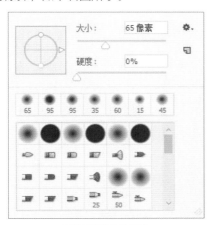

设置画笔工具属性

涂抹加色

Step 21 操作完成后查看效果，如下右图所示。

Step 22 调整图像的"自然饱和度"和"亮度/对比度"参数，设置完成查看最终效果，如下右图所示。

查看应用海绵工具的效果

查看最终效果

Chapter **05**

图像的模式和色调调整

Photoshop是图像处理软件，其中图像离不开色调，所以Photoshop的"图像>调整"菜单中提供了20多种对色调处理的功能命令，其中包括对图像色相、曝光度、亮度和对比度等进行调整的命令。本章主要介绍图像颜色的模式和色调调整的相关知识。

核心知识点

❶ 了解颜色的模式
❷ 掌握自动校正颜色的方法

❸ 掌握颜色调整命令的应用

"曲线"命令调整图像的效果

"照片滤镜"命令调整图像的效果

"反相"命令调整后的效果

制作水果创意海报

5.1 图像的颜色模式

图像的颜色模式是指将某种颜色变换为数字表示的模式，或者说是一种记录图像颜色的方式，这种记录颜色的方式决定了用来显示和打印所处理图像的颜色方法。

在Photoshop中，颜色模式分为位图模式、灰度模式、双色调模式、索引颜色模式、RGB颜色模式、CMYK颜色模式、Lab颜色模式和多通道模式，如下图所示。其中，RGB、CMYK、Lab等是常用和基本的颜色模式，索引颜色和双色调等则是用于特殊色彩输出的颜色模式。选择一种颜色模式，就等于选用了某种特定的颜色模型。

位图模式

双色调模式

索引颜色模式

灰度模式

RGB颜色模式

CMYK颜色模式

Lab颜色模式

多通道模式

5.1.1 位图模式

位图模式只有纯黑和纯白两种颜色，适合制作艺术样式或创作单色图形。彩色图像转换为该模式后，色相和饱和度信息都会被删除，只保留亮度信息。值得注意的是，只有灰度和双色调模式才能转换为位图模式。所以RGB、CMYK等彩色图像需要先转换为"灰度"颜色模式后，再转换为"位图"颜色模式。打开一个RGB模式的彩色图像，如下左图所示。执行"图像>模式>灰度"命令，如下中图所示。先将它转换为灰度模式，如下右图所示。

原图像

执行"灰度"命令

"灰度"模式

执行"图像>模式>位图"命令，如下左图所示。在弹出的"位图"对话框中，可以看到Photoshop提供了几种方法来模拟图像中丢失的细节，包括50%阈值、图案仿色、扩散仿色、半调网屏和自定图案，如下右图所示。

执行"位图"命令　　　　　　　"位图"对话框

下面对"位图"对话框中"使用"下拉列表中各选项的含义和应用进行介绍，具体如下。

● 50%阈值：将50%色调作为分界点，灰色值高于中间色阶128的像素转换为白色，灰色值低于色阶128的像素转换为黑色。

● 图案仿色：使用黑白点图案模拟色调。

● 扩散仿色：通过使用从图像左上角开始的误差扩散过程来转换图像，由于转换过程的误差原因，会产生颗粒状的纹理。

● 半调网屏：可模拟平面印刷中使用的半调网点外观，选择该选项并单击"确定"按钮后，会弹出"半调网屏"对话框，然后单击"确定"即可使用"半调网屏"效果。

● 自定图案：可选择一种图案来模拟图像中的色调。

50%阈值　　　　　　　　　图案仿色　　　　　　　　　扩散仿色

"半调网屏"对话框　　　　　　半调网屏　　　　　　　　自定图案

5.1.2　灰度模式

　　灰度模式的图像不包含颜色，彩色图像转换为该模式后，色彩信息都会被删除。灰度图像中的每个像素都有一个0到255之间的亮度值，0代表黑色，255代表白色，其他值代表了黑、白中间过渡的灰色。灰度值也可以用黑色油墨覆盖的百分比来表示，0%等于白色，100%等于黑色。

　　当打开一张其他颜色模式图像时，转换为"灰度"模式时，会弹出"信息"对话框，如下左图、下中图所示。单击"扔掉"或"确定"按钮，即可转换成"灰度"模式图像。使用"灰度"模式时，"颜色"面板也会有所变换，如下右图所示。

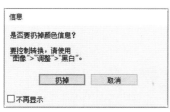
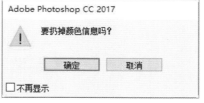
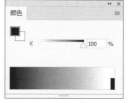

　　"信息"对话框　　　　　　　　　　信息对话框　　　　　　　"灰度"模式下的"颜色"面板

5.1.3　双色调模式

　　双色调模式采用2到4种彩色油墨来创建由双色调、三色调和四色调混合色阶组成的图像。值得注意的是，只有在"灰度"模式下才能激活级联菜单中的"双色调"命令，使用"双色调"模式最主要的功能是使用尽量少的颜色表现尽量多的颜色层次，这对于减少印刷成本非常重要，因为在印刷生产时，每增加一种色调都需要更多的成本。

　　执行"图像>模式>双色调"命令，将弹出"双色调选项"对话框，如下左图所示。选择所需的"预设"和"类型"选项，单击"确定"按钮，图像色调会发生相应的变化，如下右图所示。

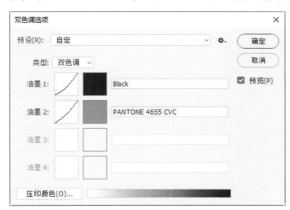

　　　　"双色调选项"对话框　　　　　　　　　　"双色调模式"对话框

　　下面对"双色调选项"对话框中各参数的含义和应用进行介绍，具体如下。

- 预设：用于选择一个预设的调整文件。
- 类型：在下拉列表中可以选择"单色调"、"双色调"、"三色调"或"四色调"选项。单色调是用非黑色的单一油墨打印的灰度图像；双色调、三色调和四色调分别是用两种、三种和四种油墨打印的图像。选择之后，单击各个油墨颜色块，可以在打开的颜色库中设置油墨颜色。
- 压印颜色：是指相互之间在对方之上的两种无网屏油墨，单击该按钮可以在打开的"压印颜色"对话框中设置压印颜色在屏幕上的外观。

5.1.4 索引颜色模式

索引颜色模式也称为映射颜色，该模式下只能存储一个8bit色彩深度的文件，即最多256种颜色，且颜色都是预先定义好的。索引颜色模式尽管其调色板很有限，但能够在保持多媒体演示文稿、Web页等所需视觉品质的同时减少文件大小。

即使用256种或更少的颜色替代全彩图像中上百万种颜色的过程叫作索引。Photoshop会构建一个颜色查找表（CLUT），存放图像中的颜色。如果原图像中的某种颜色没有出现在该表中，则程序会选取最接近的一种，或使用仿色以现有颜色来模拟该颜色。索引模式是GIF文件默认的颜色模式。当用户将其他模式的图像转换成索引颜色模式时，会弹出"索引颜色"对话框，如下左图所示。

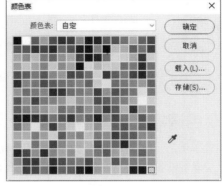

"索引颜色"对话框　　　　　　　"颜色表"对话框

下面对"索引颜色"对话框中各参数的含义和应用进行介绍，具体如下。

- 调板/颜色：可以选择转换为索引颜色后使用的调板类型，它决定了使用哪些颜色。如果选择了"平均分布"、"可感知"、"可选择"或"随样性"选项，可通过输入颜色值指定要显示的实际颜色数量（多达256种）。在"调板"下拉菜单中选择"自定"选项，则会弹出"颜色表"对话框，如上右图所示。
- 强制：可以选择将某些颜色强制包括在颜色表中的选项。选择"黑白"选项，可将纯黑色和纯白色添加到颜色表中；选择"颜色"选项，可添加红色、绿色、蓝色、青色、洋红、黄色、黑色和白色；选择Web选项，可添加216种Web安全色；选择"自定"选项，则允许定义要添加的自定颜色。
- 杂边：指定用于填充与图像的透明区域相邻的消除锯齿边缘的背景色。
- 仿色：在下拉列表中可以选择是否使用仿色。如果要模拟颜色表中没有的颜色，可以采用仿色。仿色会混合现有颜色的像素经，以模拟缺少的颜色。要使用仿色，可在该选项下拉列表中选择仿色选项，并输入仿色数量的百分比值。该值越高，所仿颜色越多，但可能会增加文件占用的存储空间。

5.1.5 RGB 颜色模式

RGB颜色模式是Photoshop默认的图像模式，是屏幕显示的最佳模式。该模式将自然界的光线视为由红（Red）、绿（Green）、蓝（Blue）3种基本颜色组合而成，所以它是 24 (8×3)位/像素的三通道图像模式。在屏幕上出现的颜色都是由改变这3种基本颜色的比例值形成的。但它所表示的实际颜色范围仍因应用程序或显示设备而异。

在Photoshop中，除非有特殊要求而使用特定的颜色模式，RGB颜色模式都是首选。在这种颜色模式下，用户可以使用所有的Photoshop工具和命令，而其他模式则会受到限制。

5.1.6　CMYK 颜色模式

CMYK是一种减色混合模式，它指的是本身不能发光，但能吸引一部分光，并将余下的光反射出去的色料混合，印刷用油墨、染料、绘画颜料等都属于减色混合。

CMYK是常用于商业印刷的一种四色印刷模式，它的色域（颜色范围）比RGB模式小，只有制作要用印刷色打印的图像时，才使用该模式。

此外，在CMYK模式下，许多滤镜不能使用。CMYK颜色模式中，C代表了Cyan（青）、M代表了Magenta（洋红）、Y代表了Yellow（黄）、K代表了Black（黑色）。在CMYK模式下，用户可以为每个像素的每种印刷油墨指定一个百分比值。

5.1.7　Lab 颜色模式

Lab颜色是由RGB三基色转换而来的，该颜色模式由一个发光率（Lumina-nce）和两个颜色（a，b）轴组成。它是一种独立于设备存在的颜色模式，不论使用任何一种显示器或者打印机，Lab的颜色不会发生任何变化。

在Lab颜色模式中，L代表了亮度分量，它的范围为0~100；a代表了由绿色到红色的光谱变化；b代表了由蓝色到黄色的光谱变化。颜色分量a和b的范围均为+127~−128。

Lab颜色模式在照片调色中有着非常特别的优势，用户在处理明度通道时，可以在不影响色相和饱和度的情况下轻松修改图像的明暗信息；处理a和b通道时，则可以在不影响色调的情况下修改颜色。

5.1.8　多通道颜色模式

多通道是一种减色模式，将RGB图像转换为该模式后，可以得到青色、洋红和黄色通道。此外，如果删除RGB、CMYK、Lab模式的某个颜色通道，图像会自动转换为多通道模式。对于有特殊打印要求的图像，多通道模式非常有用。若图像中只使用了一两种颜色，使用多通道颜色模式可以减少印刷成本并保证图像颜色的正确输出。

5.1.9　位深度

位深度也称为像素深度或色深度，即多少位/像素，它是显示器、数码相机、扫描仪等使用的术语。Photoshop使用位深度来存储文件中每个颜色通道的颜色信息。存储的位越多，图像中包含的颜色和色调差就越大。打开一个图像后，可以在"图像>模式"下拉菜单中选择"8位/通道"、"16位/通道"、"32位/通道"命令，改变图像的位深度。

- 8位/通道：位深度为8位，每个通道可支持256种颜色，图像可以有1600万个以上的颜色。
- 16位/通道：位深度为16位，每个通道可以包含高达65000种颜色信息。无论是通过扫描得到的16位/通道文件，还是数码相机拍摄得到的16位/通道的Raw文件，都包含了比8位/通道文件更多的颜色信息，因此，色彩渐变更加平滑、色调也更加丰富。
- 32位/通道：32位/通道的图像也称为高动态范围（HDR）图像，文件的颜色和色调更胜于16位/通道文件。用户可以有选择性地对部分图像进行动态范围的扩展，而不至于丢失其他区域的可打印和可显示的色调。目前，HDR图像主要用于影片、特殊效果、3D作品及某些高端图片。

在灰度模式、RGB模式或CMYK模式下，可以使用16位通道来代替默认的8位通道。Photoshop可以识别和输入16位通道的图像，但对于这种图像的限制很多，所有的滤镜都不能使用，另外16位通道模式的图像不能印刷。

01 02 03 04 05 图像的模式和色调调整 06 07 08 09 10 11 12 13 14

097

5.2 自动校正颜色

在Photoshop的"图像"下拉菜单中,为用户提供了几种快速调整图像的命令,分别是"自动色调"、"自动对比度"和"自动颜色"命令,这些命令可以自动对图像的颜色和色调进行简单的调整,适合对于各种调色工具不太熟悉的初学者使用。

5.2.1 "自动色调"命令

"自动色调"命令可以自动调整图像中的黑场和白场,将每个颜色通道中最亮和最暗的像素映射到纯白(色阶到255)和纯黑(色阶为0),中间像素值按比例重新分布,从而增强图像的对比度。默认情况下,该命令会剪切白色和黑色像素的0.5%,来忽略一些极端的像素。

打开素材图片,如下左图所示。执行"图像>自动色调"命令,软件将自动调整图像的色调,使图像变得更清晰、明快,如下右图所示。

原图　　　　　　　　　　　　　　　使用"自动色调"命令调整的效果

> **操作提示:自动色调**
>
> "自动色调"命令是以最近使用"色阶"对话框时的设置为基准来改变图像亮度的百分比。也就是说,在"色阶"对话框中的设置不同,图像的亮度也会不同。

5.2.2 "自动对比度"命令

"自动对比度"命令可以调整图像中颜色的整体对比度和混合程度,但不会单独调整通道,因此不会引入或消除色痕。该命令通过剪切图像中的阴影和高光值,将剩余部分的最亮和最暗像素映射到纯白和纯黑,使高光更加明亮,阴影更加暗淡,以提高整个图像的清晰程度。

打开素材图片,如下左图所示。执行"图像>自动对比度"命令或按下Alt+Ctrl+Shift+L组合键,即可得到下右图所示的效果。

原图　　　　　　　　　　　　　　　使用"自动对比度"命令调整后效果

5.2.3 "自动颜色"命令

"自动颜色"命令可以通过搜索图像来标识阴影、中间调和高光区域，从而自动调整图像的对比度和颜色。用户可以使用该命令校正出现色偏的照片。

打开素材图片，如下左图所示。执行"图像>自动颜色"命令或按下Ctrl+Shift+B组合键，即可使用"自动颜色"命令对图像进行调整，如下右图所示。

原图

使用"自动颜色"命令调整后效果

实战 使用自动校正颜色命令调整图像

学习完Photoshop三种自动校正颜色命令的操作方法后，下面以调整照片颜色的案例来巩固所学的知识，具体操作方法如下。

Step 01 打开Photoshop CC 软件，按下Ctrl+O组合键打开"花朵.jpg"图片，如下左图所示。

Step 02 执行"图像>自动颜色"命令，可见绿叶部分更明亮，花更鲜艳，如下右图所示。

素材图片

使用"自动颜色"命令调整后效果

Step 03 然后再执行"图像>自动对比度"命令，调整图片的对比度，如下左图所示。

Step 04 设置完成后添加一些文字，查看最终效果，如下右图所示。

使用"自动对比度"命令调整后效果

查看最终效果

5.3 颜色调整命令

在Photoshop的"图像"下拉菜单中为用户提供了多种用于色调精细调整的命令，它们分别是"亮度/对比度"命令、"色阶"命令、"曲线"命令、"曝光度"命令、"自然饱和度"命令、"色相/饱和度"命令、"色彩平衡"命令、"黑白"命令、"照片滤镜"命令、"通道混合器"命令、"颜色查找"命令、"反相"命令、"色调分离"命令、"阈值"命令、"去色"命令、"可选颜色"命令、"阴影/高光"和"渐变映射"命令，共18种调整图像色调的命令，通过这些命令调整图像，可以使图像看上去更加清晰、生动。

5.3.1 "亮度/对比度"命令

"亮度/对比度"命令主要用于调整图像的亮度和对比度，是一个简单直接的调整命令。使用该命令可以增加或降低图像中低色调、半色调和高色调图像区域的对比度，增亮或变暗图像的色调。

"亮度/对比度"命令与后文介绍的"曲线"和"色阶"命令不同，该命令只能对图像进行整体调整，对单个通道不起作用。

打开素材图片，如下左图所示。执行"图像>调整>亮度/对比度"命令，打开"亮度/对比度"对话框，在该对话框中设置相应的参数，如下中图所示。设置完成后查看图像效果，如下右图所示。

原图　　　　　　　　　　　　"亮度/对比度"对话框　　　　　　　　调整"亮度/对比度"

下面对"亮度/对比度"对话框中各参数的含义和应用进行介绍，具体如下。

● 亮度：拖动滑块或者在右侧的数值框中输入数值，可以调整图像的亮度。向左拖动滑块可降低亮度，向右拖动滑块可增加亮度。

● 对比度：拖动滑块或者在右侧的数值框中输入数值，可以调整图像的对比度。向左拖动滑块可降低对比度，向右拖动滑块可增加对比度。

● 使用旧版：勾选该复选框，可以得到与Photoshop CS3以前版本相同的调整结果（进行线性调整），旧版本中对比度更为明显强烈，但图像丢失的细节也更多。

操作提示："亮度/对比度"和"色阶"命令的区别

　　"亮度/对比度"命令能一次性对整个图像的亮度和对比度进行调整，它不考虑原图像中不同色调区的亮度/对比度差异的相对悬殊，对图像任何区域色调的像素都一视同仁。"色阶"命令允许通过修改图像的阴影区、中间色调和高光区的亮度水平来调整图像的色调范围和颜色平衡。"亮度/对比度"命令没有"色阶"和"曲线"命令的可控性强，调整时有可能丢失图像细节。对于高端输出，最好使用"色阶"和"曲线"命令来调整。

5.3.2 "色阶"命令

色阶是表示图像亮度强弱的指数标准，"色阶"命令主要用来调整图像中颜色的明暗度，是调整图像整体色调的最好工具。该命令不仅可以对整个图像进行操作，还可以对图像的某一选区范围、某一图层图像或者某一个颜色通道进行操作。在"色阶"对话框中可以通过拖曳"输入色阶"滑块来增大对比度。使用"色阶"对话框，可以调整图像的阴影、中间调和高光的强度级别，从而校正图像的色调范围和色彩平衡。

打开素材图片，如下左图所示。执行"图像>调整>色阶"命令或按下Ctrl+L组合键，即可打开"色阶"对话框，如下右图所示。

 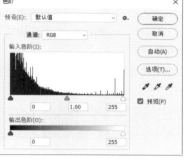

原图　　　　　　　　　　　　　"色阶"对话框

下面对"色阶"对话框中各参数的含义和应用进行介绍，具体如下。

- 预设：单击下拉按钮，在打开的下拉列表中有8个预设选项，选择任意选项，即可将当前图像调整为预设效果。
- 预设菜单：单击 按钮，在打开的下拉列表中可以选择"存储预设"、"载入预设"或"删除当前预设"选项。如果选择"存储预设"选项，可以将当前的调整参数保存为一个预设文件。再次使用相同的方式处理其他图像时，可以用该文件自动完成色阶调整。
- 通道：在"通道"下拉列表中有RGB、"红通道"、"绿通道"和"蓝通道"4个通道选项。单击该下拉按钮，选择任意选项，表示当前调整的通道颜色。
- 输入色阶：从左至右分别用于设置图像的阴影色调、中间色调和高光色调。通过拖动下方的滑块或在数值框中输入数值，可对当前通道的色阶进行调整。将右侧滑块向右侧拖动，图像阴影部分增加；将左侧滑块向左侧拖动，图像高光部分增加。

在"通道"下拉列表中选择"绿"通道，拖动"输入色阶"下方的滑块进行调整，如下左图所示。设置完成后单击"确定"按钮查看效果，如下右图所示。

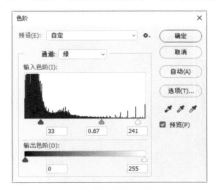 

调整"色阶"参数　　　　　　　　　　　查看效果

- 输出色阶：用于调整图像的亮度和对比度。通过拖动下方的滑块或在数值框中输入数值，设置图像的明度。将左侧滑块向右侧拖动，其明度升高；将右侧滑块向左侧拖动，其明度降低。当加亮或加暗图像时，Photoshop会根据新的"输出色阶"值重新映射像素。
- 自动：单击该按钮可以自动调整图像中的整体色调，Photoshop会以0.5%的比例自动调整图像色阶，使图像的亮度分布更加均匀。具体的校正内容取决于"自动颜色校正选项"对话框中的设置。
- 选项：单击该按钮，将打开"自动颜色校正选项"对话框，可以设置图像暗调、中间值的切换颜色，或设置自动颜色校正的算法。
- 吸管工具组：单击"在图像中取样以设置黑场" 🖊 按钮后单击图像，可使图像变暗；单击"在图像中取样以设置灰场" 🖊 按钮后单击图像，将用吸管单击处的像素亮度来调整图像所有像素的亮度；单击"在图像中取样以设置白场" 🖊 按钮后单击图像，图像上所有像素的亮度值都会加上该吸取色的亮度值，使图像变亮。
- 预览：勾选该复选框，可以实时展示图像随着参数调整的变化，从而方便用户随时进行查看。

实战 使用"亮度 / 对比度"和"色阶"命令调整图像

学习完Photoshop"亮度/对比度"和"色阶"调整图像的操作方法后，下面以调整照片颜色的案例来巩固所学的知识，具体操作方法如下。

Step 01 打开Photoshop CC 软件，按下Ctrl+O组合键打开"甜点.jpg"图片，如下左图所示。

Step 02 执行"图像>调整>亮度/对比度"命令，在打开的"亮度/对比度"对话框中设置相应的参数，如下右图所示。

素材图片　　　　　　　　　　　　调整"亮度/对比度"参数

Step 03 执行"图像>调整>色阶"命令，在打开的"色阶"对话框中设置相应的参数，如下左图所示。

Step 04 设置完成查看效果，如下右图所示。

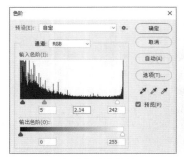

调整"色阶"参数　　　　　　　　　　　　查看效果

5.3.3 "曲线"命令

"曲线"命令在图像色彩的调整中使用非常广泛，它可以对图像的对比度、明度和色调进行精确地调整，并且在从暗调到高光的色调范围内，可以对多个不同的点进行调整。

打开素材图片，如下左图所示。执行"图像>调整>曲线"命令或按下Ctrl+M组合键，即可打开"曲线"对话框，如下右图所示。

原图

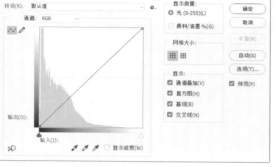
"曲线"对话框

在曲线上单击并拖动，即可调整图像的曲线效果，如下左图所示。设置完成单击"确定"按钮查看效果，如下右图所示。

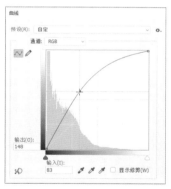
调整"曲线"参数

查看效果

下面对"曲线"对话框中各参数的含义和应用进行介绍，具体如下。

● 预设：该下拉列表中包含了各种预设调整的命令，包括彩色负片、反冲、较暗、增加对比度、较亮、线性对比度、中对比度、负片和强对比度等选项。在"预设"下拉列表中选择任意一个调整选项，Photoshop会对图像做出相应调整处理，如下图所示。

彩色负片

反冲

较暗

增加对比度　　　　　　　　　较亮　　　　　　　　　线性对比度

中对比度　　　　　　　　　负片　　　　　　　　　强对比度

- 预设菜单■：单击该下拉按钮，在打开的下拉列表中可以选择"存储预设"、"载入预设"或"删除当前预设"选项。如果选择"存储预设"选项，可以将当前的调整参数保存为一个预设文件。再次使用相同的方式处理其他图像时，可以用该文件自动完成曲线调整操作。
- 通道：用于显示当前图像文件的色彩模式，并从中选取单色通道对单一的色彩进行调整。

在"通道"下拉列表中选择"蓝"通道，单击曲线并拖动或是单击曲线后在下方"输出"、"输入"数值框中输入相应的数值，如下左图所示。设置完成后单击"确定"按钮查看效果，如下右图所示。

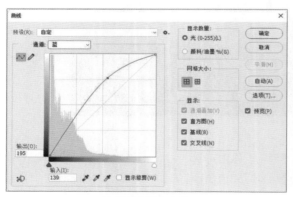

调整"曲线"参数

查看效果

- 编辑点以修改曲线■：是系统默认的曲线工具，单击该按钮，可以在曲线上单击添加新控制点，通过移动控制点的位置，可以调整曲线形状来改变图像的色调和明度。向上拖动控制点时，色调变亮；向下拖动控制点时，色调变暗。如果需要添加控制点，只要在曲线上单击即可；如果需要删除控制点，只要将控制点拖到对话框外面或者按下Delete键删除。
- 通过绘制来修改曲线■：用于随意在图标上画出需要的色调曲线，选择该工具后，鼠标指针会变成一个铅笔形状，可以在图标区徒手绘制色调曲线。单击"平滑"按钮，可以使曲线变得平滑。
- 在图像上单击并拖动可修改曲线■：单击该按钮，在图像中移动，如下左图所示。单击并拖动鼠标时，可以修剪曲线的形状，如下右图所示。

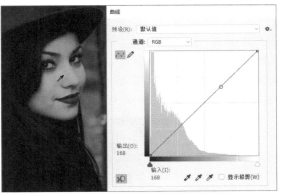
单击"在图像上单击并拖动可修改曲线"按钮

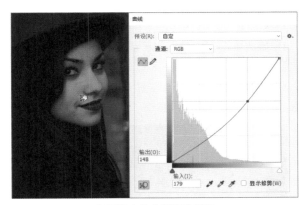
在图像中单击并拖动鼠标

- 输入：用于显示原来图像的亮度值，与色调曲线的水平轴相同。
- 输出：用于显示图像处理后的亮度值，与色调曲线的垂直轴相同。
- 吸管工具组：单击相应的按钮后在图像中单击，可以设置图像的黑场、灰场和白场。
- 显示修剪：勾选该复选框，可以显示在图像中发生修剪的位置。
- 显示数量：在该选项组中包括"光（0-255）"和"颜料/油墨%"两个单选按钮，分别表示"显示光亮（加色）"和"显示颜料量（减色）"，选择该选项组中的任意一个单选按钮，可切换当前曲线调整窗口的显示方式。
- 网格大小：在该选项栏中可以使用简单网格和详细网格两种状态显示曲线的参考网格。
- 显示：在该选项组中共包括4个复选框，分别是"通道叠加"复选框、"直方图"复选框、"基线"复选框和"交叉线"复选框，通过勾选该选项组中的复选框可控制曲线调整窗口的显示效果和显示项目。
- 自动：单击该按钮，可以对图像应用"自动颜色"、"自动对比度"或"自动色调"校正。具体的校正内容取决于"自动颜色校正选项"对话框中的设置。
- 选项：单击该按钮，可以打开"自动颜色校正选项"对话框，如下左图所示。自动颜色校正选项用于控制由"色阶"和"曲线"对话框中的"自动颜色"、"自动对比度"和"自动色调"和"自动"选项应用的色调和颜色校正。它允许指定阴影和高光剪切百分比，并为阴影、中间调和高光指定颜色值。单击"确定"按钮，即可看到"曲线"对话框中图标区的变化，如下中图所示。设置完成单击"确定"按钮查看效果，如下右图所示。

"自动颜色校正选项"对话框

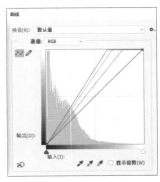
"曲线"对话框

查看效果

5.3.4 "曝光度"命令

"曝光度"命令主要用于调整HDR图像的色调，也可用于8位和16位图像。在Photoshop中，"曝光度"是通过在线性颜色空间（灰度系数1.0）而不是当前颜色空间执行计算而得出的。

打开素材图片，如下左图所示。执行"图像>调整>曝光度"命令，即可打开"曝光度"对话框，对其参数进行调整，如下中图所示。设置完成查看效果，如下右图所示。

原图　　　　　　　　　　　　"曝光度"对话框　　　　　　　　　　　　查看效果

下面对"曝光度"对话框中各参数的含义和应用进行介绍，具体如下。

- 曝光度：通过在后面的数值框中输入数值，或拖动下方的滑块来调整色调范围的高光端，对极限阴影的影响很轻微。
- 位移：通过在后面的数值框中输入数值，或拖动下方的滑块来使阴影和中间调变暗，对高光的影响很轻微。
- 灰度系数校正：通过在后面的数值框中输入数值或拖动下方的滑块，使用简单的乘方函数调整图像灰度系数。
- 吸管工具组：在此工具组中包含3个工具，分别是"在图像中取样以设置黑场"工具、"在图像中取样以设置灰场"工具和"在图像中取样以设置白场"工具。选择任意一个吸管工具，在图像上单击，即可对图像的黑场、灰场和白场进行设置。

5.3.5 "自然饱和度"命令

"自然饱和度"命令用于调整图像的饱和度，以便在颜色接近最大饱和度时最大限度地减少颜色的流失。该调整命令增加的是饱和度相对较低颜色的饱和度，用其替换原有的饱和度。

打开素材图片，如下左图所示。执行"图像>调整>自然饱和度"命令，打开"自然饱和度"对话框，对其参数进行调整，如下中图所示。设置完成查看效果，如下右图所示。

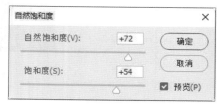

原图　　　　　　　　　　　　"自然饱和度"对话框　　　　　　　　　　　　查看效果

5.3.6 "色相/饱和度"命令

色相由原色、间色和复色构成，用于形容各类色彩的样貌特征，如棕榈红、柠檬黄等。饱和度又称为纯度，指色彩的浓度，是以色彩中所含同亮度中性灰度的多少来衡量。使用"色相/饱和度"命令可以调整图像中单个颜色成分的色相、饱和度和明度，从而实现图像色彩的改变。

打开素材图片，如下左图所示。执行"图像>调整>色相/饱和度"命令或按下Ctrl+U组合键，打开"色相/饱和度"对话框，对其参数进行调整，如下中图所示。设置完成查看效果，如下右图所示。

原图　　　　　　　　　　　　"色相/饱和度"对话框　　　　　　　　　　　查看效果

下面对"色相/饱和度"对话框中各参数的含义和应用进行介绍，具体如下。

● 预设：选择该下拉列表中的选项，即可应用该方案到当前图像中预览其效果。

● 全图：用于选择作用范围。如选择"全图"选项，则将对图像中所有颜色的像素起作用，其余选项表示对某一颜色成分的像素起作用。

● 色相：通过在后面文本框中输入数值或拖动下方的滑块，调整图像色调。

● 饱和度：通过在后面文本框中输入数值或拖动下方的滑块，来调整图像的饱和度。

● 明度框：通过在后面文本框中输入数值或拖动下方的滑块，来调整图像的明度。

● 着色：勾选该复选框，可以将图像调整为灰色或单色的效果。

● 颜色取样器工具组：通过选择该工具组中的工具来取样图像中的颜色。

在"色相/饱和度"对话框中勾选"着色"复选框，如下左图所示。设置完成查看效果，如下右图所示。

选中"着色"复选框　　　　　　　　　　　　查看效果

实战 使用颜色调整命令调整图像

学习完Photoshop "曝光度"、"自然饱和度"和"色相/饱和度"命令调整图像的操作方法后，下面以调整照片颜色的案例来巩固所学的知识，具体操作方法如下。

Step 01 打开Photoshop CC 软件，按下Ctrl+O组合键打开"城市.jpg"图片，如下左图所示。

Step 02 执行"图像>调整>曝光度"命令，在打开的"曝光度"对话框中设置相应的参数，如下右图所示。

素材图片

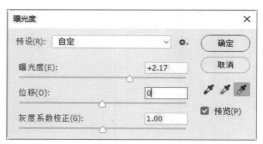

调整"曝光度"参数

Step 03 设置完成后查看调整曝光度后效果，如下左图所示。

Step 04 执行"图像>调整>自然饱和度"命令，在打开的"自然饱和度"对话框中设置相应的参数，如下右图所示。

查看调整图像曝光度的效果

调整"自然饱和度"参数

Step 05 执行"图像>调整>色相/饱和度"命令，在打开的"色相/饱和度"对话框中设置相应的参数，如下左图所示。

Step 06 设置完成查看调整图像的效果，如下右图所示。

调整"色相/饱和度"参数

查看调整图像的效果

5.3.7 "色彩平衡"命令

色彩平衡是指图像整体的颜色平衡效果，使用"色彩平衡"命令可以增加或减少图像中的颜色，从而调整整体图像的色彩平衡，达到纠正明显偏色的目的。

打开素材图片，如下左图所示。执行"图像>调整>色彩平衡"命令或按下Ctrl+B组合键，打开"色彩平衡"对话框，对其参数进行调整，如下中图所示。设置完成查看效果，如下右图所示。

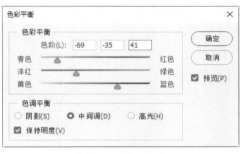

原图　　　　　　　　　　　"色彩平衡"对话框　　　　　　　　　　　查看效果

下面对"色彩平衡"对话框中各参数的含义和应用进行介绍，具体如下。

- 色彩平衡：在该选项组的"色阶"数值框中输入数值，即可调整RGB三原色到CMYK色彩模式之间对应的色彩变化，其取值在−90~100之间。用户也可直接拖动滑杆中的滑块来调整图像的色彩。
- 色调平衡：该选项组用于选择需要进行调整的色彩范围，包括"阴影"、"中间调"和"高光"3个单选按钮。勾选"保持明度"复选框，调整色彩时将保持图像亮度不变。

5.3.8 "黑白"命令

使用"黑白"命令可以轻松地将彩色图像转换为丰富的黑白图像，并可以精细地调整图像整体色调值。

打开素材图片，如下左图所示。执行"图像>调整>黑白"命令或按下Alt+Shift+Ctrl+B组合键，打开"黑白"对话框，对其参数进行调整，如下中图所示。设置完成查看效果，如下右图所示。

原图　　　　　　　　　　　"黑白"对话框　　　　　　　　　　　查看效果

5.3.9 "照片滤镜"命令

"照片滤镜"命令的原理是通过颜色的冷暖色调来调整图像，使用该命令可以在对话框的下拉列表中选择相应的预设选项，以便对图像色调进行调整，同时还可以通过选择滤镜颜色来制定颜色。

打开素材图片，如下左图所示。执行"图像>调整>照片滤镜"命令，打开"照片滤镜"对话框，对其参数进行调整，单击"颜色"右侧的颜色块，设置颜色为#406dd2，然后调整"浓度"值为53，勾选"保留明度"复选框，如下中图所示。设置完成查看效果，如下右图所示。

原图　　　　　　　　　　　　　　"照片滤镜"对话框　　　　　　　　　　　　查看效果

下面对"照片滤镜"对话框中各参数的含义和应用进行介绍，具体如下。

- 滤镜：选中"滤镜"单选按钮，然后在其右侧的下拉列表中选择滤色方式。
- 颜色：选中该单选按钮，然后单击右侧的颜色框，可设置过滤颜色。
- 浓度：拖动滑块可以控制着色的浓度，数值越大，滤色效果越明显。

选择"滤镜"单选按钮，在其下拉列表中选择"加温滤镜（LBA）"选择，调整"浓度"值为56，勾选"保留明度"复选框，如下左图所示。设置完成查看效果，如下右图所示。

选择"加温滤镜（LBA）"选项　　　　　　　　　　　　查看效果

5.3.10 "通道混合器"命令

使用"通道混合器"命令可将图像中某个通道的颜色与其他通道中的颜色进行混合，使图像产生合成效果，从而达到调整图像色彩的目的。该命令能快速地调整图像色相，赋予图像不同的画面效果与风格。

打开素材图片，如下左图所示。执行"图像>调整>通道混合器"命令，打开"通道混合器"对话框，对其参数进行调整，如下中图所示。设置完成查看效果，如下右图所示。

原图　　　　　　　　　"通道混合器"对话框　　　　　　　　　查看效果

下面对"通道混合器"对话框中各参数的含义和应用进行介绍，具体如下。

● 输出通道：在该下拉列表中可以选择对某个通道进行混合。

● 源通道：在该选项组中，通过拖动滑块可以减少或增加源通道在输出通道中所占的百分比。

● 常数：通过拖动滑块或输入数值来调整通道的不透明度。

● 单色：勾选该复选框后，可以对所有输出通道应用相同的设置，创建该色彩模式下的灰度图，也可继续调整参数使灰度图像呈现不同的质感效果。

5.3.11 "颜色查找"命令

在Photoshop中"颜色查找"命令有两个作用，第一，对图像色彩进行校正，校正的方法有：3DLUT文件（三维颜色查找表文件，精确校正图像色彩）、摘要和设备连接；第二，打造一些特殊效果。

打开素材图片，如下左图所示。执行"图像>调整>颜色查找"命令，打开"颜色查找"对话框，选择3DLUT文件下面的一种预设效果，如下中图所示。单击"确定"按钮查看效果，如下右图所示。

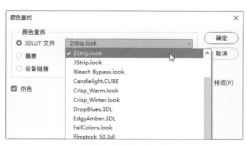

原图　　　　　　　　　"颜色查找"对话框　　　　　　　　　查看效果

5.3.12 "反相"命令

使用"反相"命令可以将图像中的所有颜色替换为相应的补色，从而制作出负片效果。当然，该命令也可以将负片效果还原为图像原有的色彩效果。

打开素材图片，如下左图所示。执行"图像>调整>反相"命令或按下Ctrl+I组合键，即可把图像的色彩反相，如下右图所示。使用"反相"命令后，图像中的红色将替换为青色、白色将替换为黑色、黄色将替换为蓝色、绿色将替换为洋红。

原图

执行"反相"命令的效果

5.3.13 "色调分离"命令

"色调分离"命令可以指定图像中每个通道的色调级数目（或亮度值），然后将像素映射到最接近的匹配级别。"色调分离"命令不仅可以针对Web、艺术效果简化图像，还可以将照片转换为绘画效果。在照片中创建特殊效果，如创建大的单调区域时，此调整命令非常有用。

打开素材图片，如下左图所示。执行"图像>调整>色调分离"命令，即可打开"色调分离"对话框，通过拖曳"色阶"滑块，调整色彩分离色阶效果，如下中图所示。设置完成查看效果，如下右图所示。

原图

"色调分离"对话框

查看效果

"色调分离"命令适用于在照片中创建特殊的效果。当用户减少灰色图像中的灰阶数量时，它的效果最为明显，当然在彩色图像中应用该命令也会产生有趣的图像效果。如果在进行色调分离前执行"滤镜>模糊>高斯模糊"等命令对图像进行轻度模糊，有时还可以得到更小或更大的色块。

5.3.14 "阈值"命令

使用"阈值"命令，可以将灰度模式或其他彩色模式的图像转换为高对比度的黑白效果图像。该命令通过指定某个色阶作为阈值，然后将比阈值亮的像素转换为白色，而比阈值暗的像素则转换为黑色。"阈值"命令常用于需要将图像转换为黑白色效果的操作中，不仅可以将一些户外的建筑照片转换为手绘速写的效果，还可以将其他照片制作成剪影效果。

打开素材图片，如下左图所示。执行"图像>调整>阈值"命令，即可打开"阈值"对话框，通过拖曳阈值滑块设置阈值范围，如下中图所示。设置完成查看效果，如下右图所示。

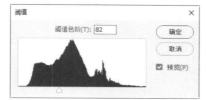

原图　　　　　　　　　　"阈值"对话框　　　　　　　　　　查看效果

> **操作提示：调整图像为RGB颜色模式**
>
> 在Photoshop中处理图像色彩时，通常需要先将图像设置为RGB模式，只有在这种模式下，才能使用所有的色彩调整命令。

5.3.15 "去色"命令

使用"去色"命令可以去掉图像的颜色，只显示具有明暗度和灰度颜色。使用"去色"命令可以除去图像中的饱和度信息，将图像中所有颜色的饱和度都变为0，从而将图像变为彩色模式下的灰色图像。

打开素材图片，如下左图所示。执行"图像>调整>去色"命令或按下Shify+Ctrl+U组合键，即可使用"去色"命令，如下右图所示。

原图　　　　　　　　　　　　　执行"图像>调整>去色"命令

> **操作提示："去色"命令不是灰度模式**
>
> 使用"去色"命令可以将原图像的色彩模式去掉，但是这个操作并不是将图像的颜色模式转为灰度模式。

5.3.16 "可选颜色"命令

"可选颜色"命令的工作原理是对限定颜色区域中各像素的青、洋红、黄、黑这4色油墨进行调整，从而在不影响其他颜色的基础上调整限定的颜色。使用"可选颜色"命令，可以有针对性地调整图像中某个颜色或校正色彩平衡等颜色问题。

打开素材图片，如下左图所示。执行"图像>调整>可选颜色"命令，即可打开"可选颜色"对话框，如下右图所示。

原图　　　　　　　　　　　　　　　"可选颜色"对话框

下面对"可选颜色"对话框中各参数的含义和应用进行介绍，具体如下。

● 颜色：单击右侧的下拉按钮，在打开的下拉列表中共包括9种颜色，分别为红色、黄色、绿色、青色、蓝色、洋红、白色、中性色和黑色，可选择不同的颜色进行设置。

● 青色/洋红/黄色/黑色：在选择了颜色后，可通过拖动下方的滑块或直接在数值框中输入数值，调整当前图像中该颜色的饱和度。

● 方法：该选项组中包括"相对"和"绝对"两个单选按钮。选择"相对"单选按钮，则按照CMYK总量的百分比更改现有的青色、洋红、黄色或黑色的量；选择"绝对"单选按钮，则是采用CMYK总量的绝对值调整颜色。

在"颜色"下拉列表中选择需要调整的颜色，这里选择"黄色"选项，拖动"洋红"/"黄色"/"黑色"下方的滑块进行调整，如下左图所示。设置完成查看效果，如下右图所示。

调整"颜色"及颜色滑块　　　　　　　　　　查看效果

5.3.17 "阴影 / 高光"命令

使用"阴影/高光"命令不是单纯地使图像变亮或变暗，它可以准确地调整图像中阴影和高光的分布，从而得到不同的图像效果。

执行"图像>调整>阴影/高光"命令，即可打开"阴影/高光"对话框，如下左图所示。勾选"显示更多选项"复选框，可将该对话框中的所有选项显示出来，如下右图所示。

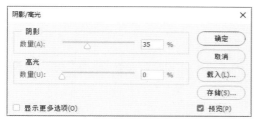

"阴影/高光"对话框

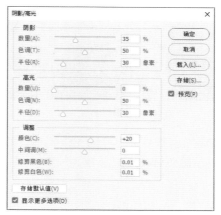

显示更多选项

下面对"阴影/高光"对话框中各参数的含义和应用进行介绍，具体如下。

● 阴影：在该选项组中，可对图像中阴影颜色的"数量"、"色调宽度"和"半径"进行设置，从而增加或降低图像中的暗部色调。

● 亮光：在该选项组中，可对图像中高光部分的"数量"、"色调宽度"和"半径"进行设置，从而增加或降低图像中的高光部分。

● 调整：在该选项组中，可对图像的"颜色校正"、"中间调对比度"、"修剪黑色"和"修剪白色"等参数进行设置，从而调整图像中的颜色偏差。

● 存储为默认值：单击该按钮，即可将当前的设置存储为默认值，当打开其他图像时，在该对话框中将显示出同存储时设置的相同的参数。

● 显示更多选项：勾选该复选框，可显示该对话框中的多个选项；取消勾选该复选框，将以简单方式显示该对话框。

操作提示：错误设置参数后如何修改

在错误设置参数后，按住Alt键不放，此时"阴影/高光"对话框中的"取消"按钮将变成"复位"按钮，单击该按钮，可使对话框中的参数还原到默认状态。这个功能可以沿用到Photoshop中所有的对话框中。

实战 使用"可选颜色"和"阴影 / 高光"命令调整图像

学习完Photoshop"可选颜色"和"阴影/高光"命令调整图像的操作方法后，下面以调整照片颜色的案例来巩固所学的知识，具体操作方法如下。

Step 01 打开Photoshop CC软件，按下Ctrl+O组合键打开"咖啡.jpg"图片，如下左图所示。

Step 02 执行"图像>调整>可选颜色"命令，在打开的"可选颜色"对话框中设置相应的参数，如下右图所示。

素材图片

调整"可选颜色"参数

Step 03 设置完成查看调整"可选颜色"后的效果，如下左图所示。

Step 04 执行"图像>调整>阴影/高光"命令，在打开的"阴影/高光"对话框中设置相应的参数，如下右图所示。

执行"可选颜色"命令后的图像效果

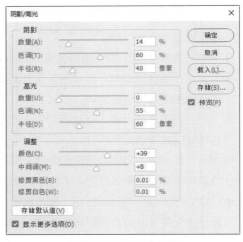

调整"阴影/高光"参数

Step 05 设置完成查看设置"阴影/高光"后的效果，如下左图所示。

Step 06 接着调整图像的"亮度/对比度"，设置完成查看调整图像的效果，如下右图所示。

执行"阴影/高光"命令后的图像效果

执行"亮度/对比度"命令后的图像效果

5.3.18 "渐变映射"命令

"渐变映射"命令的原理是在图像中将阴影映射到渐变填充的一个端点颜色，将高光映射到另一个端点颜色，而中间调映射到两个端点颜色之间。使用"渐变映射"命令，可以将相等的图像灰度范围映射到指定的渐变填充色。

打开素材图片，如下左图所示。执行"图像>调整>渐变映射"命令，即可打开"渐变映射"对话框，单击"灰度映射所用的渐变"色块，打开"渐变编辑器"对话框，设置从#0f3c51到#ffffff的颜色渐变。单击"确定"按钮，对渐变效果进行设置，如下中图所示。设置完成查看效果，如下右图所示。

原图　　　　　　　　　　　"渐变映射"对话框　　　　　　　　　查看效果

下面对"渐变映射"对话框中各参数的含义和应用进行介绍，具体如下。

- 灰度映射所用的渐变：单击渐变色块右侧的下拉按钮，打开下拉列表，在此下拉列表中选择任意一个渐变效果，即可设置当前图像的渐变映射为该渐变效果。
- 渐变选项：在该选项组中有两个复选框，分别是"仿色"和"反向"复选框。勾选"仿色"复选框，将为图像添加随机杂色并以平滑渐变填充的外观减少带宽效应；勾选"反向"复选框，将切换对图像进行渐变填充的方向，从而反向渐变映射。

> **操作提示：色彩颜色的感觉**
>
> 　　色彩在广告表现中的作用非常重要，具有传达直接感受的作用，与公众的生理和心理反应密切相关，公众对广告的第一印象是通过色彩而得到的。艳丽、明快、和谐的色彩组合会对公众产生较好的吸引力，陈旧、破损的用色会导致公众产生"这是旧广告"的想法，而不会引起注意。

综合实训　制作水果创意海报

学习完本章的知识后，相信用户对Photoshop颜色调整的命令有了一定的认识。下面以制作水果创意海报的案例来巩固本章所学的知识，具体操作如下。

Step 01 打开Photoshop CC软件，按下Ctrl+O组合键打开"水果背景.jpg"图片，如下左图所示。

Step 02 执行"图像>调整>可选颜色"命令，在打开的"可选颜色"对话框中设置相应的参数，如下右图所示。

素材图片

调整"可选颜色"参数

Step 03 设置完成查看设置"可选颜色"后的效果，如下左图所示。

Step 04 执行"图像>调整>色阶"命令，在打开的"色阶"对话框中设置相应的参数，如下右图所示。

执行"可选颜色"命令的效果

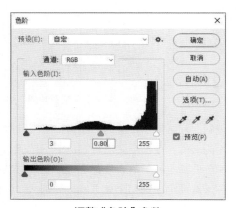

调整"色阶"参数

Step 05 设置完成查看设置"色阶"后的效果，如下左图所示。

Step 06 执行"图像>调整>色相/饱和度"命令，在打开的"色相/饱和度"对话框中设置相应的参数，如下右图所示。

执行"色阶"命令后的效果

调整"色相/饱和度"参数

Step 07 设置完成查看设置"色相/饱和度"后的效果，如下左图所示。

Step 08 执行"文件>置入嵌入的智能对象"命令，在打开的对话框中选择"水果素材-1.png"作为智能对象打开，将其移动到合适的位置，如下右图所示。

执行"色相/饱和度"命令的效果　　　　　　置入图像文件

Step 09 选中"水果素材-1"图层，执行"图像>调整>自然饱和度"命令，在打开的"自然饱和度"对话框中设置相应的参数，如下左图所示。

Step 10 执行"图像>调整>色彩平衡"命令，在打开的"色彩平衡"对话框中设置相应的参数，如下右图所示。

调整"自然饱和度"参数　　　　　　　　调整"色彩平衡"参数

Step 11 设置完成查看调整图像的效果，如下左图所示。

Step 12 执行"文件>置入嵌入的智能对象"命令，在打开的对话框中选择"水果素材-2.png"作为智能对象打开，将其移动到合适的位置，如下右图所示。

查看调整图像的效果　　　　　　　　　置入图像文件

Step 13 执行"图像>调整>亮度/对比度"命令，在打开的"亮度/对比度"对话框中设置相应的参数，如下左图所示。

Step 14 设置完成查看调整"亮度/对比度"后的效果，如下右图所示。

调整"亮度/对比度"参数

查看调整后的效果

Step 15 设置完成添加一些文字并查看效果，如下左图所示。

Step 16 执行"图像>模式>CMYK颜色"命令，在弹出的对话框中单击"不合并"，"不栅格化"和"确定"按钮，即可调整为"CMYK颜色"模式，保存成图片即可打印制图，如下右图所示。

查看制作的水果海报效果

CMYK颜色模式的效果

路径和矢量工具

　　使用Photoshop不但可以对图像进行处理，还可以使用矢量工具进行各种效果的制作或者绘制各种图形。本章主要介绍基本形状的绘制、钢笔工具的使用、路径的编辑以及路径的描边和填充等相关知识。通过本章内容的学习，用户可以熟练掌握各种矢量工具的应用和路径的操作。

核心知识点

❶ 了解路径和锚点的概述
❷ 熟悉路径的编辑
❸ 掌握路径的描边和填充

❹ 掌握钢笔工具的应用
❺ 掌握形状工具的使用方法

绘制路径

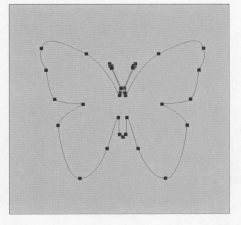

调整锚点

自由钢笔工具的应用

使用形状工具制作海报

制作冬至插画

6.1 路径和锚点概述

矢量图是由数学定义的矢量形状组成的，因此，矢量工具创建的是一种由锚点和路径组成的图形。本节将向用户介绍路径与锚点的特征以及它们之间的关系，以便为学习矢量工具，尤其是钢笔工具打下基础。

6.1.1 了解绘画模式

Photoshop中的钢笔和形状等矢量工具可以创建不同类型的对象，包括形状图层、工作路径和像素图形。选择一个矢量工具后，需要先在工具属性栏中选择相应的绘制模式，然后再进行绘图操作。

1. 选择绘图模式

选择工具模式为"形状"选项后，可在单独的形状图层中创建形状。形状图层由填充区域和形状两部分组成，填充区域定义了形状的颜色、图案和图层的不透明度，形状则是一个矢量图形，它同时出现在"路径"面板中。

选择工具模式为"路径"选项后，可创建工作路径，它出现在"路径"面板。路径可以转换为选区或创建矢量蒙版，也可以填充和描边从而得到栅格化的图像。

选择工具模式为"像素"选项后，可以在当前图层上绘制栅格化的图形（图形的填充颜色为前景色）。由于不能创建矢量图形，因此，"路径"面板中也不会有路径。该选项不能用于钢笔工具。

2. 形状模式

使用形状工具，在其工具属性栏中将绘图模式设置为"形状"后绘制图形，其属性栏如下图所示。

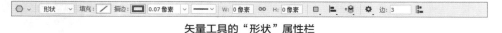

矢量工具的"形状"属性栏

Photoshop将自动新建一个形状图层，并在其中创建形状，如下左图所示。形状是矢量图形，它的轮廓将出现在"图层"面板和"路径"面板中，如下中图和下右图所示。

创建形状　　　　　　"图层"面板　　　　　　"路径"面板

下面对"形状"属性栏中各参数的含义和应用进行介绍，具体如下。

- 填充：单击颜色色块，在弹出的列表中可以选择"无填充"、"用纯色填充"、"用渐变色填充"和"用图案填充"4种填充模式。
- 描边的颜色：单击该按钮，在打开的面板中可选择"无描边"、"用纯色描边"、"用渐变色描边"和"用图案描边"4种描边模式。
- 描边的粗细：在文本框中直接输入数值或单击下拉箭头后拖动滑块改变描边的粗细。在文本框里直接输入数值3像素，查看图像效果，如下左图所示。
- 描边选项：单击下拉按钮，会弹出"描边选项"面板，如下中图所示。在该面板中可以对描边外观做更细化的调整。

● 边线的类型：可以选择"用实现描边"、"用虚线描边"或"用圆点描边"3种类型。选择"用圆点描边"选项后查看图像效果，如下右图所示。

描边3像素

"描边选项"面板

选择"用圆点描边"选项

● 对齐：单击该按钮，在弹出的下拉列表中选择描边与路径的对齐方式，包括"内部" 、"居中" 、"外部" 3种方式。

● 端点：单击该按钮，在弹出的下拉列表中可以选择路径端点的样式，包括"端面" 、"圆形" 和"方形" 3种样式。

● 角点：单击该按钮，在弹出的下拉列表中可以选择路径转角处的转折样式，包括"斜接" 、"圆形" 和"斜面" 3种样式。打开图像文档，如下左图所示。设置描边为"5像素"，设置颜色为#7ecef4，选择角点为"斜接"，效果如下中图所示。选择角点为"圆形"，效果如下右图所示。

图像文档

角点为"斜接"选项

角点为"圆形"选项

● 更多选项：单击该按钮，可以打开"描边"对话框，如下图所示。在该对话框中除了包含前面的所有选项外，还可以调整虚线间距或自定义描边样式。

"描边"对话框

123

3. 路径模式

使用形状工具，在其工具属性栏中选择绘图模式为"路径"，其属性栏如下图所示。

形状工具的"路径"属性栏

然后绘制图形，即可创建工作路径，该路径会出现在"路径"面板中，如下左图所示。

路径既可分为有起点和终点的开放式路径与没有起点与终点的闭合式路径两种类型，也可分为直线路径和曲线路径，如下中图和下右图所示。

"路径"面板

直线路径

曲线路径

下面对"路径"属性栏中各参数的含义和应用进行介绍，具体如下。

● 建立：在该选项区域中单击相应的按钮，可以让路径与选区、蒙版和形状间的转换更加方便、快捷。

  ● 选区：绘制完路径后，如下左图所示。单击"建立"选项区域中的"选区"按钮，会弹出"建立选区"对话框，如下中图所示。在该对话框中设置参数后，单击"确定"按钮，即可将路径转换为选区，如下右图所示。

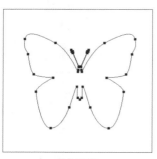

绘制路径

"建立选区"对话框

路径转换为选区

  ● 蒙版：绘制完路径后，如下左图所示。单击"蒙版"按钮，可以在图层中生成矢量蒙版，如下中图所示。查看"图层"面板中的效果，如下右图所示。

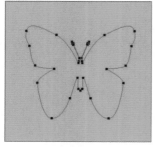

绘制路径

生成矢量蒙版

查看图层面板

● 形状：绘制完路径后，单击"形状"按钮，可以将绘制的路径转换为形状图层，如下图所示。

路径转换为形状

4. 像素模式

使用形状工具，在其工具属性栏中选择绘图模式为"像素"后，可以为绘制的图像设置混合模式和不透明度，其属性栏如下图所示。

形状工具的"像素"属性栏

下面对"像素"属性栏中各参数的含义和应用进行介绍，具体如下。

● 模式：可以设置混合模式，让绘制的图像与下方其他图像产生混合效果。

● 不透明度：可以为图像指定不透明度，使其呈现透明效果。

● 消除锯齿：可以平滑图像的边缘，消除锯齿。

操作提示："像素"绘图模式

在众多绘图工具中，只有形状工具才能选择"像素"绘图模式，并且在此模式中绘制时，创建的是位图图像而不是矢量图形。

6.1.2　使用路径选择工具

路径选择工具用于选择一个或多个路径，并对其进行移动、组合、排列、变换等操作。路径选择工具的使用方法比较简单，在图像中绘制路径后选择路径选择工具 ▶，在绘制的路径上单击，此时可以看到路径中的众多锚点，此时拖动鼠标即可对路径进行移动。在拖动鼠标的同时按住Alt键，即可复制得到一个相同的路径；若按住Ctrl键同时在不同路径中单击，可同时选择多个路径。

6.1.3　使用直接选择工具

路径是由锚点和连接锚点的线段或曲线构成，每个锚点还包含了两个控制手柄。创建路径后，这些绘制选区时的锚点和控制手柄被隐藏，并不能直接看到，即使使用路径选择工具也只能在路径上看到锚点的位置。若要在路径上清楚地显示出锚点及其控制手柄，可以使用直接选择工具 ▶ 来选择路径中的锚点。此外，还可以通过拖动这些锚点来改变路径的形状。

实战 使用路径选择和直接选择工具调整路径位置

学习完Photoshop的路径选择工具和直接选择工具后，下面以调整路径位置的案例来巩固所学的知识，具体操作方法如下。

Step 01 打开Photoshop CC 软件，打开"菠萝.psd"素材图像，使用钢笔工具沿着菠萝绘制路径，如下左图所示。

Step 02 使用路径选择工具 ▶，移动路径至合适的位置，将路径和图像更贴合，如下右图所示。

打开图像   使用路径选择工具移动路径

Step 03 使用直接选择工具 ▶，调整锚点位置贴合图像，如下左图所示。

Step 04 按下 Ctrl+Enter组合键可使路径转换为选区，然后按Ctrl+Shift+I组合键进行反选，按Delete键删除背景，即可抠取图像，如下右图所示。

使用直接选择工具调整锚点   删除背景扣选图像

6.2 使用钢笔工具绘制路径

钢笔工具是Photoshop中非常重要的绘图工具。Photoshop中提供了多种钢笔工具，使用自由钢笔工具，可像铅笔在纸上绘图一样来绘制路径；使用磁性钢笔工具，可用于绘制与图像中已定义区域的边缘对齐的路径。用户还可以组合使用钢笔工具和形状工具以创建复杂的形状。

6.2.1 绘制直线路径

钢笔工具属于矢量绘图工具，绘制出来的图形为矢量图形。使用钢笔工具绘制直线段的方法较为简单，在画面中单击作为起点，然后移动鼠标指针到适当的位置再次单击，即可绘制出直线路径。选择钢笔工具，其属性栏如下图所示。

钢笔工具属性栏

下面对钢笔工具属性栏中各参数的含义和应用进行介绍，具体如下。

- 绘图方式下拉列表：在该下拉列表中有3种选项，即形状、路径和像素，分别用于创建形状图层、工作路径和填充区域，选择不同的选项，属性栏中将显示对应的选项内容。
- 建立：该选项区域中的按钮用于在创建选区后，将路径转换为选区或者形状等。
- 路径操作 ▣：用法与选区相同，可以实现钢笔路径的加、减和相交等运算，从而绘制出异形的路径。
- 路径对齐方式 ▣：可以让用户设置路径的对齐方式，文档中有两条以上的路径被选择的情况下可用。
- 路径排列方式 ▣：设置路径的排列顺序，设置路径在图层中的上下关系。
- 设置 ✿：单击"设置"按钮，会弹出"路径"选项面板。如不勾选"橡皮带"复选框，钢笔工具要两点才能出现路径；勾选"橡皮带"复选框后，只要出现一点，就会有路径的提示。该复选框勾选与否主要依据用户的个人习惯而定。
- 当位于路径上时自动添加或删除锚点 ⁺⁄₋：勾选此复选框后，当钢笔工具移动到锚点上时，钢笔工具会自动转换为删除锚点样式；而移动到路径线上时，钢笔工具会自动转换为添加锚点的样式。勾选此复选框，可以大幅提高做图效率。

打开图像文档，在钢笔工具属性栏中选择"路径"选项，在图像中单击作为路径起点，如下左图所示。拖动鼠标到该线段终点处单击，即可得到一条直线路径，如下中图所示。移动鼠标指针在另一个合适的位置单击，即可继续绘制路径，得到折线路径，当鼠标指针回到起点时，单击起点处的方块，即可完成直线闭合路径的绘制，如下右图所示。

单击确定起点　　　　　　　　再次单击鼠标左键　　　　　　　　绘制直线段闭合路径

6.2.2　绘制曲线路径

在使用钢笔工具绘制直线段时，按住鼠标进行拖动，即可绘制出曲线路径，下面介绍使用钢笔工具绘制曲线的具体操作方法。

打开图像文档，使用钢笔工具在图像中单击创建路径的起始点，将鼠标指针移动到适当的位置，按住鼠标左键并拖动，可以创建带有方向性的平滑锚点，通过鼠标拖动的方向和距离可以设置方向线的方向，如下左图所示。按住Alt键单击控制中间的节点，可以减去一段的控制柄，如下中图所示。移动鼠标，在绘制曲线的过程中按住Alt键的同时拖动鼠标，即可将平滑点变为角点。

使用相同的方法绘制曲线，绘制完成后，将鼠标指针移动到路经线的起始点，当鼠标指针变成 ◣ 形状时单击，即可完成封闭的曲线型路径的绘制，如下右图所示。

| 绘制曲线 | 按住Alt键单击控制节点 | 曲线闭合路径 |

6.2.3 使用自由钢笔工具

使用自由钢笔工具可以在图像窗口中拖动绘制任意形状的路径。自由钢笔工具类似于套索工具，不同的是套索工具绘制得到的是选区，自由钢笔工具绘制得到的是路径。

使用自由钢笔工具绘制路径的方法比较简单，打开图像文件，如下左图所示。在工具箱中选择自由钢笔工具，在需要创建路径的位置单击并拖动鼠标，此时鼠标指针保持按下后的状态，在拖动鼠标时沿图像边缘绘制出路径，如下中图所示。当绘制路径终点与起点重叠时，鼠标指针的形状会发生变化，此时单击即可绘制出闭合的路径，如下右图所示。

使用自由钢笔工具绘制的路径比较自由，由于受拖动鼠标的影响，因此创建的路径比较不规则。

| 素材图 | 绘制路径 | 闭合路径 |

6.2.4 使用磁性钢笔工具

选择自由钢笔工具后，在工具属性栏中单击"启用磁性钢笔选项"按钮，可转换为磁性钢笔工具，如下图所示。

磁性钢笔工具属性栏

磁性钢笔工具类似于套索工具，使用时，只需要在图像边缘单击后释放鼠标，再沿图像边缘拖动鼠标指针，就可以创建路径，如下左图所示。绘制时，按下Delete键可删除锚点，双击鼠标左键可闭合路径，如下中图所示。单击自由钢笔工具属性栏上的"设置"按钮，会打开一个参数设置面板，如下右图所示。

创建路径	闭合路径	"设置"选项

下面对单击"设置"按钮打开的选项面板中各参数的含义和应用进行介绍，具体如下。

● 曲线拟合：控制最终路径对鼠标或压感笔移动的灵敏度，该值越高，生成的锚点越少，路径也越简单；该值越低，生成的锚点越多，路径也越复杂。设置"曲线拟合"为"2像素"的效果，如下左图所示。设置"曲线拟合"为"10像素"的效果，如下右图所示。

设置"曲线拟合"为"2像素"　　　　设置"曲线拟合"为"10像素"

● 磁性的：勾选该复选框后，可通过设置"宽度"、"对比"和"频率"参数来控制磁性套索。
　● 宽度：用于设置磁性钢笔工具的检测范围，该值越高，工具的检测范围就越广。按下键盘上的Caps Lock键，可以显示路径的检测范围，范围是1~40像素。
　● 对比：用于设置工具对于图像边缘的敏感度，如果图像的边缘与背景的色调比较接近，可将该值设置得大一些。
　● 频率：用于确定锚点的密度，该值越高，锚点的密度越大。
● 钢笔压力：勾选该复选框，在使用数位板绘制路径时，可以根据钢笔的压力改变"宽度"值。钢笔压力越大，磁性钢笔工具的检测宽度越小。

6.3　路径的编辑

用户在创建完路径后，若不能达到理想状态，就需要对其进行编辑。路径的编辑主要包括复制路径、删除路径、添加和删除锚点、选择和移动锚点等，这些编辑操作是路径各种功能得以实现的重要保障。

6.3.1　"路径"面板

"路径"面板用于保存和替换路径，面板中列出了每条存储的路径、当前工作路径和当前矢量蒙版的名称和缩览图。执行"窗口>路径"命令，即可打开"路径"面板，如下左图所示。单击面板右侧的　按钮，可以打开"路径"面板菜单，如下右图所示。

"路径"面板   "路径"面板菜单

下面对"路径"面板中各参数的含义和应用进行介绍，具体如下。

● 路径/工作路径：显示了当前文档中包含的路径、临时路径和矢量蒙版。

● 用前景色填充路径 ●：单击该按钮，用前景色填充路径内部。

● 用画笔描边路径 ○：单击该按钮，用画笔对路径边缘进行描边。

● 将路径作为选区载入 ○：单击该按钮，将当前路径转换为选区。

● 从选区生成工作路径 ◇：单击该按钮，从当前的选区中生成工作路径。

● 添加图层蒙版 □：单击该按钮，从当前路径创建图层蒙版。

● 创建新路径 ⬚：单击该按钮，可以创建新的路径层。

● 删除当前路径 ⬚：单击该按钮，可以删除当前选择的路径。

6.3.2 复制路径

复制路径有两种形式，一种是在同一个文档中复制路径，另一种是将路径复制到另一个文档中。

1. 在同一个文档中复制路径

使用路径选择工具 ▶，选中需要复制的路径，按住Alt键后按住鼠标左键并拖动，到合适的位置松开鼠标和Alt键，即可复制路径。用户也可以在"路径"面板中将路径拖动到"创建新路径" ⬚ 按钮上，进行路径的复制。如果要复制并重新命名路径，可以选择路径后，执行面板菜单中的"复制路径"命令。

2. 将路径复制到另一个文档中

选中要复制的路径，执行"编辑>拷贝"命令，在另一个文档中执行"编辑>粘贴"命令或是选中要复制的路径，直接将其拖曳到另一个文档中，即可将路径复制到另一个文档中。

6.3.3 删除路径

删除路径操作非常简单，选择路径选择工具 ▶ 后单击要删除的路径，按下Delete键即可删除所选路径。用户也可以将需要删除的路径拖动到"路径"面板的"删除当前路径"按钮 ⬚ 上，进行路径的删除。

6.3.4 添加和删除锚点

添加锚点工具和删除锚点工具主要用于调节绘制完的路径。比如要绘制一个很复杂的形状，不可能一次就绘制完成，一般会先绘制一个大体的轮廓，然后结合添加锚点工具和删除锚点工具对其逐步精细，直到达到最终效果。

打开图像文件，如下左图所示。在工具箱中选择添加锚点工具 ✎，将鼠标指针移动到需要添加锚点的路径上，单击即可添加一个锚点，如下中图所示。此时，拖动鼠标可以调整路径形状，如下右图所示。

图像文件　　　　　　　　添加锚点　　　　　　　调整路径形状

打开图像文件，如下左图所示。在工具箱中选择删除锚点工具 ✍，将鼠标指针移动到需要删除的锚点上，单击即可删除此锚点，如下中图所示。使用直接选择工具 ▷ 时，选择锚点，按下键盘上的Delete键也可以删除此锚点，但该锚点两侧的路径也会同时删除，如下右图所示。值得注意的是，使用删除锚点工具，还可以将不平滑的路径变得平滑。

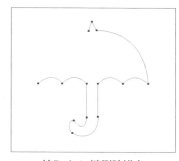

图像文件　　　　　　　　删除锚点　　　　　　按Delete键删除锚点

6.3.5　选择和移动锚点

要选择锚点，可以使用直接选择工具 ▷，单击锚点即可将其选中，选中的锚点显示为实心方块，未选中的锚点显示为空心方块。当按住Shift键并单击多个锚点时，可以同时选中多个锚点，如下左图所示。

要移动锚点，可以使用直接选择工具 ▷ 选取需要调整的锚点或线段，将锚点或线段拖移到新的位置，如下右图所示。

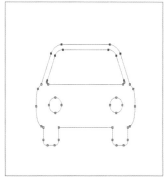

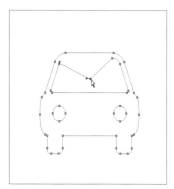

同时选中多个锚点　　　　　　　　移动锚点

打开图像文件，如下左图所示。移动锚点时，按住Shift键并拖动鼠标，能够限制调整量为45度的倍数，如下右图所示。

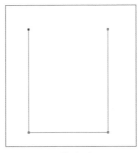
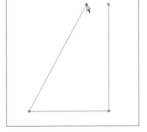

图像文件　　　　　　　　　　　按住Shift键移动锚点

6.3.6　调整路径形状

要调整直线线段的形状，可以先使用直接选择工具在需要调整的线段上选中锚点，如下左图所示。然后将锚点拖移到想要的位置，如下中图所示。此时按住Shift键并拖移鼠标，能够限制调整量为45度的倍数，如下右图所示。

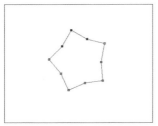

选中锚点　　　　　　　　　　拖移锚点　　　　　　　　　按住Shift键拖移锚点

要调整曲线线段的形状，可以先使用直接选择工具选取曲线线段或者曲线线段上任意一段的锚点。若想调整线段的位置，可以拖移线段，此时按住Shift键并拖动鼠标，能够限制移动量为45度的倍数。若想调整位于选取锚点任何一侧的线段形状，可以拖移锚点或方向点。

6.3.7　路径和选区的转换

路径与选区之间的转换可通过快捷键完成，也可通过"路径"面板中的相关按钮来完成。

在图像中绘制路径后，按下Ctrl+Enter组合键或单击"路径"面板的"将路径作为选区载入"按钮○，即可将路径转换为选区。用户也可以右击"路径"图层，选择"建立选区"命令，如下左图所示，即可打开"建立选区"对话框，单击"确定"按钮，即可将路径转换为选区，如下右图所示。

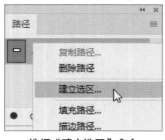

选择"建立选区"命令　　　　　　　"建立选区"对话框

在图像中创建选区后，在"路径"面板中单击"从选区生成工作路径"按钮◇，可将选区转换为路径，从而快速对其运用路径的各种编辑操作，使图像效果更多变。或是单击"路径"面板右侧的≡按钮，在打开的"路径"面板菜单中选择"建立工作路径"命令，如下左图所示。即可打开"建立工作路径"对话框，单击"确定"按钮，将选区转换为路径，如下右图所示。

选择"建立工作路径"命令　　　"建立工作路径"对话框

6.4 路径的描边和填充

绘制好路径后，用户可以为路径添加描边和填充颜色。描边路径功能可以依照当前路径的形状，在开放或封闭路径轮廓上以不同的笔触效果来对其进行填充。路径的填充与图像选区的填充相似，用户可以用颜色或图案填充路径内部的区域。

6.4.1 路径的描边

描边路径就是沿着路径的轨迹绘制或修饰图像。绘制好路径后，按住Alt键不放，在"路径"面板中单击"用画笔描边路径"按钮○，即可快速为路径绘制边框。用户也可以选择路径并单击鼠标右键，在弹出的菜单中选择"描边路径"命令，如下左图所示。即可弹出"描边路径"对话框，如下右图所示。在此对话框中可以通过选择需要使用的工具，包括画笔工具、铅笔工具、橡皮擦工具和仿制图章工具等工具，进行描边操作。若勾选"模拟压力"复选框，可以使描边的轮廓线具有艺术效果。

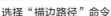

选择"描边路径"命令　　　"描边路径"对话框

6.4.2 路径的填充

在Photoshop中绘制一条路径，在路径名称上右击，选择"填充路径"命令，即可打开"填充路径"对话框，如下左图所示。用户也可以按住Alt键不放，单击"路径"面板下方最左边的"用前景色填充路径"按钮●，打开"填充路径"对话框，如下右图所示。通过相应的设置，可以选择该路径内填充的图案或颜色，并可对填充的"模式"和"不透明度"等参数进行设置。

选择"填充路径"命令　　　"填充路径"对话框

下面对"填充路径"对话框中各参数的含义和应用进行介绍，具体如下。

- 内容：设置应用填充到路径中的对象，共有8种类型，分别是前景颜色、背景颜色、颜色、图案、历史记录、黑色、50%灰色和白色。
- 混合：该选项组用于设置应用填充效果的混合模式以及不透明度。
- 渲染：该选项组用于设置应用填充的轮廓显示，可对轮廓的"羽化半径"参数进行设置，还可以勾选"消除锯齿"复选框来消除图像中的锯齿。

6.5 使用形状工具绘制路径

使用形状工具可以方便地绘制并调整图形的形状，从而创建出多种规则或不规则的形状或路径。形状工具包括矩形工具、圆角矩形工具、椭圆工具、多边形工具、直线工具以及自定形状工具，使用这些工具可以绘制出各种各样的矢量图形，下面分别对其进行介绍。

6.5.1 矩形工具

使用矩形工具 可以在图像窗口中绘制任意的正方形或具有固定长宽的矩形形状。选择矩形工具后，在属性栏中选择工具模式为"形状"选项，即可在图像中拖动绘制以前景色填充的矩形形状，其属性栏如下图所示。同时还会激活属性栏中的样式拾取器，可在其中为形状添加预设效果。选择"路径"选项，绘制的则为矩形路径。

矩形工具属性栏

下面对矩形工具属性栏中各参数的含义和应用进行介绍，具体如下。

- 宽度（W）/高度（H）：用于设置矩形的宽度与高度值。
- 设置：单击设置按钮 ，可以指定矩形的创建方法，如下左图所示。
- 对齐边缘：勾选该复选框，可以使矩形的边缘与像素的边缘重合，图形的边缘不会出现锯齿；取消勾选该复选框，矩形边缘会出现模糊的像素。

"设置"选项

"创建矩形"对话框

绘制固定比例的矩形

下面对单击设置按钮打开的选项面板中各参数的含义和应用进行介绍，具体如下。

- 不受约束：单击该单选按钮，按住鼠标左键并拖动，可以绘制任意大小和比例的矩形。
- 方形：单击该单选按钮，按住鼠标左键并拖动，只能绘制正方形。
- 固定大小：单击该单选按钮，在W和H数值框中输入宽度和高度值后，按住鼠标左键并拖动，只能绘制出固定大小的矩形。在图像中双击，可以设置固定大小的矩形。
- 比例：单击该单选按钮，在W和H数值框中输入数值后，按住鼠标左键并拖动，只能绘制出固定宽高比例的矩形。在数值框中输入宽和高比为2:1，绘制矩形并查看效果，如上右图所示。
- 从中心：勾选该复选框，按住鼠标左键并拖动，鼠标的单击点将成为绘制矩形的中心。

6.5.2 椭圆工具

使用椭圆工具 ○.可以绘制椭圆形状，如下左图所示。按住Shift键的同时拖动绘制，可以得到正圆形状，如下中图所示。用户也可设置形状的填充效果，如下右图所示。

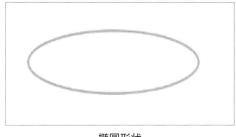  

椭圆形状　　　　　　　　　　正圆形状　　　　　　　　　　形状填充

6.5.3 圆角矩形工具

使用圆角矩形工具 ○.可以绘制出带有一定圆角弧度的图形，它是对矩形工具的补充。圆角矩形工具的绘制和使用方法与矩形工具基本相同，不同的是使用圆角矩形工具时，在属性栏中会出现"半径"数值框，输入的数值越大，圆角的弧度也越大，其属性栏如下图所示。在圆角矩形工具属性栏中通过设置"半径"参数，可得到不同程度的圆角矩形。

圆角矩形工具属性栏

使用直接选择工具单击选择一个圆角矩形后，会显示圆角矩形"属性"面板，如下左图所示。在此面板中可以为圆角矩形工具的4个圆角设置相同的半径值，如下中图所示。也可以分别设置不同的半径值，如下右图所示。

圆角矩形"属性"面板　　　　　相同半径值的圆角　　　　　　不同半径值的圆角

6.5.4 直线工具

直线工具 ／.主要用于绘制直线段和箭头，其属性栏如下左图所示。该工具的属性栏与矩形工具的属性栏基本一致，单击设置按钮 ❀.，即可打开"箭头"选项面板，如下右图所示。

"设置"选项

直线工具属性栏

下面对单击设置按钮打开的选项面板中各参数的含义和应用进行介绍,具体如下。

● 起点:勾选此复选框,确定绘制起点箭头,如下左图所示。

● 终点:勾选此复选框,确定绘制终点箭头,如下中图所示。同时勾选两个复选框,如下右图所示。

勾选"起点"复选框

勾选"终点"复选框

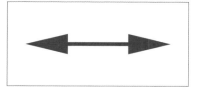

同时勾选"起点"和"终点"复选框

● 宽度:设置箭头和所绘制的直线的比例。

● 长度:设置箭头和直线的距离比例。

● 凹度:设置箭头内陷拐角的大小比例。

6.5.5 多边形工具

使用多边形工具 回可以绘制出多边形和星形。多边形工具的属性栏和矩形工具基本一致,其属性栏如下图所示。

多边形工具属性栏

下面对多边形工具属性栏中一些特有的参数的含义和应用进行介绍,具体如下。

● 边:用于设置多边形的边数,可以在数值框中直接输入边的数值,输入边数为5的效果如下左图所示。

● 设置:单击设置按钮 回,在打开的选项面板中可以指定矩形的创建方法,如下右图所示。

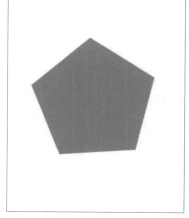

边数为5

设置选项面板

下面对单击设置按钮打开的选项设置面板中各参数的含义和应用进行介绍，具体如下。

- 半径：设置星形或多边形的半径大小。
- 平滑拐角：勾选该复选框，设置多边形或星形的拐角平滑度，如下左图所示。
- 星形：勾选该复选框，绘制星形并激活下面的选项，如下中图所示。
- 缩进边依据：设置内陷拐角的角度大小，设置缩进边依据10%的效果如下右图所示。
- 平滑缩进：勾选该复选框，设置内陷拐角为弧形。

平滑拐角

星形

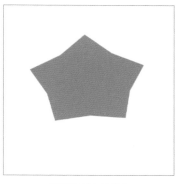

缩进边依据10%

6.5.6 自定形状工具

在Photoshop中自带了很多自定义的形状，使用自定形状工具 ✿.可以绘制出许多丰富的形状效果，其属性栏如下图所示。

自定形状工具属性栏

选择自定形状工具，单击属性栏中的设置按钮 ✿.，即可打开自定形状选项面板，如下左图所示。单击"形状"下拉按钮，即可打开"形状"下拉列表，选择需要的形状，如下右图所示。

自定形状选项设置面板

"形状"下拉列表

下面对单击设置按钮打开的选项设置面板中各参数的含义和应用进行介绍，具体如下。

- 不受约束：单击该单选按钮，可以任意绘制出需要的形状大小和长宽比例。
- 定义的比例：单击该单选按钮，按照默认比例绘制形状。
- 定义的大小：单击该单选按钮，按照默认比例、大小绘制形状。
- 固定大小：单击该单选按钮，自定义形状的长宽。
- 从中心：勾选此复选框，在绘制形状时，从中心开始绘制。

学习完Photoshop直线工具、多边形工具和自定形状工具的应用后，下面以制作招贴的案例来巩固所学知识，具体操作方法如下。

Step 01 打开Photoshop CC 软件，按下Ctrl+O组合键，在打开的"打开"对话框中选择"女生.jpg"图像文件，单击"打开"按钮，如下左图所示。

Step 02 选择横排文字工具在图像中输入文字，并设置字体的大小和颜色，如下右图所示。

打开素材图片

添加文字

Step 03 使用矩形工具绘制矩形，填充颜色为#d51c2c。选择多边形工具，在属性栏中的设置选项面板中勾选"星形"复选框，设置缩进边依据为5%、颜色为#d51c2c，绘制完成查看效果，如下左图所示。

Step 04 使用直线工具在图像中绘制直线，颜色设置为#413f4c。选择自定形状工具，在属性栏中的"形状"下拉列表中选择"波浪"选项，在图像中绘制形状，绘制完成查看效果，如下右图所示。

查看添加矩形和星形效果

查看制作招贴的效果

综合实训 制作冬至插画

本章学习了路径和矢量工具的相关知识，对绘制矢量图和路径有很大的帮助。下面以冬至为主题制作插画的效果，本案例主要使用矩形工具、铅笔工具和椭圆工具，具体操作如下。

Step 01 打开Photosho软件，执行"文件>新建"命令，在弹出的"新建"对话框中设置各项参数，创建新文档，如下左图所示。

Step 02 按Ctrl+Shift+N组合键新建图层，命名为"蓝色图层"，打开"拾色器（前景色）"对话框，设置前景色的色值为C40、M0、Y7、K0，并按Alt+Delete组合键填充图层，效果如下右图所示。

"新建"对话框　　　　　　　　　　　　　　　新建图层并填充颜色

Step 03 选择矩形工具，在属性栏中设置为"形状"模式，然后绘制一个矩形，如下左图所示。

Step 04 打开"拾色器（前景色）"对话框，设置色值为C30、M0、Y6、K0，并填充矩形。选择矩形选框工具，在属性栏中单击"从选区减去"按钮，然后绘制矩形选区，如下右图所示。

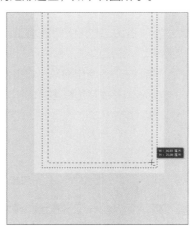

绘制矩形　　　　　　　　　　　　　　　　绘制矩形选区

Step 05 新建图层并命名为"边框图层"，打开"拾色器（前景色）"对话框，设置色值为C45、M2、Y13、K0，按Alt+Delete组合键为选区填充颜色，按Ctrl+D组合键取消选区，效果如下左图所示。

Step 06 新建图层，命名为"雪山一"，使用钢笔工具绘制路径，按Ctrl+Enter组合键将路径转换成选区，然后在"拾色器（前景色）"对话框中设置色值为C3、M6、Y14、K0，然后填充选区，如下右图所示。

填充选区

绘制雪山形状

Step 07 新建图层，命名为"雪峰"，使用钢笔工具绘制路径，按Ctrl+Enter组合键将路径转换成选区，并填充白色，如下左图所示。

Step 08 分别新建图层，按照同样的方法使用钢笔工具绘制其他的雪峰，效果如下右图所示。

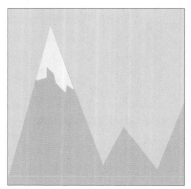

绘制雪峰形状

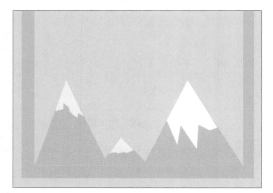

绘制其他山顶雪峰形状

Step 09 新建图层，命名为"雪山二"，使用钢笔工具绘制路径，将路径转换成选区，填充颜色为C30、M7、Y11、K0，把"雪峰二"图层放在"雪峰一"图层的下面，效果如下左图所示。

Step 10 新建图层命名为"雪峰三"，使用钢笔工具绘制雪山，转换成选区并填充白色，选中所有雪山图层按Ctrl+E组合键合并为一个图层，并放在边框图层的下方，效果如下右图所示。

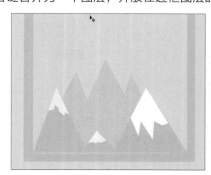

绘制雪山形状

绘制雪峰形状

Step 11 新建图层并命名为"雪"，选择画笔工具，在"画笔"面板中设置画笔大小为40像素、间距为785%，设置形状抖动的抖动大小为82%，在"拾色器（前景色）"对话框中设置颜色为"白色"，然后在边框内绘制雪花，如下左图所示。

Step 12 使用横排文字工具，在属性栏中设置大小为127点、字体为迷你简中特广告、颜色为白色，然后输入文字，如下右图所示。

绘制雪花

输入文字

Step 13 双击文字图层，打开"图层样式"对话框，勾选"描边"复选框，设置描边颜色为C9、M71、Y24、K0，设置大小为50像素，效果如下左图所示。

Step 14 新建图层，命名为"勾边加粗"，把"勾边加粗"图层放在文字图层下面，使用钢笔工具绘制路径，如下右图所示。

添加"描边"图层样式

为文字勾边

Step 15 绘制完成后，发现有些地方修饰不完美，使用添加锚点工具和删除锚点工具进行路径修改，如下左图所示。

Step 16 绘制完成后按Ctrl+Enter组合键，将路径转换成选区，填充颜色和描边文字的颜色一致，效果如下右图所示。

调整锚点

填充颜色

Step 17 选择横排文字工具，输入文字，设置"饺"字的字体为方正少儿简体，字号为213.02点，颜色为C8、M20、Y70、K0，设置"子来了"文字的字体为方正少儿简体、字号为140.44点、颜色为白色，如下左图所示。

Step 18 新建图层，命名为"字体勾边2"，先添加"描边"图层样式，然后使用钢笔工具绘制路径，并转换成选区，填充颜色和上面一致，如下右图所示。

输入文字

设置文字

Step 19 新建图层，命名为"修饰字体"，继续使用钢笔工具，在每个字上面绘制修饰的路径，使文字更加立体，如下左图所示。

Step 20 按Ctrl+Enter组合键将路径转换成选区，在"拾色器（前景色）"对话框中设置色值为C0、M43、Y7、K0，然后填充选区，效果如下右图所示。

修饰文字

为选区填充颜色

Step 21 将"饺子.png"素材文件置入到当前画布中，适当调整其大小，并多复制一些，放在不同的位置，再为文字中的饺子添加"描边"图层样式，设置描边颜色为白色、大小为7像素，如下左图所示。

Step 22 选中文字和饺子图层，按Ctrl+T组合键，将其放大至边框外，效果如下右图所示。

置入素材

调整大小

Step 23 选择椭圆工具并绘制椭圆，打开"拾色器（前景色）"对话框，设置前景色的色值为C2、M30、Y7、K0，如下左图所示。

Step 24 选择椭圆工具绘制椭圆形，打开"拾色器（前景色）"对话框，设置前景色的色值为C、M59、Y14、K0，如下右图所示。

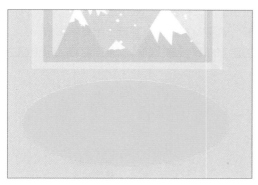

绘制椭圆并填充颜色

绘制椭圆并填充颜色

Step 25 置入"饺子二.png"素材文件，调整其位置和大小，如下左图所示。

Step 26 新建图层命名为"边框"，绘制出一个矩形选区。执行"编辑>描边"命令，设置描边宽度为7像素、颜色为黑色，单击"确定"按钮，按Ctrl+D组合键取消选区，如下右图所示。

置入素材

设置描边参数

Step 27 选择直排文字工具，设置字体为方正古隶简体、大小为35点，然后输入文字，如下左图所示。

Step 28 继续使用直排文字工具，设置文字的色值为C0、M100、Y100、K0，设置文字大小为20点，然后输入相关文字，如下右图所示。

输入文字

输入文字

Step 29 选择矩形工具，设置工具模式为"形状"，然后绘制一些细长矩形，并填充黑色，效果如下左图所示。

Step 30 选择横排文字工具，设置大小为40点、颜色为黑色，并输入文字，如下右图所示。

绘制矩形

输入文字

Step 31 执行"文件>置入嵌入的智能对象"命令，将"松树.png"素材文件置入到当前画布，适当调整大小并放在页面的下方。至此，冬至插画制作完成，效果如下图所示。

查看最终效果

Chapter 07

文字工具

在设计的作品中添加文字，可以美化版面和突出主题，好的文字设计可以提高作品的质量。本章主要介绍文字的创建、路径文字、变形文字、段落文字以及编辑文字等相关知识。通过本章内容的学习，可以使用户创作出满意的文字效果。

核心知识点

❶ 了解文字的创建与转换
❷ 熟悉路径文字的创建

❸ 熟悉段落文字的应用
❹ 掌握文本的编辑

创建文字选区

变形文字

路径文字

文字作品的效果

7.1 文字的创建与转换

在使用Photoshop进行平面设计时，文字是不可或缺的元素之一，它能辅助传递图像的相关信息。使用Photoshop对图像进行处理时，若能在适当的位置添加文字，可以使图像的画面更加丰富。在Photoshop中，常见的文字编辑分为点文字和段落文字。点文字多用于处理字数较少的文本；段落文字则是在定界框内的一组文字，用于处理文字数量较大的文本。

7.1.1 创建点文字

选择文字工具后，在图像中单击置入插入点，同时在"图层"面板中会自动添加一个文字图层，这样的文字输入叫点文字。点文字主要用于创建和编辑内容较少的文本信息。点文字图层中保存着该图层文字的所有属性，帮助用户随时对其文字属性进行设置。点文字的创建包括横排点文字和直排点文字输入，这两种文字工具的使用方法一样，只是排列方式不同。选择横排文字工具，其属性栏如下图所示。在属性栏中可以设置文字的字体、大小、渲染方式、对齐方式和字体颜色等参数。

横排文字工具属性栏

下面对横排文字工具属性栏中各参数的含义和应用进行介绍，具体如下。

- 切换文本取向 囤：输入文字时，单击该按钮可以在文字的水平排列和垂直排列之间进行切换。用户也可执行"文字>文本排列方向"子列表中的命令进行切换。
- 字体：在该下拉列表中可选择需要的字体，也可以直接输入字体名称进行搜索，如下左图所示。
- 字体样式：该下拉列表中包括Regular（常规）、Italic（斜体）、Bold（粗体）等字体样式，如下右图所示。字体样式并不是简单的字体变形，而是附带于字体文件中的变体，这些字体都是单独设计的。该设置是否可用以及选项的内容取决于字体的支持，大部分情况下，中文字体均不可用，只对西文字体有效。

搜索和选择字体

设置字体样式

- 字体大小：单击右侧的下拉按钮，在下拉列表中可以选择字体的大小或直接在文本框中输入字体的字号。字号是区分文字大小的一种衡量标准，国际上通用的是点制，在国内则是以号制为主、点制为辅。Photoshop中字体的大小用点来表示，即英文Point（多用Pt表示），亦可称为"磅"。执行"编辑>首选项>单位与标尺"命令，即可设置文字大小的单位。
- 设置消除锯齿的方法：Photoshop中的文本是以矢量形式存在的，即从数学上定义的直线或曲线。如果没有设置消除锯齿，文字的边缘便会产生硬边和锯齿。而具体使用哪一种平滑效果，则取决于实际的需要，如下图所示。用户也可以执行"文字>消除锯齿"命令，在下拉列表中选择需要的效果，一个文本图层只能使用一种消除锯齿的方式。

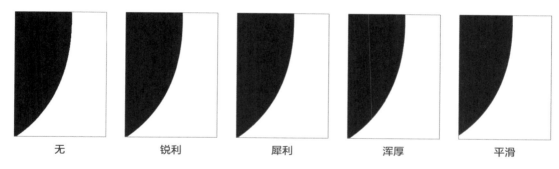

| 无 | 锐利 | 犀利 | 浑厚 | 平滑 |

- 设置字体对齐方式：该对齐方式设置是以输入文字时鼠标指针的位置为基准，设置文本的对齐方式，其包括左对齐文本、居中对齐文本和右对齐文本。

- 设置文本颜色：单击该按钮，可以在打开的"拾色器（文本颜色）"对话框中设置文字的颜色，亦可直接输入不同颜色模式的数值。

- 创建文字变形 ⊥：单击该按钮，可以在打开的"变形文字"对话框中为文本添加变形样式，创建变形文字。

- 切换字符和段落面板 🔲：用于显示或隐藏"字符"和"段落"面板。

- 取消所有当前编辑 ⊘：取消当前的文本编辑。

- 提交所有当前编辑 ✓：用于确定完成当前的文本编辑操作。

- 更新此文本关联的3D 🔟：可将当前文本编辑环境切换至3D。

操作提示：消除锯齿

　　不同的消除锯齿方式虽然名称看起来很抽象，实际上是对消除锯齿功能程度不同的描述，临近的两者之间可能只有细微的区别。选择"无"选项，则不进行任何的消除锯齿处理；选择"锐利"选项，则轻微使用消除锯齿，显得锐利；选择"犀利"选项，则一般使用消除锯齿，显得稍微锐利；选择"浑厚"选项，则大量使用消除锯齿，显得更加粗重而平滑；选择"平滑"选项，则最大量使用消除锯齿，显得更加平滑。

7.1.2　创建段落文字

　　段落文字是指以至少一段文字为单位的文字，特点是文字较多。在Photoshop中，可通过直接创建段落文字的方式来输入文字，以便对文字进行管理和对格式进行设置。

　　要创建段落文字，则首先单击文字工具，然后在属性栏中设置字体和字号参数，在图像中拖动绘制文本框，如下左图所示。此时文本插入点自动出现在文本框的前端，然后在文字本中输入文字即可，如下右图所示。根据中文汉字的使用习惯，直排文字将会以从右至左的方向进行显示，如果文字超出定界框范围，需要重新调整定界框大小，以显示所有文本。

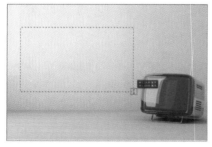

拖出定界框　　　　　　　　　　　在鼠标指针位置输入文字

7.1.3　创建文字选区

文字选区即以文字的边缘为轮廓，形成文字形状的选区，这也是对选区的进一步扩展，在广告制作方面有很大的用处。在实际的操作运用中，用户可以为文字型选区填充渐变颜色或图案，以便制作更丰富的文字效果。

在Photoshop中，用户可以使用文字蒙版工具创建文字选区，文字蒙版工具包括横排文字蒙版工具 T、和直排文字蒙版工具 T。它与文字工具的区别在于，使用这类工具可以创建未填充颜色的以文字为轮廓边缘的选区。

实战　使用横排文字蒙版工具创建选区

学习完Photoshop创建文字选区工具的应用后，下面以制作海报的案例来巩固所学的知识，具体操作方法如下。

Step 01 打开Photoshop CC 软件，按下Ctrl+O组合键打开"甜点.jpg"图片，选择工具箱中的横排文字蒙版工具 T，将鼠标指针移动到画面中单击，将出现闪动的鼠标指针，画面将变成一层透明蓝色遮罩的状态，如下左图所示。

Step 02 在闪动的鼠标指针后输入所需的文字，调整文字位置，输入完成后单击属性栏右侧的 ✓ 按钮，即可退出文字的输入状态，得到文字选区，如下右图所示。

进入蒙版状态

创建文字选区

Step 03 按下Ctrl+Shift+N组合键，新建图层。选择渐变工具，打开"渐变编辑器"对话框，设置颜色渐变从#fead0f至#aa112e，如下左图所示。

Step 04 在选区中拖动鼠标进行渐变填充，完成后按下Ctrl+D组合键取消选区，效果如下右图所示。

"渐变编辑器"对话框

查看效果

7.1.4　点文字与段落文字的转换

在Photoshop中，段落文字和点文字可以相互转换。一种方法是在图像中输入文字后选中文字图层，在输入文字上右击，若输入的是点文字，则在弹出的菜单中选择"转换为段落文本"命令，如下左图所示。若输入的是段落文本，则可在弹出的菜单中选择"转换为点文本"命令，这样就可以在点文本和段落文本之间进行转换。另一种点文本转换为段落文本的方法是，选中段落文本图层，执行"文字>转换为段落文本"命令；段落文字转换为点文字，则执行"文字>转换为点文本"命令，如下右图所示。

 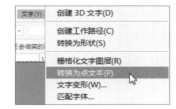

选择"转换为段落文本"选项　　　　执行"转换为点文本"命令

值得注意的是，在将段落文本转换为点文本时，如果有文本溢出的现象，所溢出的文字会在转换中被删除，所以需要调整定界框，使所有文本显示出来后再进行转换。

7.1.5　横排文字和直排文字的转换

横排文字与直排文字的转换有三种方法，一是在输入文本后单击属性栏中的"切换文本取向"按钮 ，实现文字横排和直排之间的转换。第二种是使用文字工具在文字上右击，在弹出的快捷菜单中选择"横排"或"竖排"命令，更该文本方向，如下左图所示。第三种是执行"文字>文本排列方向"命令，在子列表中选择需要设置的文字方向即可，如下右图所示。

 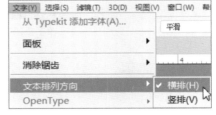

选择"横排"或"竖排"选项　　　　执行"文字>文本排列方向"命令

值得注意的是，由于更改文本方向后文字在图像中的位置可能有所变动，更改后可使用移动工具对更改方向后的文字进行位置调整。打开图像文档，如下左图所示。选中文字图层，单击属性栏中的"切换文本取向"按钮 ，如下中图所示。调整文字位置，文字即可变成竖型排版，如下右图所示。

图像文档　　　　　　单击"切换文本取向"按钮　　　　　　查看效果

7.2 路径文字

路径文字是指创建在路径上的文字，文字会沿着路径排列，改变路径形状时，文字的排列方式也会随之改变。用于排列文字的路径可以是开放的，也可以是闭合的。一直以来，路径文字都是矢量软件才具有的功能，Photoshop增加了路径文字功能后，文字的处理方式就变得更加灵活了。

7.2.1 创建路径文字

在Photoshop CC中编辑文本时，可以沿钢笔工具或形状工具创建的工作路径输入文字，使文字产生特殊的排列效果。选择自定形状工具，在属性栏中选择工具模式为"路径"，形状选择"红心型卡"。然后用鼠标拖曳出一个心型的路径，如下左图所示。选择横排文字工具，设置字体、大小和颜色。将鼠标指针放在路径上，指针会变成 ✕ 形状，单击鼠标左键插入点，如下中图所示。此时输入的文字即可沿路径排列，如下右图所示。

绘制路径　　　　　　　　单击鼠标左键插入点　　　　　　输入的文字沿路径排列

7.2.2 编辑路径文字

将之前的路径文字恢复到路径上面，使用直接选择工具 ▶ 单击路径中的锚点，如下左图所示。此时移动路径的锚点或者修改路径的形状，如下中图所示。文字会沿着修改后的路径进行重新排列，如下右图所示。

 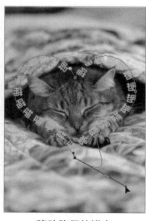 

单击路径中的锚点　　　　　　移动路径的锚点　　　　　　文字沿路径重新排列

7.3 变形文字

变形文字可以对文字的水平形状和垂直形状做出调整，使文字效果更多样化。Photoshop为用户提供了15种文字变形样式，分别为扇形、下弧、上弧、拱形、凸起、贝壳、花冠、旗帜、波浪、鱼形、增加、鱼眼、膨胀、挤压和扭转，用户可根据具体需求选择使用。结合文字水平和垂直方向上的控制以及弯曲度的协助，可以为图像中的文字增加许多效果。

打开图像文档，如下左图所示。查看"图层"面板，如下中图所示。选择含有中文文字的图层，执行"文字>文字变形"命令，或者直接单击文字工具属性栏中的"创建文字变形"按钮，弹出"变形文字"对话框，在"样式"下拉列表中选择"旗帜"选项，如下右图所示。

原图像文档

图层面板

"样式"下拉列表

在"变形文字"对话框中调整"弯曲"和"水平"扭曲参数，单击"确定"按钮，如下左图所示。创建变形文字后可以看到"图层"面板的文本图层缩略图会出现一条弧线，如下中图所示。设置完成后查看图像效果，如下右图所示。

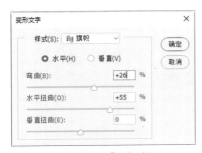
"变形文字"对话框

"图层"面板

查看效果

下面对"变形文字"对话框中各参数的含义和应用进行介绍，具体如下。

- 样式：单击此下拉按钮，可打开下拉列表，选择一种变形样式。
- 变形文本方向选择：选择文本变形应用的方向，包括两个单选按钮，分别为"水平"和"垂直"。选择"水平"单选按钮，可以设置文本扭曲的方向为水平方向；选择"垂直"单选按钮，可以设置文本扭曲的方向为垂直方向。
- 弯曲：设置应用样式的弯曲程度，当值为0时，表示没有任何弯曲。

- 水平扭曲：设置文字应用样式的水平扭曲程度。
- 垂直扭曲：设置文字应用样式的垂直扭曲程度。

操作提示：文字变形操作

使用横排或直排文字工具创建的文本，在没有将其栅格化或者转换为形状前，可以随时重置或取消变形。

实战 使用文字变形工具制作婚礼请柬

学习完Photoshop文字变形工具的应用后，下面将以制作婚礼请柬的实战案例来巩固所学的知识，具体操作方法如下。

Step 01 打开Photoshop CC 软件，按下Ctrl+O组合键打开"花纹背景.jpg"图片，如下左图所示。

Step 02 选择横排文字工具并在图像中输入文字，然后设置字体的大小和颜色，如下右图所示。

素材图片　　　　　　　　　　　　　　　输入文字

Step 03 选中文字图层，单击属性栏中的"创建文字变形"按钮，在弹出的"变形文字"对话框中设置相应的参数，如下左图所示。

Step 04 设置完成单击"确定"按钮，查看效果，如下右图所示。

"变形文字"对话框　　　　　　　　　　查看变形效果

Step 05 选中文字图层，按下Ctrl+T组合键显示变换控件调整文字，如下左图所示。

Step 06 然后添加一些文字及素材，查看最终效果，如下右图所示。

调整文字　　　　　　　　　　　　　　查看最终效果

7.4 编辑文字

除了可以使用工具属性栏和面板中一些常用功能来设置和编辑文本的属性外，用户还可以通过菜单命令来实现更多深层次的文字编辑，如将文字转换为形状、栅格化文字图层等。

7.4.1 "字符"面板

在熟练掌握应用工具属性栏中的功能设置字体属性之后，用户更多地可以使用"字符"面板来调整字符效果。打开图像文档，如下左图所示。单击文字工具属性栏中的"切换字符和段落面板"按钮■或执行"窗口>字符"命令，即可显示"字符"面板，在"字符"面板中可以对文字的字体、字号（即大小）、间距、颜色、显示比例和显示效果进行设置，如下中图所示。设置完成后查看设置的中文文字效果，如下右图所示。

原文字

"字符"面板

查看设置后的中文文字效果

下面对"字符"面板中各参数的含义和应用进行介绍，具体如下。

● 设置行距 ▲：用于设置输入文字行与行之间的距离。

● 设置两个字符间的字距微调 ▼▲：用于调整两个字符之间的距离。在要调整的两个字符之间单击，将鼠标指针定位在此处，以设置插入点，然后从下拉列表中选择相关的参数，也可直接在文本框中输入一个数值，即可调整这两个字符之间的间距。

● 设置所选字体的字距调整 ▦：用于设置文字字与字之间的距离。

● 设置所选字体的比例间距 ▦：用于设置文字字符间的比例间距，数值越大，字距越小。

● 垂直缩放 ↕T：用于设置文字垂直方向上的缩放大小，即高度。

● 水平缩放 ↔：用于设置文字水平方向上的缩放大小，即宽度。

● 设置基线偏移 ▲▴：用于设置文字在默认高度基础上向上（正）或向下（负）偏移的数量。

● 颜色色块：单击该颜色色块，在弹出的对话框中可对文字颜色进行调整。

● 文字效果按钮组：从左到右依次为仿粗体、仿斜体、全部大写字母、小型大写字母、上标、下标、下划线和删除线，单击相应的按钮，即可为文字添加对应的特殊效果。

● OpenType字体：由Microsoft和Adobe公司开发的另外一种字体格式。从左到右依次为标准连字、上下文替代字、自由连字、花饰字、文本替代字、标题替代字、序数字和分数字，单击相应的按钮可以协助排版用户更快地设计出色的版面。

● 字体语言规则：可对所选字符进行有关连字符和拼写规则的语言设置，Photoshop使用语言词典检查连字符连接。

7.4.2 将文字转换为形状

在Photoshop中，将文字转换为形状后，文字图层将变成形状图层，而文字就不能再使用相关的文字命令来编辑了，因为文字已经变成了形状路径，而原先的文字图层就被替换不再保留。将文字转换为形状的操作很简单，打开图像文档并查看"图层"面板，如下左图所示。选中文字图层，执行"文字>转换为形状"命令，如下中图所示。设置完成查看"图层"面板，如下右图所示。

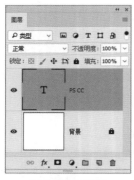

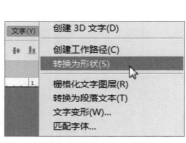

原"图层"面板　　　　　执行"转换为形状"命令　　　　查看更改后"图层"面板

切换到"路径"面板可以看到，刚才文字转换为形状后自动生成了一个具有矢量蒙版的形状路径，如下图所示。

形状路径

7.4.3 创建文字工作路径

创建文字的工作路径可以用于制作字体设计，或者描边和填充。打开图像文档，如下左图所示。选中文字图层，执行"文字>创建工作路径"命令，如下中图所示。设置完成查看图像效果，如下右图所示。

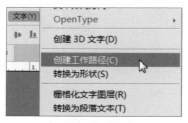

原图像文档　　　　　　执行"创建工作路径"命令　　　　查看图像效果

切换到"路径"面板可以看到，刚才转换为工作路径后自动生成了一个具有矢量蒙版的路径，如下图所示。

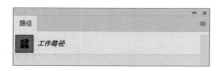

工作路径

7.4.4　栅格化文字图层

文字图层是一种特殊的图层，它具有文字的特性，因此可以对文字大小、字体等进行修改。但文字本身是矢量图形，如果要对其使用滤镜等位图命令，则需要将文字转换为位图才能使用。而且栅格化文字为位图后，文字本身的形状也不需要依赖于字体。

创建栅格化文字图层的方式跟将文字转化为形状的操作基本一致。栅格化文字图层有两种方法：一是选中文字图层后执行"图层>栅格化文字图层"命令，如下左图所示。二是选择文字图层后在图层名称上右击，在弹出的快捷菜单中选择"栅格化文字"命令，如下右图所示。

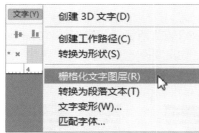

执行"栅格化文字图层"命令

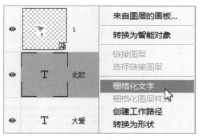

选择"栅格化文字"选项

打开图像文档，如下左图所示。选中"北欧"文字图层，执行"滤镜>风格化>查找边缘"命令，会弹出提示对话框，如下中图所示。单击"栅格化"按钮，此时文本图层已经完成了栅格化和滤镜功能两个操作，效果如下右图所示。

原图像文档

提示对话框

查看效果

打开图像文档，查看"图层"面板，如下左图所示。将文字栅格化后，图层缩览图将发生变化，如下右图所示。值得注意的是，转换后的文字图层可以应用各种滤镜效果，却无法再对文件进行字体方面的更改。且栅格化的文字，不可使用后文提到的"查找与替换"与"拼写检查"命令。

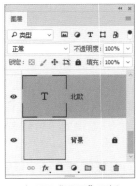

查看原"图层"面板

栅格化后"图层"面板

7.5 编辑段落文字

段落是末尾带有回车符的任何范围的文字，对于点文本来说，每行便是一个单独的段落；对于段落文字来说，由于定界框大小的不同，一段可能有多行。"字符"面板中能处理选择的字符，"段落"面板则不论是否选择了字符都可以处理整个段落。

7.5.1 "段落"面板

与设置点文本不同，段落文本的设置主要依赖于"段落"面板中的各项设置，而且段落的设置应用于整个段落，无论是否选择了文本。

执行"窗口>段落"命令，即可显示"段落"面板，如下左图所示。设置段落格式包括设置文字的对齐方式和缩进方式等，不同的段落格式具有不同的文字效果。如果要设置段落定界框，则在"图层"面板中双击"指示文本图层"，如下中图所示。如果要设置多个段落，则需要用文字工具选中这些段落，如下右图所示。

| "段落"面板 | 设置段落定界框 | 设置多个段落 |

下面对"段落"面板中各参数的含义和应用进行介绍，具体如下。

- 对齐方式按钮组：从左到右依次为左对齐文本、居中对齐文本、右对齐文本、最后一行左对齐、最后一行居中对齐、最后一行右对齐和全部对齐。打开图像文档，如下左图所示。双击需要修改的指示文本图层，单击"全部对齐"按钮，效果如下右图所示。

| 原图像文档 | 单击"全部对齐"按钮的效果 |

- 缩进方式按钮组：包括"左缩进"按钮、"右缩进"按钮 和"首行缩进"按钮。
- 添加空格按钮组：其中包括"段前添加空格"按钮和"段后添加空格"按钮。设置相应的点数后，在输入文字时可自动添加空格。
- 避头尾法则设置：用于设置标点符号的放置以及标点符号是否可以放在行首。
- 间距组合设置：设置段落中文本的间距组合设置，从右侧的下拉列表中可以选择不同的间距组合设置。
- 连字：勾选该复选框，可将文字的最后一个英文单词拆开，形成连字符号，而剩余的部分则自动换到下一行。

7.5.2　设置段落对齐方式

在"段落"面板或文字工具属性栏中单击不同的对齐按钮，即可为文字执行相应的对齐操作。

● 左对齐文本：将文字左对齐，使段落右端参差不齐，默认情况下为该对齐方式，如下左图所示。

● 居中对齐文本：将文字居中对齐，使段落两端参差不齐，如下中图所示。

● 右对齐文本：将文字右对齐，使段落左端参差不齐，如下右图所示。

　　　左对齐文本　　　　　　　　　　居中对齐文本　　　　　　　　　　右对齐文本

● 最后一行左对齐：最后一行文本左对齐，其他行左右两端强制对齐，如下左图所示。

● 最后一行居中对齐：最后一行文本居中对齐，其他行左右两端强制对齐，如下中图所示。

● 最后一行右对齐：最后一行文本右对齐，其他行左右两端强制对齐，如下右图所示。

● 全部对齐：在字符间添加额外的间距，使文本左右两段强制对齐。

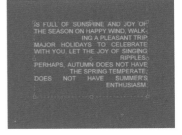

　　最后一行左对齐　　　　　　　　最后一行居中对齐　　　　　　　　最后一行右对齐

　　上面介绍的是横排文字段落的对齐方式，对于直排文字段落的对齐，这些对齐按钮将有所变化，但是应用方式是相同的。当文字直排时，在"段落"面板中前三位显示的是顶对齐、居中对齐以及底对齐按钮。

● 顶对齐文本：将文字顶对齐，使段落底部参差不齐，默认情况下为该对齐方式。

● 居中对齐文本：将文字居中对齐，使段落顶端和底端参差不齐。

● 底对齐文本：将文字底对齐，使段落顶部参差不齐。

操作提示：段落对齐方式应用范围

　　在段落文本中，只要使用了"段落"面板中的选项，不管选择的是整个段落还是段落中的任一字符，或者是在段落中放置插入点，修改的都是整个段落的效果。

7.5.3 设置段落缩进方式

文字的缩进操作主要用来指定文字与定界框之间或与包含文字的行之间的间距量。

● 左缩进 ⁺ᴵ：横排文字从段落的左边缩进，直排文字从段落的顶端缩进，如下左图所示。

● 右缩进 ⁱ⁺：横排文字从段落的右边缩进，直排文字则从段落的底部缩进，如下中图所示。

● 首行缩进 ⁺ᵋ：可缩进段落中的首行文字，对于横排文字，首行缩进与左缩进有关；对于直排文字，首行缩进与顶端缩进有关。如果将该值设置为负值，则可以创建首行悬挂缩进，如下右图所示。

左缩进　　　　　　　　　　　右缩进　　　　　　　　　　　首行缩进

7.5.4 设置段落间距

"段落"面板中的段前添加空格和段后添加空格用于控制段落与段落之间的间距。选择一个段落，然后在相应的数值框里输入数值，即可设置在段前添加空格或段后添加空格。与设置段落缩进一样，段落间距同样可以只给部分段落设置，这就提高了文字编辑的灵活性。打开图像文档，如下左图所示。

● 段前添加空格 ⁺ᵋ：用于设置当前段落与上一段之间的间距，如下中图所示。

● 段后添加空格 ₊ᵋ：用于设置当前段落与下一段之间的间距，如下右图所示。

原图像文档　　　　　　　　　　段前添加空格　　　　　　　　　　段后添加空格

7.6 编辑文本

在掌握了文本的输入以及文本格式的设置等相关知识后，本节主要对文本的编辑操作进行讲解。文本的编辑包括文字的拼写检查、查找和替换文本等，这些都是非常实用的操作，在Photoshop平面设计中经常用到，下面分别进行介绍。

7.6.1 查找和替换文本

　　使用"查找和替换文本"命令可以快速地纠正一些文字输入错误，并能快速替换一些文字。打开图像文档，双击文字图层的"指示文本图层"图标选中文字，如下左图所示。执行"编辑>查找和替换文本"命令，打开"查找和替换文本"对话框，设置相应的参数，如下右图所示。

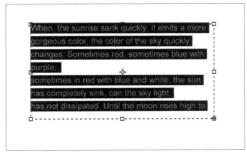

选中文字　　　　　　　　　　　　　　　　　　"查找和替换文本"对话框

　　单击"查找下一处"按钮，即可查找替换的内容，查找的内容将会被提取出来，如下左图所示。查找完成单击"更改"或"更改全部"按钮，即可替换为更改的文字内容，如下右图所示。

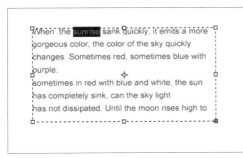

提取查找内容　　　　　　　　　　　　　　　　替换为更改的内容

　　下面对"查找和替换文本"对话框中各参数的含义和应用进行介绍，具体如下。

● 搜索所有图层：勾选该复选框，则搜索文档中的所有图层。在"图层"面板中选定非文字图层时，此复选框可用。

● 向前：勾选该复选框后，将从文本中的插入点向前搜索。取消勾选此复选框，可搜索图层中的所有文本，不管将插入点放在何处。

● 区分大小写：勾选该复选框后，搜索与"查找内容"文本框的文本大小写完全匹配的一个或多个字，即如果搜索red，则搜索Red。

● 全字匹配：勾选该复选框后，忽略嵌入在更长字中的搜索文本。如果要以全字匹配方式搜索an，则会忽略any。

7.6.2 文字的拼写检查

　　文字的拼写检查功能主要用于检查文本中的英语拼写问题。若被询问的文字拼写正确，即可通过将其添加到词典中确认拼写。若被询问的文字拼写错误，可以将其更正。打开图像文档，双击文字图层中的"指示文本图层"图标选中文字，执行"编辑>拼写检查"命令，如下左图所示。打开"拼写检查"对话框，如下右图所示。

执行"编辑>拼写检查"命令　　　　　　　　　　"拼写检查"对话框

在打开"拼写检查"对话框的同时，Photoshop会自动检索文本中出现的错误拼写，如下左图所示。在"建议"列表中Photoshop提供了参考选项，选中需要更改的单词，单击"更改"或"更改全部"按钮，即可更改文字内容，如下右图所示。

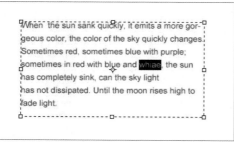

检索错误拼写　　　　　　　　　　　　　　更改文字内容

下面对"拼写检查"对话框中各参数的含义和应用进行介绍，具体如下。

● 忽略：单击该按钮，则继续拼写检查而不更改文本。

● 全部忽略：单击该按钮，则在剩余的拼写检查过程中忽略有疑问的文字。

● 更改：单击该按钮，则自动使用"更改为"文本框中的文字替换"不在词典中"文本框中的文字内容，从而校正拼写错误，确保拼写正确的字出现在"更改为"文本框中。此时，若建议的字不是需要的字，可以在"建议"下拉列表中选择其他选项或在"更改为"文本框中输入正确的文字。

● 更改全部：单击该按钮，则快速校正文档中出现的所有拼写错误，同时确保拼写正确的文字出现在"更改为"文本框中。

● 添加：单击该按钮，可以将无法识别的字存储在词典中，这样再次出现该文字时就不会被标记为拼写错误。

综合实训　制作春暖花开文字效果

学习完本章知识后，相信用户对文字有了一定的认识。下面以制作春暖花开文字效果来介绍文字工具的具体用法。本案例以春天五彩缤纷的景象为题材，制作鲜艳多彩的文字。

Step 01 执行"文件>新建"命令，在弹出的对话框中设置各项参数，创建新文档，如下左图所示。

Step 02 按Ctrl+Shift+N组合键新建图层，打开"拾色器（前景色）"对话框，设置前景色为C5、M0、Y15、K0，按Alt+Delete组合键进行填充前景色，如下右图所示。

新建文档   填充图层

Step 03 在工具箱中选择椭圆选框工具，在属性栏中设置"羽化"为"100像素"，然后绘制一个圆形选区，如下左图所示。

Step 04 新建图层，设置前景色色值为C41、M0、Y19、K0，并填充前景色， 按Ctrl+D组合键取消选区，效果如下右图所示。

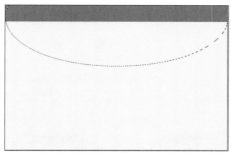

绘制椭圆选区   填充选区

Step 05 选择画笔工具，设置前景色色值为C26、M1、Y91、K0，在"画笔"面板中选择画笔样式为"柔角30"，设置画笔"大小"为"422像素"，如下左图所示。

Step 06 在画布上绘制出所需的形状，如下右图所示。

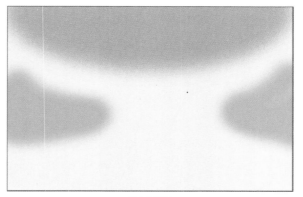

设置画笔属性   绘制形状

Step 07 执行"滤镜>模糊>高斯模糊"命令，在打开的"高斯模糊"对话框中设置"半径"为200像素，如下左图所示。

Step 08 单击"确定"按钮，查看设置的高斯模糊效果，如下右图所示。

设置高斯模糊半径　　　　　　　　　　　　**查看形状效果**

Step 09 将"草地.psd"图像文件置入到当前画布中，然后放大图像，并放在页面的下方，如下左图所示。

Step 10 使用椭圆选框工具在画布的中心位置绘制一个圆形，填充颜色为白色，按下Ctrl+D组合键取消选区，效果如下右图所示。

置入素材　　　　　　　　　　　　　　　　**绘制正圆形**

Step 11 为绘制的圆形添加 "描边"图层样式，描边大小为20像素，颜色为C69、M0、Y100、K0，效果如下左图所示。

Step 12 将"花环.png"图像文件置入到当前画布中并放大图像，把花环图层放置在圆形图层下方，效果如下右图所示。

添加描边　　　　　　　　　　　　　　　　**置入素材**

Step 13 把"圆形"图层的不透明度降低至60%，效果如下左图所示。

Step 14 选择横排文字工具，输入"春"文字，设置"前景色"色值为C20、M98、Y69、K0，字体为禹卫书法隶书繁体，字大小为150点，效果如下右图所示。

设置圆形的不透明度

输入"春"文字

Step 15 继续使用横排文字工具，输入"暖"文字，颜色字体同上，字号为180点，如下左图所示。

Step 16 使用横排文字工具，输入"花"文字，颜色为C0、M68、Y92、K0，字号为213点，效果如下右图所示。

输入"暖"文字

输入"花"文字

Step 17 使用横排文字工具，输入"开"字，颜色为C73、M9、Y100、K0，字号为129点，效果如下左图所示。

Step 18 使用钢笔工具，绘制出一个路径，并使用横排文字工具在路径上输入文字，设置字体为方正粗倩简体，字体颜色为白色，字号为25点，效果如下右图所示。

输入"开"文字

输入路径文字

Step 19 双击文字图层，打开"图层样式"对话框，勾选"描边"复选框，设置颜色为C69、M0、Y100、K0，大小为20像素，效果如下左图所示。

Step 20 新建一个空白图层，复制创建的路径文字图层，并放置在原文字图层的上面，按住Shift键选中新建的图层和复制后的文字图层，按下Ctrl+E组合键合并两个图层，效果如下右图所示。

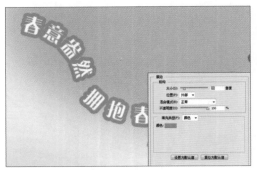

为文字添加描边样式

复制文字图层

Step 21 把第一个文字图层的"描边"图层样式去掉，只保留文字，效果如下左图所示。

Step 22 选中复制出来的文字图层，按下Ctrl+Enter组合键将其转化为选区，填充颜色为C69、M0、Y100、K0，效果如下右图所示。

删除描边样式

将文字转化为选区并填充颜色

Step 23 把白色文字图层放置在绿色图层的上方，添加"投影"图层样式，设置投影距离为10像素，效果如下左图所示。

Step 24 将"美女蝴蝶.png"图像文件置入到当前画布中，适当调整大小并放在合适的位置，效果如下右图所示。

设置"投影"图层样式

置入素材图像

Step 25 选中置入的素材，执行"编辑>变换>水平翻转"命令，对图像进行水平翻转并放置在画面右侧，效果如下左图所示。

Step 26 选择工具箱中的直排文字工具，输入相应的文字，设置字体为方正黑体简体，大小为25点，颜色为C0、M82、Y94、K0，效果如下右图所示。

调整置入的素材

输入文字

Step 27 为文字添加"描边"图层样式，设置描边大小为10像素、颜色为白色，效果如下左图所示。

Step 28 执行"文件>置入嵌入的智能对象"命令，将"鸟儿jpg"素材图像置入到当前画布中，放在"春"字的旁边，如下右图所示。

添加"描边"图层样式

置入素材图像

Step 29 至此，本实例制作完成，最终效果如下图所示。

查看最终效果

Chapter 08

图层和图层样式

图层功能是Photoshop对图像处理中的一次伟大变革，在Photoshop中，图层几乎承载着所有的图像编辑操作。本章主要介绍图层的相关操作、图层样式的应用等知识。通过本章内容的学习，可以使用户熟练掌握图层和图层样式的应用，以大大提高设计作品的能力。

核心知识点

❶ 了解图层的概述
❷ 熟悉图层的创建和编辑

❸ 掌握图层样式的应用
❹ 掌握图层样式的编辑

斜面和浮雕图层样式的应用

描边图层样式的应用

内发光图层样式的应用

图层样式的综合应用

8.1 图层概述

图层是Photoshop的核心功能之一，它颠覆了传统的一层式制作模式，将各种设计元素或图像信息置于一层层的图层上，从而使用户可以随心所欲地对图像进行编辑和修饰。可以说，如果没有图层功能，设计人员通过Photoshop处理出优秀的作品将变得异常困难。

8.1.1 图层的原理

在Photoshop中，一个完整的图像通常都是由若干个图层通过叠加的形式组合在一起，图层作为图像的载体，主要用来装载各种各样的图像。如果没有图层，就没有图像存在。"图层"面板中的图层就如同堆叠在一起的透明纸，如下左图所示。图层的堆砌构成完整的图像，如下右图所示。

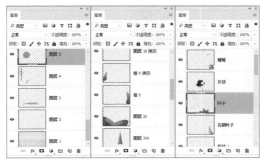

图层叠加　　　　　　　　　　　　　　　　　完整的图像

用户可以透过某个图层的透明区域看到下面的图层，但是无论在上一层上如何涂画都不会影响到下面的透明纸，上面一层会遮挡住下面的图像。最后将透明纸叠加起来，通过移动各层透明纸的相对位置或者添加更多的透明纸，即可改变最后的合成效果。

例如，"叶子"图层处于下方，被"女孩"图层遮盖了部分区域，如下左图所示。将"女孩"图层移动至"叶子"图层下方，则图像效果会发生变化，如下右图所示。设计作品可以是一个整体，也可以是部分图像，且由于图像的每个部分分别置于不同的图层上，可以进行选择和调整，从而在细节上调整图像的最终效果。

原图层顺序　　　　　　　　　　　　　　　　调整后图层顺序

除"背景"图层外，其他图层都可以通过调节不透明度或者修改图层混合模式，让上下图层之间的图像产生特殊的混合效果。用户还可以在"图层"面板中单击眼睛图标 ◉ 来关闭或打开图层的可见性，眼睛图标右侧的图形为该层的缩略图，其中棋盘格代表了图像的透明区域。

8.1.2 "图层"面板

在Photoshop中任意打开一个图像文件,执行"窗口>图层"命令或者按下F7功能键,即可打开"图层"面板,如下左图所示。"图层"面板列出了图像中的所有图层/图层组,用户不仅可以处理图层/图层组、显示和隐藏图层/图层组,也可以在"图层"面板中执行其他命令和选项。单击"图层"面板右上角的快捷菜单按钮≣,在弹出的菜单列表中选择"画板选项"命令,如下中图所示。即可打开"图层面板选项"对话框,对"图层"面板的外观进行设置,如下右图所示。

"图层"面板　　　　　选择"画板选项"命令　　　　"图层面板选项"对话框

下面对"图层"面板中各参数的含义和应用进行介绍,具体如下。

● 选择图层类型:当图层的数量较多时,可以通过选择一种图层类型来过滤掉不需要显示的图层,能够过滤的类型包括名称、效果、模式、属性、颜色等。选择一种类型后,"图层"面板会自动隐藏其他不符合要求的图层。

● 打开或关闭图层过滤■:单击该按钮,可以启用或停止图层过滤功能。

● 设置图层混合模式:设置图层的混合模式,使之与下面的图像产生混合效果。

● 锁定:用来设置图像锁定的范围,包括"锁定透明像素"按钮■、"锁定图像像素"按钮✔、"锁定位置"按钮✛、"防止在画板内外自动嵌套"按钮✔和"锁定全部"按钮🔒。

● 不透明度:设置图层整体的不透明度。

● 填充:设置图层的内部图像的不透明度。

● 指示图层可见性●:单击眼睛图标显示或隐藏图层。

● 图层缩览图:用于显示图层缩览效果,在图层未锁定状态下,双击缩览图将弹出"图层样式"对话框。单击选择该图层,双击图层名称可以重命名。

● 链接图层∞:选择两个或两个以上的图层,单击该按钮,可以链接图层,链接的图层可同时进行各种变换操作。

● 添加图层样式fx:单击该按钮,在弹出的菜单列表中选择图层样式。

● 添加图层蒙版■:单击该按钮,可以为选定的图层添加图层蒙版。

● 创建新的填充或调整图层●:单击该按钮,在弹出的菜单列表中可以为图像创建填充或调整图层。

● 创建新组■:单击该按钮可以创建新的图层组。

● 创建新图层■:单击该按钮可以创建一个新的空白图层。

● 删除图层■:选择图层或图层组,单击该按钮可删除图层或图层组。

下面对"图层面板选项"对话框中各参数的含义和应用进行介绍,具体如下。

● 缩览图大小:在该选项区域可以设置"图层"面板中每个图层的缩览图尺寸,选择缩览图大小为

"无"后，查看"图层"面板，如下左图所示。选择缩览图大小为"最大"后，查看"图层"面板，如下右图所示。

设置缩览图大小"无"

设置缩览图大小"最大"

● 缩览图内容：在该选项区域中，若选择"图层边界"单选按钮，即只预览本层的图像，如下左图所示；若选择"整个文档"单选按钮，即预览整个画布范围内的图像，如下右图所示。

设置预览内容为"图层边界"　　　设置预览内容为"整个文档"

8.1.3　图层的类型

图层根据功能的不同，可以大致分为普通图层、填充和调整图层、形状图层等。不同的图层在图像编辑过程中都有其不同的作用与特点，掌握这些图层的应用是进行图像操作的基础。下面将分别讲解这些图层的特点和功能。

1. 普通图层

普通图层是常规操作中使用频率最高的图层，通常情况下所说的新建图层就是指新建普通图层。普通图层包括图像图层和文字图层，如下左图、下中图所示。对应的图像效果，如下右图所示。

图像图层

文字图层

图像效果

2. 填充和调整图层

填充和调整图层是在不改变整个图像像素的情况下对图像进行调整的图层，它依附于选择的某个图层上方，效果作用于其下面所有的图层，起到填充或调整图像的作用，是填充和调整命令的图层形式。单击图层面板下方的"创建新的填充或调整图层"按钮，通过弹出的列表来选择填充和调整的各项命令，创建填充或调整图层。

"纯色"、"渐变"和"图案"选项属于填充图层命令，选择"渐变"选项填充并查看"图层"面板，如下左图所示；其余的命令属于调整图层命令，选择"自然饱和度"选项调整并查看"图层"面板，如下中图所示。设置完成后查看效果，如下右图所示。

填充图层   调整图层   图像效果

填充和调整图层作为独立的图层，在影响下层图层效果的同时又避免了改变图像本身，这也是它与填充和调整命令本质的区别。通过双击填充和调整图层的缩览图，可以重新打开"属性"面板来进行参数的设置，这对于获得满意的图像效果是非常必要的。

需要注意的是，调整图层会增大图像的文件大小，因此如果要处理多个图层，可以将调整图层合并为像素内容图层来减小文件的大小。

3. 形状图层

形状图层是一种特殊的基于路径填充图层。它除了具有填充和调整图层的可编辑性外，既可以随意调整填充颜色、添加样式，还可以通过编辑矢量蒙版中的路径来创建需要的形状。

使用钢笔工具或自定形状工具等路径创建工具时，在属性栏中选择"形状"工具模式，即可创建一个形状图层。选择矩形工具，在属性栏中选择"形状"工具模式，在图像中绘制矩形框，并填充颜色为#000000，"图层"面板会显示形状图层，如下左图所示。绘制完成查看效果，如下右图所示。

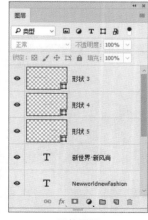

形状图层   图像效果

8.2 图层的创建和编辑

在Photoshop中，图层的创建方法有很多种，包括在"图层"面板中创建、在编辑图像的过程中创建、使用命令创建等。图层创建完成后，经常需要对图层进行编辑，如选择图层、复制图层、重命名图层等。下面将介绍图层的具体创建方法和编辑图层的相关操作。

8.2.1 创建图层

创建图层是指在"图层"面板中创建一个新的空白图层。创建图层之前，首先要新建或打开一个图像文档，然后通过"图层"面板或菜单命令创建新图层。创建图层的操作包括在"图层"面板中创建、运用"新建"命令创建、运用"通过拷贝的图层"命令创建等，下面分别进行介绍。

1. 在"图层"面板中创建图层

打开Photoshop图像文档，查看"图层"面板效果，如下左图所示。单击"图层"面板中的"创建新图层"按钮▢，即可在当前图层上方新建一个图层，新建的图层会自动成为当前图层，如下中图所示。如果要在当前图层的下面新建图层，可以按住Ctrl键单击"创建新图层"按钮，如下右图所示。"背景"图层下方不能创建图层。

原图层　　　　　　　　单击"创建新图层"按钮　　　　　　按住Ctrl键单击按钮

2. 运用"新建"命令创建图层

如果想要创建图层并设置图层的属性，如名称、颜色和模式等，可以执行"图层>新建>图层"命令，如下左图所示。按下Shift+Ctrl+N组合键或按住Alt键单击"创建新图层"按钮▢也可打开"新建图层"对话框，如下右图所示。

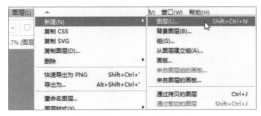

执行"图层>新建>图层"命令　　　　　　　　　　"新建图层"对话框

3. 运用"通过拷贝的图层"命令创建图层

如果该图层中有选区，执行"图层>新建>通过拷贝的图层"命令，或按下Ctrl+J组合键，可以将选中的图像复制到一个新的图层中，原图层内容保持不变，如下左图所示。

如果没有创建选区，执行"图层>新建>通过拷贝的图层"命令，或按下Ctrl+J组合键，可以新建一个图层，同时该图层中的所有图像复制到新图层中，如下右图所示。

图层选区复制　　　　　　　　　　　　　　　　　　　图层图像复制

4. 运用"通过剪切的图层"命令创建图层

在图像中创建选区以后，执行"图层>新建>通过剪切的图层"命令，如下左图所示。或按下Shift+Ctrl+J组合键，可将选区内的图像从原图层中剪切到一个新的图层中，如下右图所示。

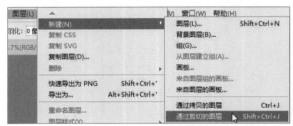

执行"通过剪切的图层"命令　　　　　　　　　　　　图层选区剪切

5. 创建背景图层

新建文档时，使用白色或背景色作为背景内容，图层面板最下面的图层便是"背景"图层。使用透明色作为背景内容时，是没有"背景"图层的。执行"文件>新建"命令或按下快Ctrl+N组合键，即可打开"新建文档"对话框，如下左图所示。单击"确定"按钮，会生成一个背景图层，如下右图所示。

执行"文件>新建"命令　　　　　　　　　　　　　　"背景"图层

在Photoshop中打开一张图片时，默认该图片就是"背景"图层。每个图像文档的"背景"图层只能有一个，并且"背景"图层永远在"图层"面板的最底层，默认被锁定，不能进行编辑。如果需要编辑"背景"图层，可以执行"图层>新建>背景图层"命令或者双击"背景"图层，会弹出"新建图层"对话框，在该对话框中设置好参数后，单击"确定"按钮，此时"背景"图层会被转换为一般图层，然后就能够像一般图层一样被编辑了。

8.2.2 编辑图层

在Photoshop中，熟练掌握图层的编辑操作可帮助用户更好地使用软件的各个功能。图层的编辑操作包括图层的选择、复制、重命名以及将普通图层转换为背景图层等，下面对编辑图层的相关操作进行介绍。

1. 选择图层

在对图像进行编辑和修饰前，要选择相应图层作为当前工作图层，此时只需将鼠标指针移动到"图层"面板上，当其变为 🖑 形状时单击需要选择的图层即可。选择图层有5种不同的操作方式，包括选择一个图层、选择多个图层、选择所有图层、取消选择图层和取消选择一个图层，下面对这些操作分别进行详细介绍。

(1) 选择一个图层：单击图层面板中的一个图层即可选择该图层，它会成为当前图层，如下左图所示。

(2) 选择多个图层：如果要选择多个相邻的图层，可以单击第一个图层，然后按住Shift键单击最后一个图层，如下中图所示；如果要选择多个不相邻的图层，可以按住Ctrl键单击这些图层，如下右图所示。

 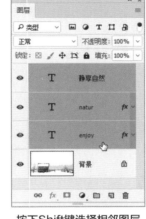 

单击图层   按下Shift键选择相邻图层   按下Ctrl键选择不相邻图层

(3) 选择所有图层：执行"选择>所有图层"命令，可以选择"图层"面板中所有的图层，如下左图所示。

(4) 取消选择图层：如果不想选择任何图层，可在"图层"面板下方的空白处单击，也可以执行"选择>取消选择图层"命令来取消选择，如下中图所示。

(5) 取消选择一个图层：在同时选中多个图层的情况下，按住Ctrl键并单击某个图层，即可取消对该图层的选择，如下右图所示。

 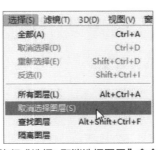 

执行"选择>所有图层"命令   执行"选择>取消选择图层"命令   取消选择某个图层

2. 复制图层

复制图层可以避免因为操作失误造成的图像效果损失。在"图层"面板中单击选择需要复制的图层，将其拖动到"创建新图层"按钮 🖫 上，即可复制图层。此时复制得到的图层以"当前图层的名称+拷贝"的形式进行命名。复制图层后，该图层上的图像内容同时也被复制。

（1）在"图层"面板中复制图层：在"图层"面板中，将需要复制的图层拖动到创建新图层按钮 🖫 上，即可复制该图层，如下左图所示。直接按下Ctrl+J组合键，可复制当前图层。

（2）通过命令复制图层：选择一个图层，执行"图层>复制图层"命令，打开"复制图层"对话框，如下右图所示。输入图层名称并设置相关参数，单击"确定"按钮可以复制该图层。

拖至按钮复制图层　　　　　　**"复制图层"对话框**

下面对"复制图层"对话框中各参数的含义和应用进行介绍，具体如下。

● 为：可输入图层的名称。

● 文档：在下拉列表中选择其他打开的文档，可以将图层复制到该文档中。如果选择"新建"选项，则可以设置文档的名称，将图层内容创建为一个新文件。

3. 重命名图层

重命名图层的操作比较简单，在需要重命名的图层名称上双击，图层名称呈灰底显示时在其中输入新的图层名称，如下左图所示。按下Enter键，即可确认重命名操作，如下右图所示。

双击图层名称　　　　　　**重命名图层**

4. 将普通图层转换为背景图层

打开图像文档，对应的"图层"面板如下左图所示。执行"图层>新建>图层背景"命令，Photoshop将自动锁定图层，将普通图层转换为背景图层，如下右图所示。

图层和图层样式

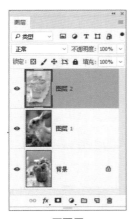

| 普通图层状态 | 转化为背景图层 |

5. 调整图层顺序

在通常情况下，位于上面的图层其效果也位于上面。在Photoshop中，一个图像文档无论是拥有众多的图层还是几个简单的图层，都应该整理好图层的顺序。这能让用户清楚自己的操作过程，提高工作效率。

调整图层的顺序包括前移一层、后移一层、置为顶层和置为底层。打开图像文档，对应的"图层"面板如下左图所示。选择需要调整的图层并向上或向下拖动，当突出显示的线条出现在要放置图层或组的位置时，如下中图所示。释放鼠标即可，效果如下右图所示。用户也可按下Ctrl+[或Ctrl+]组合键，将图层向上前移一层或向下后移一层。

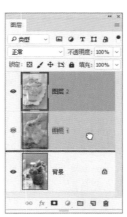

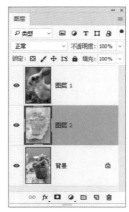

| 原图层 | 拖动图层 | 调整图层顺序 |

将图层置为顶层或底层时，按下Shift+Ctrl+]或者Shift+Ctrl+[组合键是最为快捷的方式。需要注意的是，处于锁定状态的背景图层不能移动，除非将其转换为普通图层。

> **操作提示：快速切换当前图层**
>
> 选择一个图层以后，按下Alt+]组合键，可以将当前图层切换为与之相邻的上一个图层；按下Alt+[组合键，则可将当前图层切换为与之相邻的下一个图层。

6. 图层的颜色更改

在对具有众多图层的图像文件进行操作时，建议利用图层颜色更改功能来归纳同类型的图层，以区分不同类型的图层，从而有效地提高工作效率，合理地优化图层。打开图像文档，如下左图所示。右击图层缩览图前面的"指示图层可见性"图标 ●，在弹出的快捷菜单中提供了多种图层的显示颜色，如下中图所示。设置完成后查看"图层"面板的变化，如下右图所示。

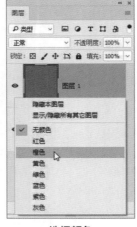

| 原图层 | 选择颜色 | 查看图层面板变化 |

7. 链接图层和取消链接图层

如果需要对同一文档中多个图层执行相同的变换操作，或同时进行移动、旋转、缩放等操作，可以先将多个图层链接起来，再一同变换。选择需要链接的图层，然后在"图层"面板下方单击"链接图层"按钮 ∞，如下左图所示。即可链接图层，如下中图所示。重复该操作可取消图层的链接。或者执行"图层>链接图层"命令，也可链接图层；执行"图层>取消图层链接"命令，可取消图层链接。

若要临时停用链接的图层，可在按住Shift键的同时单击链接图层的链接图标，此时链接图标上将出现一个红叉，如下右图所示。按住Shift键并单击链接图标，可再次启用链接。

| 单击"链接图层"按钮 | 链接图层 | 停用链接的图层 |

8. 显示与隐藏图层

显示和隐藏图层的操作比较简单，在"图层"面板中单击"指示图层可见性"图标 ●，当其变为 □ 时，则隐藏该图层中的图像。需要再次显示图像时再次单击该图标，当其变为 ● 状态时即可显示图层。

如果一次性隐藏多个相邻的图层，可以将鼠标指针放在一个图层的"指示图层可见性"图标 ● 上，单击并在"指示图层可见性"图标列拖动鼠标指针，即可隐藏多个图层。

如果想一次性隐藏多个图层，可以选择需要隐藏的图层，然后执行"图层>隐藏图层"命令。

如果想一次性隐藏或显示除某一个图层外的其他所有图层，可以按住Alt键，同时单击"指示图层可见性"图标 ●。

9. 图层的锁定

当确定不需要修改某一图层时，可以对图层进行锁定。Photoshop为用户提供了锁定透明像素、锁定图像像素、锁定位置和锁定全部4种锁定方式。选择需要锁定的图层，在"图层"面板中单击相应的锁定按钮即可，下面分别对这些锁定工具进行介绍。

(1) 锁定透明像素▣：单击该按钮即锁定图像中的透明区域，此时不能对图层中的透明区域进行编辑或处理。最明显的表现为如果锁定图像透明区域，则使用渐变工具无法在图像中绘制渐变图像效果。

(2) 锁定图像像素✔：单击该按钮即锁定图像像素，此时只能移动图像中的像素，但不能对该图层进行编辑处理。最明显的表现为如果锁定图像像素，则使用画笔工具无法绘制图像。

(3) 锁定位置✦：单击该按钮即锁定图像位置，此时无法使用移动工具对图像进行移动。

(4) 锁定全部🔒：单击该按钮即可锁定全部图像，此时无法对图像进行任何操作。

当图层只有部分属性被锁定时，图层名称右侧会出现一个空心的锁状图标🔓，如下左图所示；当所有的属性都被锁定时，锁状图标🔒是实心的，如下右图所示。

锁定透明像素　　　　　　　　　锁定全部

10. 图层的删除

在Photoshop中，对于不需要的图层可以将其删除。删除图层有三种方法，一是选择需要删除的图层，将其拖动到"删除图层"按钮🗑上，如下左图所示。释放左键即可删除该图层，这是最常用的方法。二是执行"图层>删除>图层"命令，在询问对话框中单击"确定"按钮，即可删除该图层，如下中图所示。

还有一种方法是在需要删除的图层上右击，在弹出的快捷菜单中选择"删除图层"命令，如下右图所示。将弹出相同的删除图层提示对话框，单击"确定"按钮即可删除图层。

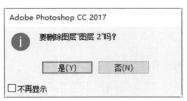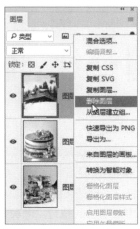

拖至按钮删除图层　　　　　　"删除图层"对话框　　　　　　选择"删除图层"命令

11. 图层的栅格化处理

如果要使用绘画工具和滤镜编辑文字图层、形状图层、矢量蒙版图层或智能对象图层等包含矢量数据的图层，需要先将其栅格化，然后才能够进行相应的编辑。栅格化图层有两种方法，一是选中需要栅格化的图层，单击鼠标右键，在弹出的快捷菜单中选择"栅格化图层"命令，如下左图所示。二是选择需要栅格化的图层，执行"图层>栅格化"子菜单中的命令，即可栅格化图层中的内容，如下右图所示。

选择"栅格化图层"命令

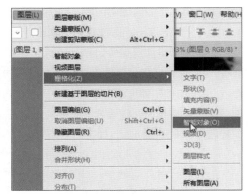

选择"栅格化"子菜单中的命令

下面对"栅格化"子菜单中的命令进行介绍，具体如下。

● 文字：打开图像文档，如下1图所示。栅格化文字图层并查看"图层"面板，如下2图所示。栅格化以后，文字内容不能再修改。

● 形状/填充内容/矢量蒙版：执行"形状"命令，栅格化形状图层，查看"图层"面板，如下3图所示；执行"填充内容"命令，可以栅格化形状图层的填充内容，并基于形状创建矢量蒙版；执行"矢量蒙版"命令，可以栅格化矢量蒙版，将其转换为图层蒙版。

● 智能对象：栅格化智能对象，使其转换为像素，查看"图层"面板，如下4图所示。

原图层

栅格化文字

栅格化形状

栅格化智能对象

● 视频：栅格化视频图层，选定的图层将拼合到"时间轴"面板中选定的当前帧的复合中。

● 3D：栅格化3D图层。

● 图层样式：栅格化图层样式，将其应用到图层内容中。

● 图层/所有图层：执行"图层"命令，可以栅格化当前选择的图层；执行"所有图层"命令，可以格化包含矢量数据、智能对象和生成的数据的所有图层。

8.3 合并和盖印图层

当一个图像文档中有太多图层的时候，计算机内存常常不够用，容易造成程序运行缓慢，甚至死机的情况。为了避免这些问题，用户可以在制图过程中将一部分不需要位于独立图层上的内容通过合并或者盖印命令，合成一个独立的图层，从而有效降低内存的消耗。下面对合并和盖印图层的概念和方法进行介绍。

8.3.1 合并图层

合并图层就是将两个或两个以上图层中的图像合并到一个图层上。在处理复杂图像时会产生大量图层，此时可根据需要对图层进行合并，减少图层的数量以便操作。执行"图层>合并图层"命令，合并后的图层使用上层图层的名称。

注意，当需要合并不连续的图层时，合并的图层位于不连续图层中最上层图层的位置，从而会改变图像的最终效果，因此在合并之前要将合并的图层调整为连续的图层。

1. 向下合并图层

打开图像文档，如下1图所示。如果需要将一个图层与其下面的图层合并，可以鼠标右键单击此层，在下拉列表中选择"向下合并"命令，如下2图所示。或者按下Ctrl+E组合键，即可实现向下合并图层，如下3图所示。

值得注意的是，当选定两个或两个以上的图层时，图层菜单和图层面板扩展菜单中的"向下合并"命令将转换为"合并图层"命令，执行该命令可合并选定的多个图层。

2. 合并可见图层

如果需要合并所有可见图层，可以鼠标右键单击任意一层，在下拉列表中选择"合并可见图层"命令，或者按下Shift+Ctrl+E组合键，即可合并可见图层，如下4图所示。需要注意的是，必须至少选定一个可见图层才能启用"合并可见图层"命令。

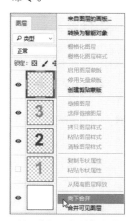

| 原图层 | 选择"向下合并"命令 | 向下合并图层 | 合并可见图层 |

8.3.2 拼合图层

拼合图像可以缩小文件大小，将所有可见图层合并到背景中并扔掉隐藏的图层，并使用白色填充其余的任何透明区域。存储拼合的图像后，将不能恢复到未拼合前的状态，因此如果要在转换后编辑原始图像，建议存储一份所有图层都保持不变的文件副本。需要注意的是，如果文档中有隐藏的图层，执行"图层>拼合图像"后，则会弹出询问是否删除隐藏图层的对话框，单击"确定"按钮，即可进行拼合图层操作。

8.3.3 盖印图层

Photoshop中提供了一种叫"盖印图层"的功能，盖印图层可以在保留原图层的情况下，将选定的图层合并为一个新图层。盖印图层是一个泛指的概念，它包括盖印选择图层和盖印可见图层两种情况。

1. 向下盖印一个图层

选择一个图层，如下1图所示。按下Ctrl+Alt+E组合键，可以将图层中的图像盖印到下面的图层中，原图层内容保持不变，如下2图所示。

2. 盖印选择的多个图层

选择多个图层，如下3图所示。按下Ctrl+Alt+E组合键，可以将它们盖印到一个新的图层中，原图层内容保持不变，如下4图所示。若要将指定的某个图层盖印到位于下面的图层，其操作方法是选择某个图层，然后按下Ctrl+Alt+E组合键，即可将该图层盖印到它下面的图层中。

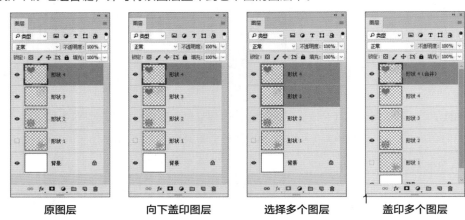

| 原图层 | 向下盖印图层 | 选择多个图层 | 盖印多个图层 |

3. 盖印所有可见图层

选中所有图层，如下1图所示。按下Shift+Ctrl+Alt+E组合键，可以将所有可见图层中的图像盖印到一个新的图层中，原图层内容保持不变，如下2图所示。或者按住Alt键的同时选择"图层"面板扩展菜单中的"合并可见图层"命令。

4. 盖印图层组

选择图层组，如下3图所示。按下Ctrl+Alt+E组合键，可以将组中的所有图层内容盖印到一个新的图层中，原图层组保持不变，如下4图所示。

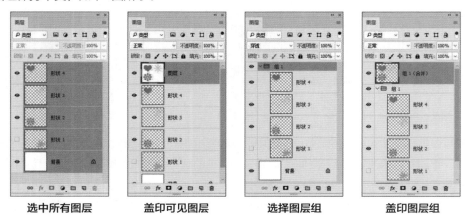

| 选中所有图层 | 盖印可见图层 | 选择图层组 | 盖印图层组 |

8.4 图层组

在Photoshop中利用图层组管理图层是非常有效的管理多层文件的方法。将图层划分为不同的组后，可以通过设置图层或组的颜色进行区分，也可以通过合并或盖印图层来减少图层的数量。在本节中，将对管理图层的相关知识和操作方法进行介绍。

8.4.1 创建图层组

要使用图层组来管理图层，首先要掌握如何创建图层组。单击"图层"面板中的"创建新组"按钮，如下左图所示。可以创建一个空的图层组，此后单击"创建新图层"按钮所创建的图层将位于该组中，如下中图所示。

如果想在创建图层组时设置组的名称、颜色、混合模式、不透明度等属性，可以执行"图层>新建>组"命令，在打开的"新建组"对话框中进行设置，如下右图所示。

单击创建新组按钮

创建图层位于组中

"新建组"对话框

1. 从所选图层创建图层组

如果要将多个图层创建在一个图层组内，可以选择这些图层，按下Ctrl+G组合键或单击鼠标右键，在弹出的菜单中选择"从图层建立组"命令，如下左图所示，弹出"从图层新建组"对话框，如下中图所示。单击"确定"按钮，即可创建图层组。编组之后，可以单击组前面的三角图标关闭或者重新展开图层组，如下右图所示。

右击选择"从图层建立组"

"从图层新建组"对话框

单击三角图标展开图层组

操作提示：图层的快捷菜单

在"图层"面板中的某个图层名称上右击，在弹出的快捷菜单中包含了创建各种类型的蒙版、编辑图层样式、栅格化图层等图层高级应用命令。

---

2. 创建嵌套结构的图层组

创建图层组，如下左图所示。在图层组内还可以继续创建新的图层组，这种多级结构的图层组称为嵌套图层组，如下右图所示。

创建图层组　　　　　　　　　　　　组内新建图层组

3. 将图层移入或移出图层组

选择需要移入的图层，如下1图所示。将其拖动到图层组图标上，当出现黑色双线时释放左键，如下2图所示，即可将图层移入图层组中。

在图层组中选择需要移出图层组的图层，如下3图所示。将其拖动到图层组外的任意图层上，当出现黑色双线时，如下4图所示，释放左键即可将图层移出图层组。

选择需要移入的图层　　　拖动图层　　　选择需要移出的图层　　　拖动图层

8.4.2　取消图层组

先选中需要取消编组的组，如下左图所示。然后单击鼠标右键，在弹出的菜单中选择"取消图层编组"命令，如下中图所示。或按下Shift+Ctrl+G组合键，也可取消图层组，这时"图层"面板如下右图所示。如果要删除图层组及组中的图层，可以将图层组拖动到"图层"面板中的"删除图层"按钮上。

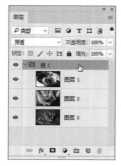  

选中要取消的组　　　选择"取消图层编组"命令　　　"图层"面板

8.5　图层样式

图层样式也叫图层效果，使用"图层样式"可以快速地更改图层内容的外观，制作出各种各样的效果。Photoshop提供了各种图层样式，包括阴影、外发光、光泽、渐变叠加和描边等。当移动或编辑图层的内容时，图层样式也会产生相应变化来匹配内容的变化。图层样式的添加和修改都非常方便，具有很强的灵活性，下面将详细介绍图层样式的相关内容。

8.5.1　添加图层样式

为图层添加图层样式有3种方法，方法一是选中需要添加图层样式的图层，执行"图层>图层样式"命令，在下拉列表中选择一个效果选项，如下左图所示。之后会弹出"图层样式"对话框，单击"确定"按钮，即可为图层添加图层样式。

方法二是选中需要添加图层样式的图层，单击"图层"面板中"图层样式"按钮 fx.，在菜单栏中选择一个样式，之后会弹出"图层样式"对话框，单击"确定"按钮，即可为图层添加图层样式。

方法三是双击需要添加图层样式的图层，弹出"图层样式"对话框，如下右图所示。用户可以在左侧勾选需要添加的图层样式的复选框。设置完成单击"确定"按钮。

执行"图层>图层样式"命令

"图层样式"对话框

下面对"图层样式"对话框中各参数的含义和应用进行介绍，具体如下。

● 样式：在该列表框中显示了"图层样式"对话框中能设置的所有样式的名称，选择任意选项即可切换到相应的选项面板中。

● 相应选项面板：在该区域中显示出当前选择的选项对应的参数设置面板。

● 新建样式：单击该按钮，即可弹出"新建样式"对话框，在此对话框中可以将当前设置的参数新建为样式，在以后的操作中当需要使用相同的图层样式时，可直接应用该样式到需要的图层对象中。

● 预览：通过勾选该复选框，可在当前页面或预览区域预览应用当前设置后的图像效果。

默认情况下，打开"图层样式"对话框后，都将切换到"混合选项"面板中，主要可对一些相对常见的选项，例如"混合模式"、"不透明度"、"混合颜色带"等参数进行设置。

● 混合模式：单击右侧的下拉按钮，在打开的下拉列表中选择任意一个选项，即可使当前图层按照选择的混合模式与图像下层图层叠加在一起。

● 不透明度：通过拖动滑块或直接在数值框中输入数值，设置当前图层的不透明度。

● 填充不透明度：通过拖动滑块或直接在数值框中输入数值，设置当前图层的填充不透明度。填充不透明度将影响图层中绘制的像素或图层中绘制的形状，但不影响已经应用于图层的任何图层效果的不透明度。

- 通道：通过勾选不同通道的复选框，可选择当前显示出不同的通道效果，如下图所示。

| 原图 | 取消显示红通道 | 取消显示绿通道 | 取消显示蓝通道 |

- 挖空："挖空"选项组可以指定图层中哪些图层是"穿透"的，从而使其他图层中的内容显示出来。
- 混合颜色带：单击"混合颜色带"右侧的下拉按钮，在打开的下拉列表中选择不同的颜色选项，然后通过拖动下方的滑块，可调整当前图层对象的相应颜色。

8.5.2 "斜面和浮雕"图层样式

"斜面和浮雕"图层样式用于增加图像边缘的明暗度，并增加投影来使图像产生不同的立体感。打开"图层样式"对话框后，选择"斜面和浮雕"选项，即可切换到该选项面板中对其参数进行设置，如下左图所示。"斜面和浮雕"可以说是Photoshop图层样式中最复杂的，它可以制作立体浮雕的图层样式，"样式"包括外斜面、内斜面、浮雕效果、枕状浮雕和描边浮雕，如下右图所示。

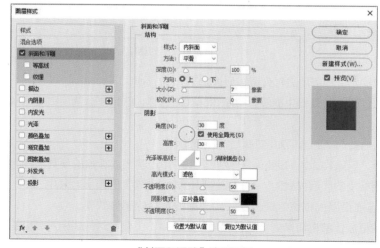

"斜面和浮雕"选项面板

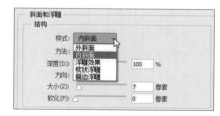

"样式"下拉列表

下面对"斜面和浮雕"选项面板中各参数的含义和应用进行介绍，具体如下。

- 结构：在此可设置组成"斜面和浮雕"效果的参数，共有6个选项。
- 样式：决定了斜面创建的位置，也就是图层内容轮廓的里、外或与轮廓交叠部分的位置。

- "外斜面"样式是从图像的边缘外创建高光和阴影来影响斜面效果，使图像产生凸起的浮雕立体效果。打开图像文档，如下左图所示。选择"样式"为"外斜面"，效果如下中图所示。
- "内斜面"样式是从图像的边缘内创建高光和阴影来影响斜面效果，如下右图所示。

图像文档

"外斜面"样式

"内斜面"样式

- "浮雕效果"样式是以图像边缘为中心向两侧创建高光和阴影来影响斜面效果，使图像产生浮雕效果，如下左图所示。
- "枕状浮雕"样式是以图像的边缘为中心向两侧创建角度相反的高光和阴影来影响斜面效果，使图像产生镶嵌的效果，如下中图所示。
- "描边浮雕"样式是在"描边"图层样式上添加浮雕效果，需要先勾选"描边"复选框，设置描边粗细，然后在"样式"中选择"描边浮雕"选项，效果如下右图所示。

"浮雕效果"样式

"枕状浮雕"样式

"描边浮雕"样式

- 方法：用来控制斜面的平滑程度。选择"平滑"选项，可以创建最平滑的斜面；选择"雕刻清晰"选项，可以消除锯齿形状的硬边杂边，它保留细节特征的能力优于"平滑"技术；选择"雕刻柔和"选项，则可以创建出最圆润的斜面。
- 深度：用于控制斜面高光和阴影之间的对比度。深度值设置得越高，对比度就越强，斜面看上去也就越陡。
- 方向：选中"上"单选按钮，斜面对象从表面凸起；选中"下"单选按钮，斜面对象陷入表面里。
- 大小：用于设置斜面与浮雕中阴影面积的大小。
- 软化：用于设置斜面与浮雕的柔和程度，值越高，效果越柔和。
- 阴影：用于调整"斜面和浮雕"样式在图像对象上应用时所产生的阴影效果。

- 角度：控制造成高光和阴影的光照方向。
- 高度：控制光源与图层对象表面距离。
- 使用全局光：该复选框一般都应当勾选，表示所有的样式都受同一光源的照射。但如果需要制作多个光源照射的效果，可以取消勾选该复选框。
- 光泽等高线：用于控制应用该图层样式对象表面的发光程度。
- 消除锯齿：勾选该复选框，可以消除由于设置了光泽等高线而产生的锯齿。
- 高光/阴影模式与不透明度：指定斜面或浮雕高光或阴影的混合模式和不透明度。

在"斜面和浮雕"样式列表的下方，还有两个复选框，它们分别是"等高线"和"纹理"，勾选"等高线"复选框，可打开"等高线"选项面板，如下左图所示。勾选"纹理"复选框，可打开"纹理"选项面板，如下右图所示。

"等高线"选项面板

"纹理"选项面板

下面对"等高线"选项面板中各参数的含义和应用进行介绍，具体如下。
- 等高线：设置"斜面和浮雕"样式的等高线样式。
- 范围：设置应用"斜面和浮雕"样式的范围，值越大其效果范围越大，值越小其效果范围越小。

下面对"纹理"选项面板中各参数的含义和应用进行介绍，具体如下。
- 图案：用于设置填充到图层对象上的图案纹理效果。首先在下拉列表框中选择纹理选项，如下左图所示。然后设置纹理应用方式，设置好的图像效果如下右图所示。

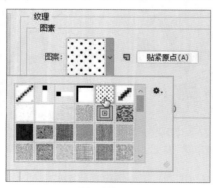

选择纹理图案

查看效果

- 贴紧原点：单击此按钮，可将应用的图案贴紧原点位置。
- 缩放：通过拖曳滑块，可调整图案纹理大小。值越大，图案纹理越大；值越小，图案纹理越小。
- 深度：设置填充图案的深浅度，值越大颜色越深，值越小颜色越浅。
- 反相：用于设置填充图案的颜色反相。
- 与图层链接：勾选此复选框，可将填充图案的原点对齐到图像的左上角位置。

"斜面和浮雕"图层样式中的"等高线"和"纹理"选项通常都不是单独使用的，需要相互结合，才能得到最具有立体质感的图像。

8.5.3 "投影"图层样式

"投影"图层样式主要用于在图层内容的后面添加阴影，从而产生立体化的效果。打开图像文件，如下左图所示。双击需要添加投影的图层，打开"图层样式"对话框后，勾选"投影"复选框，切换到该选项面板中进行参数设置，如下右图所示。

原图像文件

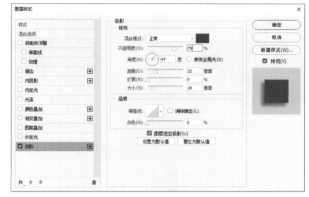

"投影"选项面板

下面对"投影"选项面板中各参数的含义和应用进行介绍，具体如下。

● 混合模式：用于设置图层样式与下层图层的混合方式。单击"混合模式"右侧的颜色框，可以对阴影的颜色进行设置。设置阴影颜色为#60563e的效果，如下左图所示。

● 不透明度：通过拖曳滑块调整阴影的不透明度，此选项的默认值是75%，值越大阴影颜色越深，值越小阴影越浅。设置不透明度为81%的效果，如下中图所示。

● 角度：设置阴影的方向，在圆圈中指针指向光源的方向，相反的方向就是阴影显示的位置。设置角度为159度的效果，如下右图所示。

设置阴影颜色为#60563e

设置不透明度为81%

设置角度为159度

● 使用全局光：勾选此复选框，可以为效果打开全局加亮，该效果中可以将同一角度应用于选中了全角选项的所有效果，从而在图像上呈现一致的光源照明。

● 距离：设置阴影和图层内容之间的偏移量，值越大光源的角度越低，值越小光源的角度越高。

● 扩展：设置阴影的大小，值越大阴影的边缘越模糊。

● 大小：设置的值可以反映出光源离图层内容的距离。值越大阴影越大，值越小阴影越小。

● 等高线：用于对阴影部分进行进一步的设置，单击下拉按钮，在弹出的下拉面板中可以选择阴影上的暗圆环和亮圆环的位置。设置不同的等高线，产生的效果也不同。设置等高线为"锥形"的效果，如下左图所示。设置等高线为"环形"的效果，如下中图所示。设置等高线为"滚动斜坡–递减"的效果，如下右图所示。

等高线锥形

等高线环形

等高线滚动斜坡–递减

- 消除锯齿：勾选此复选框，可消除阴影上的锯齿。
- 杂色：该选项用于设置杂色对阴影部分添加随机的透明点。
- 图层挖空投影：勾选此复选框后，当图层"不透明度"小于100%时，阴影部分仍然是不可见的，也就是说透明效果对阴影失效。
- 设置为默认值：将常用的参数设置为默认设置，使下次打开即为该参数。
- 复位为默认值：重置设定的参数。

实战 使用"斜面和浮雕"和"投影"图层样式设置字体效果

学习完Photoshop"斜面和浮雕"以及"投影"图层样式的应用后，下面以制作字体效果的案例巩固所学的知识，具体操作方法如下。

Step 01 打开Photoshop CC软件，按下Ctrl+O组合键打开"星空.jpg"图片，如下左图所示。

Step 02 执行"文件>置入嵌入的智能对象"命令，分别选择"圣诞节字体.png"、"英文字体.png"和"圣诞帽.png"作为智能对象打开，调整图像大小和位置，如下右图所示。

素材图片

置入素材

Step 03 双击"圣诞节字体"图层，在打开的"图层样式"对话框中勾选"斜面与浮雕"复选框，在打开的"斜面与浮雕"面板中进行相应的设置，"高光模式"颜色设置为#ffffff，"阴影模式"颜色设置为#22309b，如下左图所示。

Step 04 勾选"投影"复选框，在打开的"投影"面板中进行相应的设置，阴影颜色设置为#000000，如下右图所示。

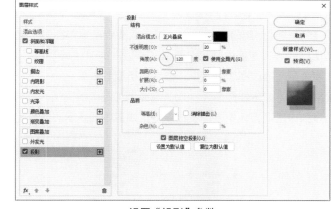

设置"斜面与浮雕"参数　　　　　　　　　设置"投影"参数

Step 05 设置完成后，查看设置文字的效果，如下左图所示。

Step 06 双击"英文字体"图层，在打开的"图层样式"对话框中设置"斜面与浮雕"和"投影"图层样式，参数设置同"圣诞节字体"图层一致，设置完成后查看效果，如下右图所示。

查看设置的中文字体效果　　　　　　　　　查看设置的英文字体效果

Step 07 双击"圣诞帽"图层，在打开的"图层样式"对话框中设置"投影"图层样式，阴影颜色设置为#221714，如下左图所示。

Step 08 设置完成添加月亮素材，查看最终效果，如下右图所示。

设置"投影"参数　　　　　　　　　　　　查看最终效果

8.5.4 "描边"图层样式

"描边"图层样式作用是使用颜色、渐变或图案在当前图层上描画对象的轮廓，它对于硬边形状特别有用，在此图层样式选项面板中共包含两个选项组，即"结构"和"填充类型"。用户可以通过设置"描边"面板中的选项来调整描边图像的大小、位置和类型等效果。

打开素材图片，如下左图所示。双击需要添加描边的图层，打开"图层样式"对话框后，勾选"描边"复选框，切换到该选项面板中进行参数设置，如下中图所示。设置完成后查看效果，如下右图所示。

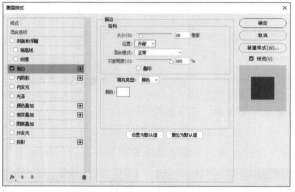

原图像文件 　　　　　　　　　"描边"选项面板 　　　　　　　　　查看效果

下面对"描边"选项面板中各参数的含义和应用进行介绍，具体如下。

● 大小：用于设置描边的宽度，以像素为单位。

● 位置：用于设置描边位于图层对象的位置，共包含3个选项，分别是外部、内部和居中。

● 混合模式：设置描边效果与下层图层的图层混合模式效果。

● 不透明度：用于设置描边效果的不透明度。

● 填充类型：单击此下拉按钮，在打开的下拉列表中包含了3种填充类型效果，分别是颜色、渐变和图案。选择不同的选项，即会出现相应的参数设置选项。选择填充类型为"渐变"，则打开"渐变"设置面板，如下左图所示。选择填充类型为"图案"，则打开"图案"设置面板，如下右图所示。

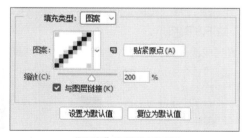

"渐变"设置面板 　　　　　　　　　"图案"参数设置面板

操作提示：修改图层样式

在"图层"面板中，双击一个图层样式，会弹出"图层样式"对话框。用户可以在该对话框中修改已有图层样式的效果，或添加新的图层样式。设置完成后单击"确定"按钮，即可将修改后的图层样式应用于该图层中。

8.5.5 "颜色叠加"图层样式

"颜色叠加"图层样式可以在图层上叠加指定的颜色，通过设置颜色的混合模式和不透明度，控制叠加效果。

打开图像文件，如下左图所示。双击需要添加颜色叠加的图层，打开"图层样式"对话框后，勾选"颜色叠加"复选框，切换到该选项面板中进行参数的设置，如下中图所示。将叠加颜色设置为#ff0000，将不透明度设置为22%，查看效果如下右图所示。

原图像文件

"颜色叠加"参数设置面板

查看效果

实战 使用"描边"和"颜色叠加"图层样式制作生日贺卡

学习完Photoshop"描边"和"颜色叠加"图层样式后，下面以制作生日贺卡的案例来巩固所学的知识，具体操作方法如下。

Step 01 打开Photoshop CC软件，按下Ctrl+O组合键打开"花纹背景.jpg"图片，如下左图所示。

Step 02 执行"文件>置入嵌入的智能对象"命令，选择"小动物.png"和"文字生日快乐.png"作为智能对象打开，调整图像大小和位置，如下右图所示。

素材图片

置入素材图片

Step 03 双击"文字生日快乐"图层，在打开的"图层样式"对话框中勾选"描边"复选框，在打开的"描边"面板中进行相应的设置，"描边"颜色设置为#fdcdd4，如下左图所示。

Step 04 勾选"颜色叠加"复选框，在打开的"颜色叠加"面板中进行相应的设置，叠加颜色设置为#423167，如下右图所示。

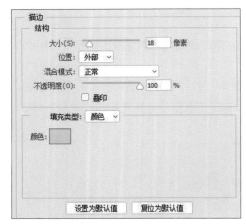

设置"描边"参数   设置"颜色叠加"参数

Step 05 设置完成查看效果，如下左图所示。

Step 06 为"文字生日快乐"图层添加"投影"图层样式，然后查看效果，如下右图所示。

查看效果   查看最终效果

8.5.6 "光泽"图层样式

"光泽"图层样式可在图像上填充明暗度不同的颜色并在颜色边缘部分产生柔化效果，常用于制作光滑的磨光或金属效果。打开图像文件，如下左图所示。双击需要添加光泽的图层，打开"图层样式"对话框后，勾选"光泽"复选框，切换到该选项面板并进行参数设置，如下中图所示。阴影颜色设置为#fff729，然后查看效果，如下右图所示。

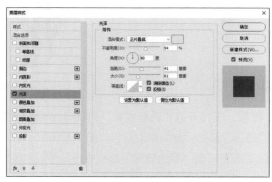

原图像文件   "光泽"选项面板   查看效果

8.5.7 "内发光"图层样式

"内发光"图层样式用于设置图层对象的内边缘发光效果。打开图像文件，如下左图所示。双击需要添加内发光的图层，打开"图层样式"对话框后，勾选"内发光"复选框，切换到该选项面板并进行参数设置，如下中图所示。内发光颜色设置为#ffe7de，然后查看效果，如下右图所示。

原图像文件

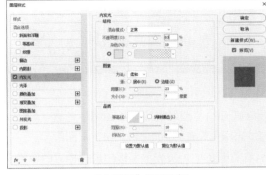
"内发光"选项面板

查看效果

下面对"内发光"选项面板中各参数的含义和应用进行介绍，具体如下。

● 不透明度：设置发光效果的不透明度，值越低，发光效果越弱。

● 颜色/渐变：可以通过单选按钮选择"颜色"或者"渐变色"。但即使选择"颜色"，光芒的效果也是渐变的，不过是渐变至透明而已。如果选择"渐变色"，则可以对渐变进行随意设置。

● 方法：下拉列表中有两个选项，分别是"柔和"和"精确"。"柔和"是指外发光经过了模糊处理，边缘变化比较模糊；"精确"是指发光边缘变化比较清晰，可用于反光较强的对象，或者棱角分明反光效果比较明显的对象。

● 源：用来控制发光光源的位置，包括"居中"和"边缘"两个单选按钮。"居中"是指从图层的图案中发光；"边缘"是指从图层的图案边缘内发光。

● 阻塞：数值越大，边缘越清晰。

● 大小：可调整内发光的光晕范围大小。

● 范围：用来设置等高线对光芒的作用范围，数值越小，等高线的范围越小。

● 抖动：可以使渐变中的多种颜色以颗粒状态混合。在"抖动"数值框中输入数值，值越大，混合的范围越大。

8.5.8 "外发光"图层样式

"外发光"图层样式用于设置图层对象的外边缘发光效果。外发光参数选项与内发光基本一致，只是将"阻塞"变成了"扩展"，"扩展"参数用于设置发光范围的大小。打开"图层样式"对话框后，切换到"外发光"选项面板中，即可对其进行设置。

实战 使用"内发光"和"外发光"图层样式制作发光字

学习完Photoshop"内发光"和"外发光"图层样式后，下面以制作发光字的案例来巩固所学的知识，具体操作方法如下。

Step 01 打开Photoshop CC软件，按下Ctrl+O组合键打开"背景墙.jpg"图片，如下左图所示。

Step 02 选择横排文字工具，在图像中单击并输入GLOW文字，如下右图所示。

素材图

输入文字GLOW

Step 03 双击GLOW文字图层，在打开的"图层样式"对话框中勾选"内发光"复选框，在打开的"内发光"面板中进行相应的设置，内发光颜色设置为#cc00ff，如下左图所示。

Step 04 勾选"外发光"复选框，在打开的"外发光"面板中进行相应的设置，外发光颜色设置为#cc00ff，如下右图所示。

设置"内发光"参数

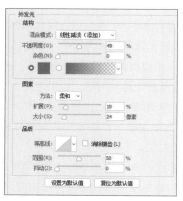

设置"外发光"参数

Step 05 设置完成查看效果，如下左图所示。

Step 06 为GLOW文字图层添加"投影"样式，使用圆角矩形工具绘制圆角矩形，如下右图所示。

查看效果

添加"投影"效果

Step 07 双击"矩形1"图层，在打开的"图层样式"对话框中勾选"内发光"复选框，在打开的"内发光"面板中进行相应的设置，发光颜色设置为#77ff42，如下左图所示。

Step 08 勾选"外发光"复选框，在打开的"外发光"面板中进行相应的设置，外发光颜色设置为#77ff42，如下右图所示。

设置"内发光"参数

设置"外发光"参数

Step 09 设置完成查看圆角矩形的效果，如下左图所示。

Step 10 添加一些装饰素材并查看最终效果，如下右图所示。

查看效果

添加素材并查看最终效果

8.5.9　"图案叠加"图层样式

　　"图案叠加"图层样式是在当前图层上方虚拟地添加一个图案图层，然后通过设置其混合模式、不透明度和图案等参数和选项来使添加的图案效果更自然。图案叠加的参数设置和前面介绍的"斜面和浮雕"中的"纹理"选项的设置方法完全一样，其参数面板如下左图所示。单击"图案"下拉列表框，选择图案样式，如下右图所示。

"图案叠加"选项面板

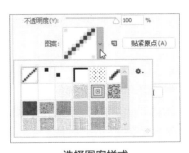

选择图案样式

8.5.10 "内阴影"图层样式

"内阴影"图层样式是紧靠在图层内容的边缘内添加阴影，以使图层具有凹陷的外观效果。打开"图层样式"对话框后，勾选"内阴影"复选框，切换到该选项面板。打开图像文件，如下左图所示。双击需要添加内阴影的图层，打开"图层样式"对话框后，勾选"内阴影"复选框，切换到该选项面板并进行参数设置，如下中图所示。阴影颜色设置为#e3ca99，然后查看效果，如下右图所示。

 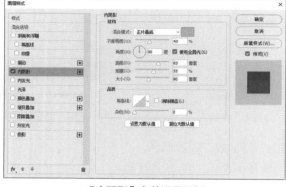 

原图像文件　　　　　　　　　　"内阴影"参数设置面板　　　　　　　　　　查看效果

下面对"内阴影"选项面板中各参数的含义和应用进行介绍，具体如下。

● 混合模式：设置内阴影效果与下层图层的图层混合模式效果。"混合模式"右侧的色块表示阴影的颜色，单击色块，可打开"拾色器"对话框，选择需要的颜色。

● 不透明度：调整内阴影的不透明度。

● 角度：调整光照角度，勾选"使用全局光"复选框，可使图层上所有与光源相关的图层样式使用的光照方式相同。

● 距离：拖动滑块或直接在数值框中输入数值，可调整内阴影的距离。数值越大，图像与内阴影的距离越大。设置距离为16像素的效果，如下左图所示。设置距离为205像素的效果，如下右图所示。

设置"距离"为16像素　　　　　　　　　　　设置"距离"为205像素

● 阻塞：该参数值越大，"内阴影"边缘越清晰。

● 大小：用于调节内阴影的大小，值越大，内阴影的范围越宽。

● 消除锯齿：勾选该复选框，可以使边缘更加光滑。

● 杂色：用于调整加入内阴影中颗粒的数量。

● 等高线：用于设置阴影内部的光环效果。

8.5.11 "渐变叠加"图层样式

"渐变叠加"和"颜色叠加"图层样式的原理是完全一样的，只不过颜色是渐变的。该图层样式有8个参数，相对于"颜色叠加"更加复杂。打开图像文件，如下左图所示。双击需要添加渐变叠加的图层，打开"图层样式"对话框后，勾选"渐变叠加"复选框，切换到该选项面板并进行参数设置，如下右图所示。

原图像文件

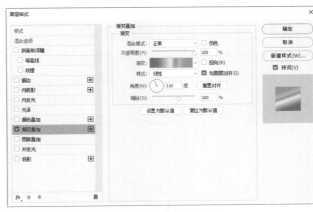

"渐变叠加"选项面板

下面对"渐变叠加"选项面板中各参数的含义和应用进行介绍，具体如下。

● 混合模式：设置为当前图层添加的渐变颜色虚拟层所应用的混合模式。

● 不透明度：设置添加渐变的不透明度。

● 渐变：单击该选项后的渐变色块，即可弹出"渐变编辑器"对话框，在此对话框中可设置应用到图层上的渐变效果，如下左图所示。设置完成单击"确定"按钮，查看图层效果，如下右图所示。

"渐变编辑器"对话框

查看效果

● 反向：勾选此复选框，可使当前应用到对象上的渐变色反向。

● 样式：可选择填充渐变的样式，包括线性、径向、角度、对称和菱形五种形式。

● 与图层对齐：勾选此复选框，可使填充的渐变原点对齐到对象的左上角位置。

● 角度：设置填充渐变的角度。

● 缩放：设置填充的渐变大小，值越大渐变越大，值越小渐变也越小。

8.6 编辑图层样式

图层样式是非常灵活的功能，用户可以随时修改效果的参数、隐藏效果或者删除效果，这些操作都不会对图层中的图像造成任何破坏。为图层添加图层样式后，还可以通过折叠和展开操作，对图层样式进行查看，同时还能对图层样式进行复制、粘贴、隐藏等编辑操作，下面分别进行介绍。

8.6.1 复制和粘贴图层样式

复制和粘贴图层样式可通过执行相关命令进行操作，选择已添加图层样式的图层，单击鼠标右键，在菜单中选择"拷贝图层样式"命令，如下左图所示。选择目标图层，单击鼠标右键，在菜单中选择"粘贴图层样式"命令，如下右图所示。即可将图层样式粘贴到目标图层上。用户还可以执行"图层>图层样式>拷贝图层样式"命令和"图层>图层样式>粘贴图层样式"命令进行相关操作。

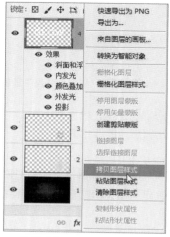
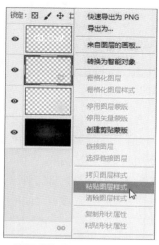

选择"拷贝图层样式"命令　　　　选择"粘贴图层样式"命令

复制图层样式还有一种快捷方式，即按住Alt键的同时将要复制图层样式的图层效果图标 *fx* 拖动到要粘贴的图层上，如下左图所示。释放鼠标左键，即可复制图层样式到其他图层中。如果没有按住Alt键，效果将转移到目标图层，原图层将不再有图层样式效果，如下右图所示。两种操作效果的鼠标指针也不同，便于分清操作效果。

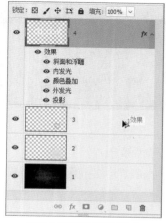
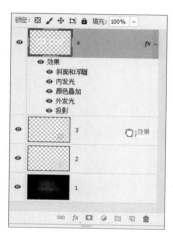

按住Alt键复制图层样式　　　　　　转移图层样式

8.6.2 隐藏与显示图层样式

隐藏图层样式有两种形式，一种是隐藏所有图层样式，选择任意图层，执行"图层>图层样式>隐藏所有效果"命令，此时该图像中所有图层的图层样式都将被隐藏。另一种是隐藏当前图层的图层样式，单击已添加图层样式前的"指示图层效果"图标，即可将当前层的图层样式隐藏。打开图像文件，如下左图所示。单击其中某一种图层样式前的"指示图层效果"图标，只隐藏该图层样式，如下中图所示。然后查看效果，如下右图所示。

| 原图层效果 | 指示"投影"不可见 | 查看效果 |

隐藏图层样式后，再次单击图层样式前的"指示图层效果"图标，即可重新显示该图层样式。

8.6.3 删除图层样式

清除图层样式有两种形式。一种是删除当前图层的所有图层样式，其方法是将要删除图层的"指示图层效果"图标拖动到"删除图层"按钮上或者选中要删除样式的图层，执行"图层>图层样式>清除图层样式"命令，如下左图所示。另一种是删除同一图层中运用的部分图层样式，即展开图层样式，将要删除的图层样式拖动到"删除图层"按钮上，如下右图所示。即可删除该图层样式，而其他图层样式依然保留。

| 执行"清除图层样式"命令 | 拖动图层样式到"删除图层"按钮上 |

操作提示：折叠和展开图层样式

为图层添加图层样式后，在图层右侧显示一个"指示图层效果"图标。当三角形图标指向下端时，该图层上的所有图层样式折叠到一起，单击该按钮，图层样式将展开。

8.6.4　将图层样式转换为图层

在Photoshop中，用户可以通过将已经添加图层样式的图层转换为智能对象的方式将其转换为图层。操作方法是右击已经添加图层样式的图层，在弹出的快捷菜单中选择"转换为智能对象"命令，如下左图所示。

值得注意的是，转换后的图层和普通图层有所区别，此时的图层是智能图层，因此对图层上的图像进行放大或缩小之后，该图层的分辨率不会发生变化。

还有一种将图层样式转换为图层的方法，即右击已经添加图层样式的图层，在弹出的快捷菜单中选择"栅格化图层样式"命令，图像将自动将图层样式栅格化，转换为普通图层，如下右图所示。

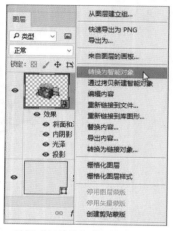
选择"转换为智能对象"命令

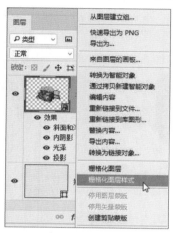
选择"栅格化图层样式"命令

综合实训　制作文字特效

本章主要学习图层和图层样式的相关知识，这些知识点比较重要，熟练使用图层和图层样式可以制作出精美的作品。下面以制作文字特效为例，进一步巩固图层和图层样式的相关知识。

Step 01 打开Photoshop软件，按Ctrl+N组合键，打开"新建"对话框，设置文档参数，保存文件名为"文字特效"，单击"确定"按钮，如下左图所示。

Step 02 选择横排文字工具，在页面中输入dream的大写字母，设置字体颜色为#795522、字体为Molot，效果如下右图所示。

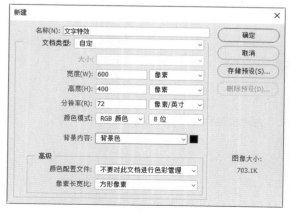
新建文档

输入文字

Step 03 选择文字，执行"文字>面板>字符面板"命令，打开"字符"面板，设置相关参数，如下左图所示。

Step 04 加宽字体间隔的效果，如下右图所示。

设置字符参数

加宽字体间隔

Step 05 选择横排文字工具，在文字下方输入"中国文化传播有限公司"文字，设置字体大小为36点、字体颜色为#795522、字体为隶书字体，效果如下左图所示。

Step 06 按住Ctrl键同时选择两个文字图层，然后选择移动工具，在属性栏中单击"水平居中"按钮，效果如下右图所示。

输入文字

设置水平居中对齐

Step 07 复制dream文字图层2份，分别为dream-1和dream-2，然后双击dream图层，打开"图层样式"对话框，勾选"斜面和浮雕"复选框，设置相关参数，然后再设置"等高线"参数，如下左图所示。

Step 08 勾选"描边"复选框，设置大小为5像素、填充类型为"渐变"，如下右图所示。

添加"斜面和浮雕"图层样式

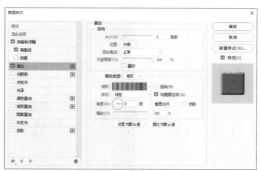

添加"描边"图层样式

Step 09 在设置"描边"图层样式时，单击渐变颜色条，打开"渐变编辑器"对话框，设置渐变颜色，如下左图所示。

Step 10 勾选"内阴影"复选框，设置混合模式为"正片叠底"、不透明度为75%、角度为120度、大小为1像素，如下右图所示。

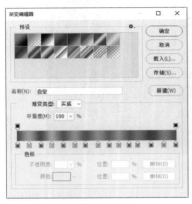

设置描边渐变颜色

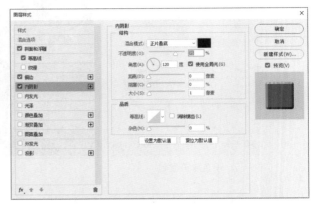

添加"内阴影"图层样式

Step 11 勾选"渐变叠加"复选框，单击渐变颜色条，打开"渐变编辑器"对话框，设置渐变颜色，如下左图所示。

Step 12 返回"图层样式"对话框，设置渐变样式为"线性"、角度为90度，单击"确定"按钮，如下右图所示。

设置渐变颜色

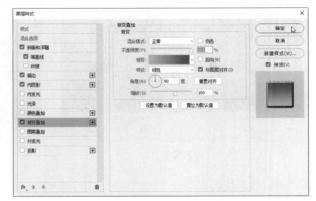

添加"渐变叠加"图层样式

Step 13 设置完成后，查看文字的效果，如下图所示。

查看文字效果

Step 14 按同样的操作方法为dream-1图层添加"描边"和"渐变叠加"图层样式，参数如下左图所示。

Step 15 同样的操作方法对dream-2图层添加"斜面和浮雕"和"描边"图层样式，参数如下右图所示。

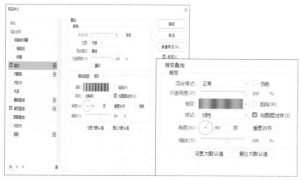
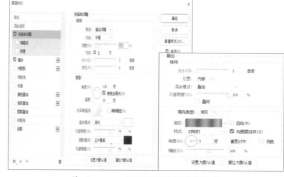

为dream-1图层添加图层样式 　　　　　　　　　　为dream-2图层添加图层样式

Step 16 设置完成后，查看文字的效果，如下左图所示。

Step 17 执行"文件>置入嵌入的智能对象"命令，在打开的对话框中置入"拉丝.jpg"素材，适当调整大小，并使其完全覆盖在文字上，效果如下右图所示。

查看文字效果 　　　　　　　　　　　　　　置入素材图片

Step 18 按住Ctrl键单击dream-2图层的缩览图，创建文字选区，效果如下左图所示。

Step 19 单击"图层"面板中"添加图层蒙版"按钮，为拉丝创建图层蒙版，将中文的图层移至最顶端，效果如下右图所示。

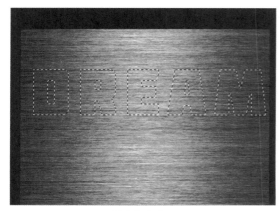

创建文字选区 　　　　　　　　　　　　　　添加图层蒙版

Step 20 新建图层，在文字上方创建矩形选区，并填充颜色为#fbc77e，然后取消选区，如下左图所示。

Step 21 选择绘制的矩形图层，设置图层的混合模式为"正片叠底"，效果如下右图所示。

绘制矩形选区

设置混合模式

Step 22 置入"光点.png"素材，适当调整其大小，并移动到文字的上方，效果如下左图所示。

Step 23 再复制dream文字图层一份，然后执行"编辑>变换>垂直翻转"命令，效果如下右图所示。

置入素材

翻转文字

Step 24 为复制文字图层添加图层蒙版，选择渐变工具，单击渐变颜色条，打开"渐变编辑器"对话框，选择"黑白渐变"样式，单击"确定"按钮，如下左图所示。

Step 25 将鼠标指针由下向上拖曳，拉出文字倒影的效果，至此，本案例制作完成，如下右图所示。

设置渐变颜色

查看最终效果

Chapter 09

蒙版和通道

蒙版和通道是Photoshop最核心也是最难学的功能，在设计作品时所有选区、色彩和图像等编辑操作的结果都在通道中发生改变，而蒙版可以在图像处理时迅速还原图像，避免丢失图像信息。本章主要介绍蒙版和通道的相关知识，通过本章内容的学习，使用户可以达到Photoshop的高手的行列。

核心知识点

❶ 了解蒙版的功能
❷ 掌握图层蒙版、矢量蒙版和剪贴蒙版的应用
❸ 熟悉快速蒙版的应用
❹ 了解通道的功能
❺ 掌握通道的应用

图层蒙版的应用

剪切蒙版的应用

快速蒙版的应用

蒙版和通道的应用

9.1 认识蒙版

蒙版本来是摄影术语，指的是用于控制照片不同区域曝光的传统暗房技术。而在Photoshop中处理图像时，常常需要隐藏一部分的图像，使它们不显示出来，蒙版就是这样一种可以隐藏图像的工具。蒙版是一种灰度图像，其作用就像一张布，可以遮盖住处理区域中的一部分或全部，当用户对处理区域内进行模糊、上色等操作时，被蒙版遮盖起来的部分就不会受到影响。

在Photoshop中，蒙版分为快速蒙版、剪贴蒙版、矢量蒙版和图层蒙版，这些蒙版具有各自的功能，下面将对这些蒙版进行详细的讲解。

9.1.1 蒙版的分类

蒙版是合成图像的重要工具，使用蒙版可以在不破坏图像的基础上，完成图像的拼接。实际上，蒙版是一种遮罩，可以对图像中不需要编辑的区域进行保护，以达到制作画面的融合效果。在Photoshop中，存在多种蒙版类型，而且每种不同类型的蒙版都有各自的特点，使用不同的蒙版可以得到不同的边缘过渡效果。

9.1.2 蒙版的作用

Photoshop中的蒙版是将不同灰度色值转化为不同的透明度，并作用到它所在的图层，使图层不同部位透明度产生相应的变化。

其中，蒙版中的纯白色区域可以遮盖下面图层中的内容，显示当前图层中的图像；蒙版中的纯黑色区域可以遮盖当前图层中的图像，显示下面图层中的内容；蒙版中的灰色区域会根据其灰度值呈现出不同层次的透明效果。因此，用白色在蒙版中绘画的区域是可见的，用黑色绘画的区域将被隐藏，用灰色绘画的区域将呈现半透明效果，如下图所示。

原图

蒙版图像

9.1.3 蒙版的属性

"属性"面板不仅可以设置调整图层的参数，还可以对蒙版进行设置。创建蒙版后，单击所创建的图层，在"属性"面板中会出现浓度、羽化、颜色范围、反相等参数，用户可以通过调整这些参数，来对蒙版进行修改。

| 应用图层蒙版 | "图层"面板 | "属性"面板 |

下面对"属性"面板中各参数的含义进行介绍。

● 添加/选择图层蒙版：为图层添加矢量蒙版后，该按钮显示为"添加图层蒙版" ▣，单击该按钮，可以为当前选择的图层添加一个像素蒙版；为图层添加像素蒙版以后，该按钮显示为"选择图层蒙版" ▣，单击该按钮，可以选择像素蒙版（图层蒙版）。

● 添加/选择矢量蒙版：为图层添加像素蒙版后，该按钮显示为"添加矢量蒙版" ▣，单击该按钮，可以为当前选择的图层添加一个矢量蒙版；为图层添加矢量蒙版以后，该按钮显示"选择矢量蒙版" ▣，单击该按钮，可以选择矢量蒙版。

● 浓度：类似于图层的"不透明度"参数，用来控制蒙版的不透明度，也就是蒙版遮盖图形的强度。

● 羽化：用于控制蒙版边缘的柔化程度。数值越大，蒙版边缘越柔和；数值越小，蒙版边缘越生硬。

● 选择并遮住：单击该按钮，将打开"选择并遮盖"对话框，在该对话框中，可以修改蒙版边缘，也可以使用不同的背景来查看蒙版，如下左图所示。

● 颜色范围：单击该按钮，将打开"色彩范围"对话框，在该对话框中可以通过修改"颜色容差"值来修改蒙版的边缘范围，如下右图所示。

| "选择并遮盖"对话框的"属性"面板 | "色彩范围"对话框 |

● 反相：单击该按钮，可以反转蒙版的遮盖区域，即蒙版中黑色部分变成白色，而白色部分变成黑色，未遮盖的图像将边调整为负片。

9.2 图层蒙版

图层蒙版是图像处理中最常用的蒙版，主要用来显示或隐藏图层的部分内容，同时保护原图像不因编辑而受到破坏。图层蒙版中的白色区域可以遮盖下面图层中的内容，只显示当前图层中的图像，显示出下面图层中的内容；蒙版中的灰色区域会根据其灰度值使当前图层中的图像呈现不同层次的透明效果。

图层蒙版之所以可以精确、细腻地控制图像显示与隐藏的区域，因为图层是由图像的灰度来决定不透明度的，本节对图层蒙版的相关知识进行介绍。

9.2.1 创建图层蒙版

图层蒙版是依附于图层而存在的，由图层缩略图和图层蒙版缩略图组成。创建图层蒙版的方法有多种，用户可以直接单击"图层"面板底部的"添加图层蒙版"按钮 ▣，如下左图所示。也可以单击"图层"面板右上角的"添加像素蒙版"按钮，或执行"图层>图层蒙版"命令后，在子列表中选择"全部显示"/"隐藏全部"选项，为当前的普通图层添加图层蒙版，如下右图所示。

单击"添加图层蒙版"按钮　　　　　　创建图层蒙版

9.2.2 从选区转换为图层蒙版

如果图像中存在选区，执行"图层>图层蒙版>显示选区"命令，可基于选区创建图层蒙版，如下左图所示。如果执行"图层>图层蒙版>隐藏选区"命令，则选区内的图像将被蒙版遮盖，如下右图所示。用户也可以在"图层"面板中单击"添加图层蒙版"按钮 ▣，从选区生成蒙版。

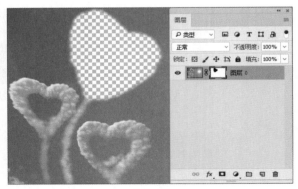

显示选区　　　　　　　　　　　　　隐藏选区

实战 使用图层蒙版调整图像效果

　　学习完Photoshop如何从选区转换为图层蒙版的相关知识后，下面通过调整图像效果的案例来巩固所学的知识，具体操作方法如下。

Step 01 启动Photoshop CC软件，执行"文件>打开"命令，在打开的对话框中打开"向日葵.jpg"和"蝴蝶.jpg"图像文件，如下图所示。

打开"向日葵.jpg"图像文件

打开"蝴蝶.jpg"图像文件

Step 02 选择移动工具，将打开的"蝴蝶.jpg"素材拖曳至向日葵背景上，如下左图所示。此时"图层"面板中将生成"图层1"图层，如下右图所示。

移动图像

生成"图层1"

Step 03 在"图层"面板中单击"添加图层蒙版"按钮，为"图层1"添加图层蒙版，如下左图所示。

Step 04 选择魔棒工具，在图像中单击白色区域，设置背景色为黑色，然后按Ctrl+Delete组合键为"图层1"图层蒙版填充背景色，如下右图所示。

创建图层蒙版

为选区填充颜色

Step 05 按Ctrl+D组合键取消选区，查看效果，如下左图所示。

Step 06 按Ctrl+T组合键应用"自由变换"命令调整蝴蝶的大小，调整完成完成后查看最终效果，如下右图所示。

取消选区　　　　　　　　　　　　　　　　　　　　　　查看最终效果

9.2.3　复制和移动图层蒙版

应用图层蒙版后，无论是单独创建图层蒙版，还是通过选区创建，均可以通过复制和移动图层蒙版操作来调整图像效果。在"图层"面板中移动图层蒙版和复制图层蒙版，得到的图层效果是完全不同的。

如果要将某个图层的蒙版移动到其他图层上，可以将蒙版缩略图直接拖曳到其他图层上，如下左图所示。如果要将一个图层的蒙版复制到另外一个图层上，可以按住Alt键的同时，将该图层的蒙版拖至另一个图层中，如下右图所示。

 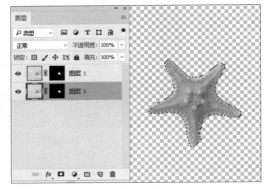

移动图层蒙板　　　　　　　　　　　　　　　　　　　　复制图层蒙版

9.2.4　停用和删除图层蒙版

通过图层蒙版编辑图像，只是隐藏图像的局部，用户可以随时停用或删除图层蒙版，使图像恢复原来的效果。

如果要停用图层蒙板，可以采用以下两种方法来完成。

方法1：执行"图层>图层蒙版>停用"命令，或在图层蒙版缩略图上单击鼠标右键，然后在弹出的快捷菜单中选择"停用图层蒙版"命令，如下左图所示。停用蒙版后，在"属性"面板的缩略图和"图层"面板的蒙版缩略图中都会出现一个红色的叉号，如下中图所示。

方法2：选择图层蒙版，然后在"属性"面板下面单击"停用图层蒙版"按钮 ，即可停用图层蒙版，如下右图所示。

| 执行"停用图层蒙版"命令 | 停用图层蒙版 | 单击"停用图层蒙版"按钮 |

如果要删除图层蒙版，可以采用以下3种方法来完成。

方法1：执行"图层>图层蒙版>删除"命令或在图层蒙版缩略图上单击鼠标右键，然后在弹出的快捷菜单中选择"删除图层蒙版"命令，如下左图所示。

方法2：将蒙版缩略图拖曳到"图层"面板下面的"删除图层"按钮 上，然后在弹出的对话框中单击"删除"按钮 **删除** ，如下中图所示。

方法3：选择图层蒙版，然后直接在"属性"面板中单击"删除蒙版"按钮 ，如下右图所示。

| 执行"删除图层蒙版"命令 | 删除图层蒙版 | 单击"删除蒙版"按钮 |

9.2.5 链接和取消链接图层蒙版

创建图层蒙版后，在图层缩略图和图层蒙版缩略图之间，有个"指示图层蒙版链接到图层"图标，表示蒙版与图像处于链接的状态，此时如果进行变换操作，蒙版会与图像一同变换。要取消蒙版与图像的链接状态，用户可以执行"图层>图层蒙版>取消链接"命令，或者直接单击"指示图层蒙版链接到图层"的链接图标，如下左图所示。取消链接以后，既可以单独变换图像，也可以单独变换蒙版，如下右图所示。

如果要重新启动链接蒙版，可以执行"图层>图层蒙版>链接"命令，或者再次单击链接图标的位置，即可使蒙版与图像处于链接的状态。

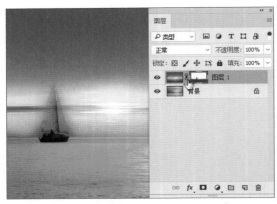

单击链接图标　　　　　　　　　　　　　　　　取消链接图层蒙版

9.3　矢量蒙版

矢量蒙版主要是通过钢笔工具或形状工具，绘制路径来创建的蒙版。使用矢量蒙版创建分辨率较低的图像，并且可以使图层内容与底层图像中间的过渡拥有光滑的形状和清晰的边缘。为图层添加矢量蒙版后，用户还可以应用图层样式来为图层蒙版内容添加图层样式，创建各种风格的按钮、调板或其他的Web设计元素。

9.3.1　创建矢量蒙版

矢量蒙版的实质是使用路径制成蒙版，对路径覆盖的图像区域进行隐藏，使其不显示，而仅显示无路径覆盖的图像区域。

矢量蒙版可以通过使用形状工具在绘制形状的同时创建，也可以通过路径来创建。在图层上绘制路径后，单击属性栏中的"蒙版"按钮 ◻ ，即可将绘制的路径转换为矢量蒙版，如下左图所示。

如果需要将当前绘制的路径创建为矢量蒙版，只需选中当前图层，执行"图层>矢量蒙版>当前路径"命令，即可基于当前路径为图层创建一个矢量蒙版，如下右图所示。

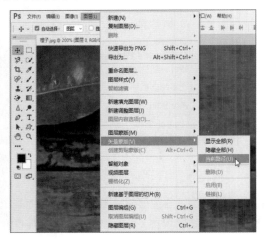

单击"蒙版"按钮　　　　　　　　　　　　　　执行"当前路径"命令

9.3.2　为矢量蒙版添加形状

创建矢量蒙版以后，用户还可以继续使用钢笔工具、形状工具等在矢量蒙版中绘制形状，如下左图所示。创建的形状路径，均是以形状内部为显示，形状外部为隐藏，如下右图所示。

绘制形状

查看效果

实战　绘制花朵形状图像

学习完如何在Photoshop中为矢量蒙版添加形状的相关知识后，下面以绘制花朵形状的案例来巩固所学的知识，具体操作方法如下。

Step 01 启动Photoshop CC软件，执行"文件>打开"命令，在打开的对话框中打开"秋意菊花.jpg"文件，如下左图所示。

Step 02 复制"背景"图层，生成"图层1"图层，然后在"图层1"图层下方新建"图层2"图层，并将前景色设置为#dbf9f6，按Alt+Delete组合键执行填充操作，如下右图所示。

打开素材图片

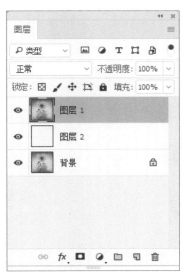

"图层"面板

Step 03 选择自定形状工具，在属性栏中设置相关属性，并在"形状"面板中指定形状为"花4"，如下图所示。

设置自定形状工具的属性

213

Step 04 然后选择"图层1"图层，在画面中按住Shift键的同时，按住鼠标左键并拖动，绘制多个大小不同的花朵路径，如下左图所示。

Step 05 继续在"形状"面板中选择形状为"花6"，在画面中绘制多个大小不同的花朵路径，以丰富画面效果，如下右图所示。

绘制花朵路径   继续绘制花朵路径

Step 06 绘制多种花朵路径后，在自定形状工具 属性栏中单击"蒙版"按钮，创建矢量蒙版，并隐藏路径以外的图像，如下左图所示。

Step 07 制作出丰富的花朵图像，效果如下右图所示。

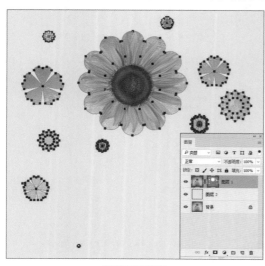

创建矢量蒙版   查看最终效果

9.3.3　变换矢量蒙版

在"图层"面板中选择包含要变换的矢量蒙版图层，单击"蒙版"面板中的"选择矢量蒙版"按钮，或单击"路径"面板中的路径缩略图后，可以使用形状工具、钢笔工具、直接选择工具等更改形状或设置蒙版效果，如下左图所示。

单击"图层"面板中的矢量蒙版缩略图，执行"编辑>变换路径"命令子菜单中的命令，可以对矢量蒙版进行各种变换操作，如下右图所示。矢量蒙版的变换方法与图像的变换方法基本相同，但由于矢量蒙版是基于矢量对象的蒙版，与分辨率无关，不会改变图像的像素，因此，在进行变换和变形操作时不会产生锯齿。

使用直接选择工具更改形状

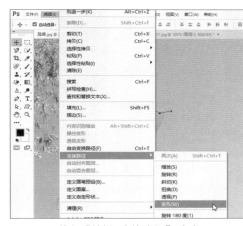

执行"编辑>变换路径"命令

9.3.4 为矢量蒙版添加效果

矢量蒙版可以像普通图层一样添加图层样式，不过图层样式只对矢量蒙版中的内容起作用，对隐藏的部分不会有影响，为图像添加"描边"和"内发光"的效果如下左图所示，对应"图层"面板如下右图所示。

为图像添加效果

"图层"面板

9.3.5 将矢量蒙版转换为图层蒙版

矢量蒙版是基于矢量形状创建的，当不再需要改变矢量蒙版中的形状，或者需要对形状做进一步的灰度改变时，可以将矢量蒙版栅格化。栅格化操作是将矢量蒙版转换为图层蒙版的过程。

选择矢量蒙版所在的图层，执行"图层>栅格化>矢量蒙版"命令，如下左图所示。或直接右击矢量蒙版所在的图层，在弹出的快捷菜单中选择"栅格化矢量蒙版"命令，如下中图所示。即可栅格化矢量蒙版，将其转换为图层蒙版，如下右图所示。

执行"栅格化"命令

执行"栅格化矢量蒙版"命令

"图层"面板

9.4 剪贴蒙版

剪贴蒙版可以使某个图层的内容来限制它上层图像的显示范围，遮盖效果由底部图层和其上方图层的内容决定。底部内容的非透明内容时，剪贴蒙版将裁剪其上方的图层内容，剪贴图层中的其他内容将被遮盖。

9.4.1 创建剪贴蒙版

剪贴蒙版可以用于多个图层，但它们必须是连续的。在剪贴蒙版中，最下面的图层为基层图层，上面的图层为内容图层。基底图层名称带有下划线，内容图层的缩略图是缩进的，并且显示一个剪贴蒙版的图标，而画布中图像的显示也会随之变化。

创建剪贴蒙版的方法很简单，常用的有以下3种。

方法1：在"图层"面板中，执行"图层>创建剪贴蒙版"命令。

方法2：在要应用剪贴蒙版的图层上右击，在弹出的快捷菜单中选择"创建剪贴蒙版"命令，如下左图所示。

方法3：按住Alt键，将鼠标指针放在"图层"面板中分隔两组图层的线上，然后单击鼠标来执行创建剪贴蒙版操作。

执行"创建剪贴蒙版"命令

查看效果

实战 制作路牌广告图效果

下面以制作路牌广告的案例来对创建剪贴蒙版功能的应用进行详细介绍，具体操作方法如下。

Step 01 执行"文件>打开"命令，打开"路牌广告.jpg"文件，如下左图所示。

Step 02 使用快速选择工具，沿着路牌广告边框创建选区，并按Ctrl+J组合键复制选区图像，生成"图层1"，如下右图所示。

打开素材图片 　　　　　　　　　　　创建选区并复制

Step 03 置入"广告图像.jpg"文件，将其拖曳到当前图像文件中，生成"图层2"图层，如下左图所示。

Step 04 置入素材后，执行"图层>创建剪贴蒙版"命令来创建剪贴蒙版，其"图层"面板如下右图所示。

置入素材图片 　　　　　　　　　　　创建剪贴蒙版

Step 05 创建剪贴蒙版后，应用"自由变换"命令调整其大小和位置，如下左图所示。

Step 06 执行"图像>调整>亮度/对比度"命令，在打开的对话框中设置参数，效果如下右图所示。

调整图像 　　　　　　　　　　　查看最终效果

9.4.2　剪贴蒙版的图层结构

在一个剪贴蒙版中最少包含两个图层，处于最下面的图层结构为基底图层，位于其上面的图层统称为内容图层。基底图层只有一个，它决定了位于其上面图像的显示范围。如果对基底图层执行移动、变换等操作，那么上面的图像也会随之受到影响，如下左图所示。内容图层可以是一个或多个，对内容图层的操作不会影响基底图层，但是对其执行移动、变化等操作时，其显示范围也会随之改变，如下右图所示。

变换"基底图层"

变换"内容图层"

> **操作提示：关于基底图层**
>
> 基底图层中的透明区域充当了整个剪贴蒙版组的蒙版，也就是说，它的透明区域就像蒙版一样，可以将内容层中的图像隐藏起来，因此，只要移动基底图层，就会改变内容图层的显示区域。

9.4.3　设置剪贴蒙版的不透明度

在剪贴蒙版中，可以设置图层的"不透明度"选项来改变图像效果，用户可以通过设置不同的图层来显示不同的图像效果。

设置剪贴蒙版中下方图层的"不透明度"选项，可以控制整个剪贴蒙版组的不透明度，如下左图所示。而调整上方图层的"不透明度"选项，只是控制其自身的不透明度，不会对整个剪贴蒙版产生影响，如下右图所示。

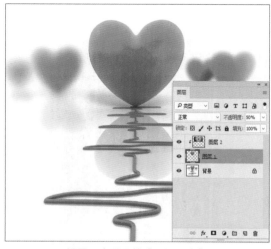

设置下方图层的"不透明度"

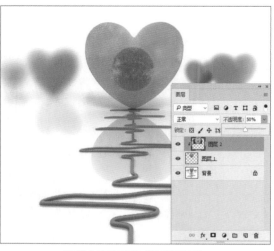

设置上方图层的"不透明度"

9.4.4 设置剪贴蒙版的混合模式

在剪贴蒙版中，除了通过设置图层的"不透明度"来改变图像效果外，还可以设置剪贴蒙版的"混合模式"。设置剪贴蒙版中上方图层的"混合模式"选项，可以使该图层与下方图层图像融合为一体，如下左图所示。如果设置下方图层的"混合模式"选项，必须在剪贴蒙版下方放置图像图层，才能够显示混合模式效果，如下右图所示。

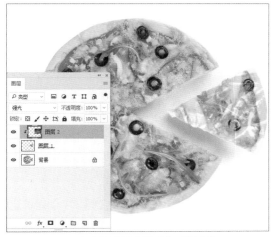 

设置上方图层混合模式为"强光" 　　设置下方图层混合模式为"强光"

同时设置剪贴蒙版中两个图层的"混合模式"选项时，会得到叠加的效果，如下图所示。

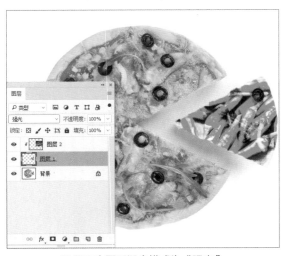

设置两个图层混合模式为"强光"

9.4.5 释放剪贴蒙版

创建剪贴蒙版后，如果要释放剪贴蒙版，可以选择基底图层正上方的内容图层，执行"图层 > 释放剪贴蒙版"命令，或直接在要释放的图层上右击，在弹出的快捷菜单中执行"释放剪贴蒙版"命令，可释放全部剪贴蒙版，如下左图所示。效果如下右图所示。

用户也可以按住Alt键，将鼠标指针放在剪贴蒙版中两个图层之间的分隔线上，然后单击，即可释放剪贴蒙版中的图层。

执行"释放剪贴蒙版"命令　　　　　　　　　　释放剪贴蒙版

9.5　快速蒙版

快速蒙版模式是使用各种绘图工具来建立临时蒙版的一种高效率方法，主要用于在图像中创建指定区域的选区。快速蒙版是直接在图像中表现蒙版并将其载入选区的。

9.5.1　应用快速蒙版创建选区

快速蒙版一般用于创建选区，单击工具箱下方的"以快速蒙版模式编辑"按钮 ，进入快速蒙版编辑模式。使用自定形状工具在画布中单击并拖动，绘制半透明的红色图像，如下左图所示。

单击工具箱下方的"以标准模式编辑"按钮 ，返回正常模式，半透明红色图像转换为选区。进行任意颜色填充后，发现原半透明红色图像区域被保护，如下右图所示。

绘制形状　　　　　　　　　　　　　　　　　创建选区

操作提示：关于快速蒙版模式

"以快速蒙版模式编辑"按钮 位于工具箱的最下方，进入快速蒙版模式的快捷方式是直接按下Q键，完成蒙版的绘制后再次按下Q键切换回标准模式。

在快速蒙版模式下，通过绘制白色来删除蒙版，通过绘制黑色来添加蒙版区域。当转换到标准模式后绘制白色区域将转换为选区。

实战 使用快速蒙版制作胶卷效果

　　学习完Photoshop应用快速蒙版创建选区的相关知识后，下面以制作胶卷效果的案例来巩固所学的知识，具体操作方法如下。

Step 01 执行"文件>打开"命令，打开"黄昏海边的美女.jpg"文件，如下左图所示。

Step 02 在工具箱中单击"以快速蒙版模式编辑"按钮，选择画笔工具，在属性栏中选择一个画笔样式，并设置画笔大小为80像素，如下右图所示。

打开素材图片

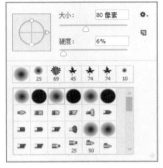
设置画笔参数

Step 03 使用画笔工具在图像中单击，创建快速蒙版，如下左图所示。

Step 04 在工具箱中单击"以标准模式编辑"按钮，返回正常模式，并执行"选择>反选"命令，反选选区，如下右图所示。

创建快速蒙版

创建选区

Step 05 创建选区后，按Ctrl+J组合键复制选区内的图像，生成"图层1"图层，调整"图层1"的图层混合模式为"正片叠底"，效果如下图所示。

查看效果

9.5.2 设置快速蒙版参数

默认情况下，在快速蒙版模式中绘制的任何图像，均呈现红色半透明状态，并且代表蒙版区域。当快速蒙版模式中的图像与背景图像有所冲突时，用户可以通过更改"快速蒙版选项"对话框中的颜色值与不透明度值来改变快速蒙版模式中的图像显示效果。方法是：双击工具箱下方的"以快速蒙版模式编辑"按钮 ◻，打开"快速蒙版选项"对话框，设置颜色与不透明度参数。

1. 以快速蒙版模式编辑

使用快速蒙版对图像进行编辑时，由于编辑的主题颜色与快速蒙版颜色相同，编辑过程中将导致处理不当等效果。因此可双击"以快速蒙版模式编辑"按钮 ◻，在弹出的"快速蒙版选项"对话框中任意设置一个与其反差较大的颜色，完成后单击"确定"按钮即可。

素材图片

快速蒙版颜色设置为"绿色"

应用快速蒙版

2. 调整快速蒙版不透明度

在默认状况下，单击工具箱中的"以快速蒙版模式编辑"按钮 ◻，可进入编辑状态，使用画笔工具 ✐在指定区域涂抹，以表现该区域被蒙版遮罩，但有时颜色的不透明度会影响图像效果。用户可以在"快速蒙版选项"对话框中设置"不透明度"的参数值，更改快速蒙版在图像中编辑时颜色不透明度效果。设置颜色"不透明度"，可显示快速蒙版在编辑中的透明状态效果。

设置快速蒙版"不透明度"值

不透明度为20%

不透明度为80%

下面对"快速蒙版选项"对话框中各参数的应用进行介绍。

● 被蒙版区域：单击该单选按钮后，使用画笔工具 ✐在画面中涂抹黑色，则涂抹的区域为蒙版所覆盖的区域。

● 所选区域：单击该单选按钮后，使用画笔工具 ✐在画面中涂抹黑色，则直接将涂抹的区域转换为选区。

● 颜色：在该选项组中单击颜色色块，可在弹出的"拾色器"对话框中设置颜色，若要调整涂抹颜色的透明效果，可设置"不透明度"参数值。

9.6 通道概述

通道是基于色彩模式基础衍生出的简化操作工具，可以保护图像信息，主要用于存放图像中的不同颜色信息。通道的应用非常广泛，可以用来建立选区或进行选区的各种操作，也可以把通道看作由原色组成的图像，进行单色通道的变形、执行滤镜、色彩调整、复制粘贴等操作。

9.6.1 通道的种类

通道是Photoshop中最为重要的功能之一，它作为图像的组成部分，与图像的格式息息相关，图像的颜色模式的不同决定了通道的数量和模式。通道主要分为颜色通道、专色通道、Alpha通道、临时通道和单色通道，下面分别进行介绍。

1. 颜色通道

颜色通道用于描述图像色彩信息的彩色通道，图像的颜色模式决定了通道的数量，"通道"面板上储存的信息也与之相关。每个单独的颜色通道都是一幅灰度图像，仅代表这个颜色的明暗变化。如位图模式及灰度模式的图像有1个单色通道；RGB模式下会显示RGB、红、绿和蓝4个颜色通道；CMYK模式下会显示CMYK、青、洋红、黄和黑5个颜色通道；Lab模式下会显示Lab、明度、a和b4个通道，如下图所示。

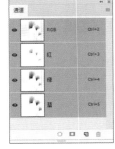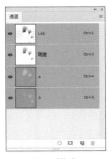

| 灰度模式 | RGB模式 | CMYK模式 | Lab模式 |

2. 专色通道

专色通道是一类较为特殊的通道，它可以使用除青色、洋红、黄色和黑色以外的颜色来绘制图像。专色通道使用特殊的预混油墨来替代或补充印刷色油墨，常用于需要专色印刷的印刷品。除了默认的颜色通道外，每一个专色通道都有相应的印板，在打印输出一个含有专色通道的图像时，必须先将图像模式转换到多通道模式下。在"通道"面板中，单击右上角的扩展按钮，在弹出的快捷菜单中选择"新建专色通道"选项，如下左图所示。打开"新建专色通道"对话框进行相关设置，如下中图所示。即可新建一个专色通道，如下右图所示。

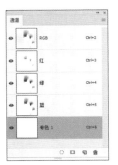

| 快捷菜单 | "新建专色通道"对话框 | 专色通道 |

3. Alpha通道

Alpha通道用于将选区存储为"通道"面板中可编辑的灰度蒙版。用户可以通过"通道"面板来创建和存储蒙版，用于处理或保护图像的某些部分。Alpha通道和专色通道中的信息只能在PSD、TIFF、RAW、PDF、PICT和Pixar格式中进行保存。Alpha通道相当于一个8位的灰阶图，它使用256级灰度来记录图像中的透明度信息，可以用于定义透明、不透明和半透明区域。

要创建Alpha通道，首先在图像中使用相应的选区工具创建需要保存的选区，然后在"通道"面板中单击"创建新通道"按钮 🖻，新建Alpha1通道。此时在图像窗口中保持选区，填充选区为白色后取消选区，即在Alpha1通道中保存了选区。保存选区后，用户可随时重新载入该选区或将该选区载入到其他图像中。

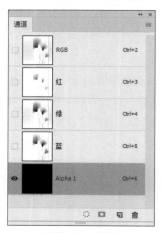

创建Alpha通道

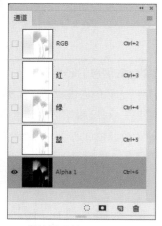

保持选区的Alpha通道

4. 临时通道

临时通道是在"通道"面板中暂时存在的通道。临时通道存在的条件是，当对图像创建图层蒙版或快速蒙版时，软件将自动在"通道"面板中生成临时蒙版。删除图层蒙版或退出快速蒙版时，"通道"面板中的临时通道会自动消失，如下左图所示。

5. 单色通道

单色通道的产生非常特别，若在"通道"面板中删除任意一个通道后，所有通道将会将为黑白色，图像的颜色信息将会发生改变，如下右图所示。

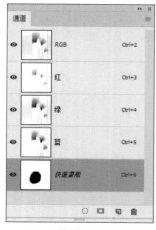

临时通道

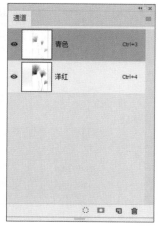

单色通道

9.6.2 "通道"面板

在Photoshop中,"通道"面板与"图层"面板和"路径"面板是最重要的3个面板。执行"窗口>通道"命令,即可打开"通道"面板。

随意打开一张图像,Photoshop会自动为这张图像创建颜色信息通道,如下左图所示。单击"通道"面板右上角的扩展按钮,在打开的下拉列表中选择所需的选项,可以对通道进行编辑,如下右图所示。

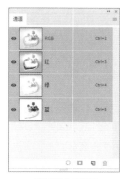

"通道"面板　　　　　　　　快捷菜单

下面对"通道"面板中各按钮的应用进行详细介绍。

● 指示通道可见性 ◉ : 当图标为 ◉ 形状时,"通道"面板显示该通道的图像。单击该图标,当图标变为 形状时,则隐藏该通道的图像,再次单击即可再次显示通道图像。

● 将通道作为选区载入 ○ : 单击该按钮,可将当前通道快速转化为选区。

● 将选区存储为通道 ▢ : 单击该按钮,可将图像中选区之外的图像转换为一个蒙版的形式,将选区保存在新建的Alpha通道中。

● 创建新通道 ▥ : 单击该按钮,可创建一个新的Alpha通道。

● 删除通道 �🗑 : 单击该按钮,可删除当前通道。

提示:"通道选项"对话框的运用

在"通道选项"对话框中,设置蒙版的颜色是为了方便辨认蒙版覆盖区域和未覆盖区域,设置蒙版颜色的透明度是为了方便准确地创建选区,它们对图像的处理没有任何影响。

9.7　编辑通道

"通道"面板主要用于创建新通道、复制通道、显示和隐藏通道等操作,利用"通道"面板可以对通道进行有效地编辑和管理。

9.7.1　创建 Alpha 通道

Alpha通道除了可以保持颜色信息外,还可以保持选区的信息。

1. 创建空白的Alpha通道

新建空白通道是指创建一个新的Alpha通道,在该通道中没有任何的图像信息。在"通道"面板中单击底部的"创建新通道"按钮 ▥ ,可新建一个空白Alpha通道,新建空白Alpha通道在图像窗口中显示为黑色,如下图所示。

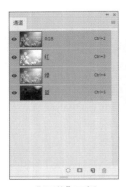
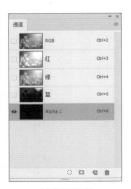

| "通道"面板 | 单击"创建新通道"按钮 | 创建新通道 |

2. 通过保存选区创建Alpha通道

在Alpha通道中还可以存放选区信息。在图像中将需要保留的图像创建为选区，执行"选择>存储选区"命令，在弹出的"存储选区"对话框中可以设置新建通道的名称、操作方式等，然后单击"确定"按钮，如下左图所示。即可在保存选区的同时创建Alpha通道，如下右图所示。

"存储选区"对话框　　　　　　　　保持选区的Alpha通道

9.7.2　通道与选区转换

在Photoshop中可以将通道作为选区载入，以便对图像中相同的颜色取样进行调整。其操作方法是在"通道"面板中选择通道后，单击"将通道作为选区载入"按钮 ○ ，即可将当前的通道快速转化为选区，效果如下左图所示。用户也可按住Ctrl键的同时直接单击该通道的缩览图，将当前的通道快速转化为选区，如下右图所示。

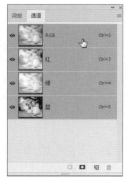

载入选区　　　　　　　　　　　选择的通道

9.7.3　显示与隐藏通道

在默认情况下，"通道"面板中的眼睛图标 👁 呈显示状态，如下左图所示。单击某个单色通道的眼睛图标 👁 后，隐藏图像中的红色像素，只显示图像中的绿色与蓝色像素，如下右图所示。

显示通道　　　　　　　　　　　　　　隐藏"红"通道

在"通道"面板中，用户还可以分别隐藏绿色通道和蓝色通道，隐藏绿色通道后，图像显示红色和蓝色的像素，如下左图所示。隐藏蓝色通道后，图像显示红色与绿色的像素，如下右图所示。需要注意的是，复合通道不能单独被隐藏。

隐藏"绿"通道　　　　　　　　　　　　隐藏"蓝"通道

9.7.4　重命名通道

重命名通道的方法与重命名图层相同，只需在需要调整的通道名称上双击，此时通道名称处于可编辑状态，如下左图所示。重新输入新的名称后，按Enter键确认输入即可，如下右图所示。

重命名通道　　　　重命名后的通道

操作提示：关于颜色通道重命名

　　默认情况下，颜色通道的名称是不能进行重命名的，用户可在复制得到的通道或创建的Alpha通道中进行命名操作。

9.7.5 复制和删除通道

在进行图像处理时，有时需要对某一通道进行多个处理，从而获得特殊的视觉效果，或者需要复制图像文件中的某个通道并应用到其他图像文件中，这就需要通过通道的复制操作完成。在Photoshop中，用户不仅可以在同一图像中进行多次复制通道操作，也可以对不同的图像文件进行通道的复制操作。

选择"通道"面板中需要复制的通道并右击，选择"复制通道"命令，可以打开"复制通道"对话框，如下左图所示。用户还可以将要复制的通道直接拖动到"通道"面板底部的"创建新通道"按钮上，释放鼠标左键，在图像文件内快速复制通道，如下右图所示。要想复制当前图像文件的通道到其他图像文件中，则直接拖动需要复制的通道至其他图像文件窗口中释放鼠标左键即可。

执行"复制通道"命令　　　　　将通道拖至"创建新通道"按钮

将要删除的通道拖曳至"删除" 🗑 按钮上，或者选择快捷菜单中的"删除通道"命令，可以将没用的通道删除，以节省硬盘的存储空间，提高运行速度。

在"通道"面板中删除单色通道会得到意想不到的颜色效果。分别删除红、绿、蓝单色通道得到的效果如下图所示。

删除红色通道　　　　　　　　删除绿色通道　　　　　　　　删除蓝色通道

> **操作提示：原色通道不可删除**
>
> 如果是在含有两个或两个以上图层的文档中删除原色通道，Photoshop会提示将其图层合并，否则无法删除。

综合实训　制作清荷效果

荷花出尘离染，清洁无瑕，学习完Photoshop蒙版与通道的相关知识后，下面将应用矢量蒙版功能制作出清新淡雅的荷花效果，具体操作步骤如下。

Step 01 首先打开"清荷.jpg"素材图片，双击"背景"图层，重命名为"荷花"，如下左图所示。

Step 02 按下Ctrl+T组合键，启用自由变换功能调正荷花的位置，如下右图所示。

重命名图层

调整荷花的位置

Step 03 使用钢笔工具，沿着荷花的边缘绘制路径，如下左图所示。

Step 04 按住Ctrl键的同时单击"图层"面板下方的"添加图层蒙版"按钮，创建已经添加了形状的矢量蒙版，这时荷花部分已经抠取出来了，如下右图所示。

绘制荷花路径

抠取荷花区域

Step 05 要调整荷花的显示区域，则选择钢笔工具后，按住Ctrl键，待钢笔工具的鼠标指针变为白色时，在控制点上单即可调整显示区域，如右图所示。

> **操作提示：图层蒙版与矢量蒙版区别**
> 矢量蒙版和图层蒙版的区别可以用蒙版的颜色判断，图层蒙版隐藏区域为黑色，矢量蒙版隐藏区域为灰色。

调整荷花的显示区域

Step 06 在"荷花"图层下方新建图层并命名为"背景"，设置前景色为深蓝色并填充"背景"图层。执行"滤镜>渲染>光照效果"命令，如下左图所示。

Step 07 在打开的对话框中进行相关参数设置后，单击"确定"按钮，制作从上向下的光照效果，效果如下右图所示。

执行"光照效果"命令   制作光照效果

Step 08 双击"荷花"图层，打开"图层样式"对话框，设置"光泽"、"外发光"和"投影"图层样式，具体参数设置如下左图所示。

Step 09 单击"确定"按钮后查看设置效果，如下右图所示。

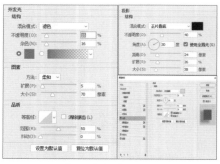

"图层样式"对话框   查看添加图层样式后的效果

Step 10 新建"水波"图层并置于"背景"图层之上，设置前景色为#0c376e。按下M快捷键启用椭圆选框工具，绘制一个椭圆选区并填充前景色，如下左图所示。

Step 11 选中"水波"图层，执行"滤镜>扭曲>水波"命令，打开"水波"对话框，进行相关参数设置，如下右图所示。

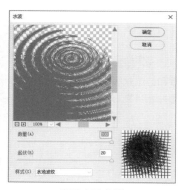

绘制选区并填充前景色   设置水波参数

Step 12 单击"确定"按钮后，查看制作的水波效果，如下左图所示。

Step 13 选中"水波"图层，在"图层"面板中设置图层的混合模式为"颜色减淡"、"不透明度"为35%，效果如下右图所示。

查看水波效果

设置图层混合模式和不透明度

Step 14 选中"荷花"图层，按下Ctrl+J组合，复制"荷花"图层并置于"荷花"图层之下，隐藏其图层样式。按下Ctrl+T组合键启用自由变换，单击鼠标右键，在快捷菜单中选择"垂直翻转"命令，制作荷花的倒影效果，如下左图所示。

Step 15 调整"荷花 拷贝"图层的"不透明度"为23%，效果如下右图所示。

复制并旋转荷花

调整拷贝后图层的不透明度

Step 16 选中"荷花拷贝"图层的"矢量蒙版"，单击鼠标右击，在弹出的快捷菜单中选择"栅格化矢量蒙版"命令，此时可以看到蒙版的隐藏部分从灰色变成了黑色，即将矢量蒙版转换成图层蒙版，以便做出层次效果，如下左图所示。

Step 17 然后使用画笔工具对荷花倒影进行微调，制作出层次感。选中"荷花 拷贝"图层的图层蒙版，按下B快捷键启用画笔工具，调整画笔的"不透明度"后，对倒影的整体效果进行微调，如下右图所示。

将矢量蒙版转换成图层蒙版

倒影的整体效果进行微调

Step 18 最后添加文字以平衡整体效果，首先新建组并命名为"提字"，在组下新建图层并命名为"印章"。设置前景色为红色，按下B快捷键设置合适的画笔大小和预设画笔工具，绘制出印章的红底，如下左图所示。

Step 19 按下T快捷键启用竖排文字蒙版工具，输入"印"字，此时整个图蒙上半透明红色时，如下右图所示。

制作印章的红底　　　　　　　　　　　　　　　　　　　　　输入文字

Step 20 确认操作后，可以看到"印"文字变成了选区。使用键盘上的上下左右键调整选区位置，按下Delete键，完成印章效果的制作，如下左图所示。

Step 21 为整幅图配上文字，并进行艺术排版，最终效果如下右图所示。

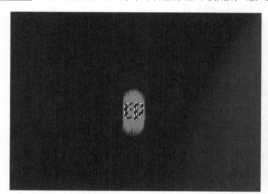 

完成印章效果制作　　　　　　　　　　　　　　　　　　　　查看最终效果

Chapter 10

滤镜的应用

在Photoshop中，滤镜可以快速模拟各种艺术效果，创造出丰富多彩的效果，如素描、油画等。本章将详细介绍各种滤镜的使用方法以及参数的设置，用户熟练掌握滤镜的功能后可以制作出无与伦比的图像效果。

核心知识点

❶ 了解滤镜的概述和分类　　　　　　❸ 掌握滤镜的应用
❷ 熟悉滤镜库和特殊滤镜的应用

自适应广角滤镜的应用

拼贴滤镜的应用

色彩半调滤镜的应用

滤镜的综合应用

10.1 认识滤镜

滤镜，也被称为增效工具，Photoshop中的滤镜功能十分强大，可以创建出各种各样的图像特效。单个滤镜的操作非常简单，但是真正用得恰到好处却很难。Photoshop CC提供了多种滤镜，可以完成纹理、杂色、扭曲和模糊等操作。本节中，将对滤镜的基础知识以及如何综合使用这些滤镜进行介绍。

10.1.1 什么是滤镜

滤镜主要用来实现图像的各种特殊效果。使用滤镜不仅可以对照片进行修饰和修复，为图像提供素描或印象派绘画外观的特殊艺术效果，还可以使用扭曲和镜头光晕创建独特的变化效果。

打开一张素材图，如下左图所示。单击菜单栏中的"滤镜"标签，打开滤镜菜单，在菜单列表中选择"风格化"滤镜命令，在其子菜单中选择"油画"滤镜命令，即可弹出相应的对话框，对其相应参数进行设置，设置完成查看效果，如下右图所示。

原图

应用"油画"滤镜

10.1.2 滤镜的种类

滤镜按安装方式分为内置滤镜和外挂滤镜两大类。内置滤镜是Photoshop自身提供的各种滤镜。外挂滤镜则是由其他厂商开发的滤镜，它们需要安装在Photoshop中才能使用。如果安装外挂滤镜，则它们会出现在"滤镜"菜单底部。

滤镜按应用的难易程度分为特殊滤镜和一般滤镜两大类。特殊滤镜包括"滤镜库"、"镜头校正"、"液化"和"消失点"等，被单独列出。一般滤镜则是被归纳到有相似效果的滤镜组中。

滤镜按用途分为特效滤镜和编辑滤镜两大类。特效滤镜用于创建图像特效，例如可以将图像处理为粉笔、素描等效果。编辑滤镜用于编辑图像，例如为图像减少杂色，或者可以达到锐化、模糊图像等效果的滤镜。

10.1.3 查看滤镜信息

在"帮助>关于增效工具"下拉菜单中包含了Photpshop滤镜和增效工具的目录，选择任意一个，就会显示它的详细信息，如滤镜版本、制作者、所有者等。

操作提示：快速应用滤镜

对图像应用滤镜后，如果发现效果不明显，可按下Ctrl+F组合键再次应用该滤镜。

10.2　滤镜库和特殊滤镜

滤镜库是一个整合了"风格化"、"画笔描边"、"扭曲"、"素描"等多个滤镜组的对话框，它可以将多个滤镜同时应用于同一图像，也能对同一图像多次应用同一滤镜，或者用其他滤镜替换原有的滤镜。特殊滤镜为比较独特的滤镜，通常功能较复杂，所以没有被归纳到某一滤镜组中。

10.2.1　滤镜库概述

滤镜库中提供了多种特殊效果滤镜的预览，在该对话框中可以应用多个滤镜、打开或关闭滤镜的效果、复位滤镜的选项，以及更改应用滤镜的顺序。如果对设置的图像效果满意，单击"确定"按钮即可将设置的效果应用到当前图像中。但是"滤镜库"中只包含"滤镜"菜单中的部分滤镜。

执行"滤镜>滤镜库"命令，即可打开"滤镜库"对话框，如下图所示。

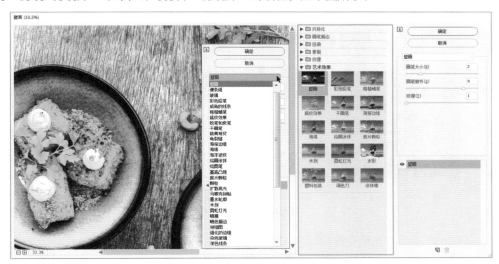

"滤镜库"对话框

下面对"滤镜库"对话框中各参数的含义和应用进行介绍，具体如下。

- 预览区域：在此区域中可以对图像进行预览，通过单击下方的按钮，可设置预览的大小。
- 缩小按钮：单击此按钮，可以将预览窗口中的图像缩小。
- 放大按钮：单击此按钮，可以将预览窗口中的图像放大。
- 缩放列表：单击下拉按钮，在打开的下拉列表中可以选择需要放大的百分比大小。另外，也可以选择在预览窗口中以"实际像素"、"符合视图大小"和"按屏幕大小缩放"方式预览图像。
- 滤镜组名称/滤镜类别：滤镜库中共包含6组滤镜，单击某一组滤镜前的 ▶ 按钮，可以展开该滤镜组。单击某一滤镜即可使用该滤镜，右侧的参数设置区也会显示该滤镜的参数选项。
- 滤镜参数选项组：应用不同的滤镜，在该区域中将显示出不同的选项组，通过设置不同的参数可以得到各种各样的图像效果。
- 滤镜效果图层列表：对当前图像应用多个相同或不同的滤镜命令，在此效果图层列表中，可以将这些滤镜命令效果叠加起来以得到更丰富的效果。
- 滤镜列表：在此列表中显示当前应用的滤镜效果以及应用顺序。
- 新建效果图层 ：单击此按钮，可新建当前所使用的滤镜效果到滤镜图层中。
- 删除效果图层 ：单击此按钮，可将当前滤镜图层列表中的滤镜删除。

10.2.2 自适应广角滤镜

自适应广角滤镜可以用于校正由于使用广角镜头而造成的镜头扭曲，快速拉直在全景图或采用鱼眼镜头和广角镜头拍摄的照片中看起来弯曲的线条。例如，建筑物在使用广角镜头拍摄时会看起来向内倾斜。

自适应广角滤镜可以检测相机和镜头型号，并使用镜头特性对图像进行拉直，还可以添加多个约束，以指示图片不同部分中的直线。拍照时经常会出现广角畸变，在Photoshop CC中新增的"自适应广角"命令，可以快速修复广角畸变。

执行"滤镜>自适应广角"命令，即可打开"自适应广角"对话框，如下图所示。

"自适应广角"对话框

下面对"自适应广角"对话框中各参数的含义和应用进行介绍，具体如下。

- 约束工具 ：使用该工具在画面中有畸变的位置沿着原本应水平或垂直的物体边缘画条直线，Photoshop会自动修复画面因广角产生的畸变。
- 多边形约束工具 ：使用该工具在画面中有畸变的位置沿着原本应水平或垂直的物体边缘画多边形，Photoshop会自动修复画面因广角产生的畸变，该工具更适合纠正建筑物的广角畸变。
- 工具选项组：主要通过选择工具对图像进行拉伸、移动以及放大处理。
- 校正下拉菜单：单击"校正"下拉菜单，列表中包括鱼眼、透视、自动、完整球面4个选项。
- 鱼眼：校正由鱼眼镜头所引起的极度弯度。
- 透视：校正由视角和相机倾斜角所引起的会聚线。
- 自动：自动根据图片效果进行校正。
- 完整球面：校正360度全景图，全景图的长宽比必须为2:1。
- 参数设置区：包含缩放、焦距、裁剪因子三个选项。
- 缩放：用于设置缩放图像比例。使用此值最小化在应用滤镜之后引入的空白区域。
- 焦距：用于设置镜头的焦距。如果在照片中检测到镜头信息，则会自动填写此值。
- 裁剪因子：设置参数值确定如何裁剪最终图像。将此值与"缩放"参数配合使用，以补偿应用滤镜时引入的任何空白区域。
- 细节：用于查看鼠标指定点细节。
- 预览区：用于预览滤镜效果，并可在下方观察照片的相机与拍摄参数。

实战 使用自适应广角滤镜和滤镜库调整图像

学习完Photoshop的滤镜库和自适应广角滤镜的相关操作后，下面以调整图像的案例来巩固所学的知识，具体操作方法如下。

Step 01 打开Photoshop CC软件，按下Ctrl+O组合键打开"城市.jpg"图片，如下左图所示。

Step 02 执行"滤镜>自适应广角"命令或按下Alt+Shift+Ctrl+A组合键，打开自适应广角设置面板，选择约束工具，将鼠标指针放在需要处理区域，然后绘制出一条直线，Photoshop会自动根据绘制的直线修复图像的广角畸变，如下中图所示。

Step 03 在打开的对话框中设置相应的参数，如下右图所示。

打开素材图片　　　　　　　　使用约束工具绘制直线　　　　　　　　设置参数

Step 04 执行"滤镜>滤镜库>艺术效果>干画笔"命令，在对话框中设置相应的参数，如下左图所示。

Step 05 执行"滤镜>滤镜库>画笔描边>强化的边缘"命令，在对话框中设置相应的参数，如下右图所示。

设置干画笔参数　　　　　　　　　　　　设置强化的边缘参数

Step 06 设置完成查看应用滤镜的效果，如下左图所示。

Step 07 调整图像亮度/对比度，添加一些文字查看最终效果，如下右图所示。

查看效果　　　　　　　　　　　　添加文字查看最终效果

10.2.3 Camera Raw 滤镜

Adobe Camera Raw是Photoshop CC中的一个图像处理插件，主要用于处理Raw图像文件。Raw图像文件是未经过压缩处理的原始图像，在该滤镜中可对Raw图像进行精细地设置。Photoshop CC升级以后将Camera Raw作为一个独立的滤镜，这样更方便对除Raw以外的图片格式进行校正调色处理。

执行"滤镜>Camera Raw滤镜"命令，即可打开Camera Raw对话框，如下图所示。

Camera Raw对话框

下面对Camera Raw对话框中各参数的含义和应用进行介绍，具体如下。

- 工具菜单栏：主要包括用于编辑照片图像的工具和设置Camera Raw系统和界面等属性的功能按钮。
- 缩放工具🔍：用于放大或缩小当前图像的视图状态。使用该工具在画面中单击可放大视图；按住Alt键单击，则可缩小画面视图；也可通过拖动，以创建选框的方式调整指定区域的视图大小。
- 抓手工具✋：用于对放大图像调整画面视图位置。使用该工具在画面中拖动可随意挪动画布位置，以查看图像指定区域。
- 白平衡工具✐：用于调整照片的白平衡。使用该工具在照片图像中单击，可进行白平衡调整，调整的颜色将根据所单击点颜色的补色色调应用到整个画面。
- 颜色取样器工具✒：用于取样指定图像区域的颜色，并将其颜色信息保留至取样器。
- 目标调整工具🔍：用于调整图像的色调，包括曲线色调、色相、明度、饱和度以及灰度色调。通过在画面中指定点单击并拖动，即可直接调整图像的色调属性。
- 变换工具🔲：可以自由变换图像垂直、水平的角度，也可对图像进行旋转或缩放。
- 红眼去除工具👁：可去除由于较暗环境下拍摄时开启闪光灯所导致的人物红眼现象，修复人物眼睛。
- 调整画笔工具✐：通过在图像中涂抹以创建快速蒙版并结合"调整画笔"面板，调整照片色调和细节。
- 渐变滤镜工具▣：通过在图像中拖动以创建渐变控制柄并结合"渐变滤镜"面板，调整照片的色调和细节。
- 径向渐变广角〇：通过在图像中拖动，以创建径向渐变，设置面板参数调整照片色调细节。
- 污点去除工具✐：可用于去除照片中的污点瑕疵，也可复制指定的图像到其他图像区域以修复图像。

选中污点去除工具，放置在需要去除污点的地方，鼠标会呈现圆环状，如下左图所示。单击鼠标左键，Photoshop会自动使用与污点相近的像素覆盖污点，如下右图所示。

选中污点去除工具

去除污点

- 图像预览窗口：用于预览打开的照片及调整后的照片效果，可调整视图大小以查看图像。
- 直方图信息：用于查看当前图像的曝光数据信息。
- 调整面板：用于选择指定的调整面板选项按钮，可切换指定的调整面板，调整照片的颜色像素。
- 基本 ●：该按钮用于调整白平衡、颜色饱和度和色调。
- 色调曲线 ▦：该按钮用于设置各通道图像的曲线色调，可采用参数曲线或点曲线来进行调整。
- 细节 ▲：该按钮用于锐化图像细节及减少图像中的杂色。
- HSL/灰度 ▤：该按钮用于对色相、饱和度和明度中的各颜色成分进行微调，也可将照片转换为灰度图像。
- 分离色调 ▤：该按钮用于分别对高光范围和阴影范围的颜色色相和饱和度进行调整。
- 镜头校正 ▥：该按钮用于调整照片的透视角度、透视扭曲和镜头晕影等。
- 效果 ƒx：该按钮用于模拟胶片颗粒或应用裁切后晕影。
- 相机校准 ●：该按钮用于将相机配置文件应用于原始图像，调整色调和非中性色，以补偿相机图像传感器的行为。
- 预设 ≋：该按钮用于将多组图像调整存储为预设。

实战 使用 Camera Raw 滤镜调整图像效果

学习完Photoshop的Camera Raw滤镜工具后，下面以调整图像色调的案例来巩固所学的知识，具体操作方法如下。

Step 01 打开Photoshop CC软件，按下Ctrl+O组合键打开"下午茶.jpg"图片，如下左图所示。

Step 02 执行"滤镜>Camera Raw滤镜"命令或按下Shift+Ctrl+A组合键，如下右图所示。

打开素材图片　　　　执行"滤镜>Camera Raw滤镜"命令

Step 03 单击"基本"按钮，设置相应的参数，在图像预览窗口查看效果，如下左图所示。

Step 04 单击"相机校准"按钮，设置相应的参数，在图像预览窗口查看效果，如下右图所示。

设置"基本"参数

设置"相机校准"参数

Step 05 单击"HSL/灰度"按钮，设置"饱和度"相关参数，在图像预览窗口查看效果，如下左图所示。

Step 06 单击"效果"按钮，设置相应的参数，在图像预览窗口查看效果，如下右图所示。

设置"HSL/灰度"参数

设置"效果"参数

Step 07 设置完成，单击"确定"按钮，查看应用Camera Raw滤镜的效果，如下左图所示。

Step 08 在画面左侧添加一些文字，查看最终效果，如下右图所示。

查看效果

添加文字查看最终效果

10.2.4 镜头校正滤镜

在Photoshop CC中，"镜头校正"滤镜是一个独立滤镜，该滤镜可用于修复常见的镜头瑕疵，如桶形和枕形失真、晕影和色差等。桶形失真是一种镜头缺陷，会导致直线向外弯曲到图像的外缘。枕形失真的效果相反，直线会向内弯曲。晕影效果是图像的边缘会比图像中心暗。色差现象是对象边缘的一圈色边，这是由于镜头对不同颜色的光进行对焦而导致的。

执行"滤镜>镜头校正"命令，即可打开"镜头校正"对话框，如下左图所示。在该对话框中切换至"自定"选项卡，即可进行相关参数设置，如下右图所示。

"镜头校正"对话框　　　　　　　　　　　"自定"选项卡

下面对"镜头校正"对话框中各参数的含义和应用进行介绍，具体如下。

● 工具菜单栏：主要包括用于校正照片的工具。

● 移去扭曲工具：向中心拖动或拖离中心以校正图像。

● 拉直工具：在图像上绘制一条线，可以将图像拉直成新的横向与纵向。

选中拉直工具，放置在需要校正的地方，单击鼠标左键并拖动绘制一条直线，如下左图所示。绘制完成松开鼠标，完成图像校正，如下右图所示。

绘制直线　　　　　　　　　　　　　　　查看效果

● 移动网格工具：拖动可以对移动网格进行移动。

● 抓手工具：拖动可以移动图像视图。

● 缩放工具：对图像大小比例进行调整。

- 校正：在该选项组中可以勾选照片中需要修正的问题复选框。
- 搜索条件：可以设置相机的品牌、型号和镜头型号。
- 镜头配置文件：通过搜索条件筛选，如Photoshop有自带的配置文件，则会出现在这里。Photoshop会根据配置文件里的内容，对图像做自动校正。
- 设置：在该下拉列表中可以校正预设的镜头校正调整参数。
- 几何扭曲：设置"移动扭曲"选项，可校正镜头的桶形或枕形失真，在该数值框中输入数值或拖动滑块，可校正图像的凸起或凹陷状态。
- 色差：设置修复不同的颜色效果。
- 修复红/青边：在数值框中输入数值或拖动下方的滑块，可以去除图像中的红色或青色色痕。
- 修复绿/洋红：在数值框中输入数值或拖动下方的滑块，可以去除图像中的绿色或洋红色痕。
- 修复蓝/黄色：在数值框中输入数值或拖动下方的滑块，可以去除图像中的蓝色或黄色痕。
- 晕影：该选项组用于校正由于镜头缺陷或镜头遮光处理不正确而导致边缘较暗的图像。"数量"选项用于设置沿图像边缘变量或变暗的程度，"中点"选项用于设置控制晕影中心的大小。
- 变换：该选项组用于校正图像变换角度、透视方式等参数。
- 垂直透视：用于校正由于相机向上或向下倾斜而导致的图像透视，使图像垂直平行。
- 水平透视：用于校正图像的水平透视，使水平平行。
- 角度：用于校正图像的选择角度。
- 边缘：指定如何处理由于枕形失真、旋转或透视校正而产生的空白区域。
- 比例：用于向上或向下调整图像由于枕形失真、旋转或透视校正而产生的图像空白区域。放大将导致裁剪图像，并使插值增大到原始像素尺寸。

10.2.5　液化滤镜

液化滤镜是修饰图像和创建艺术效果的强大工具，它能够非常灵活地创建推拉、扭曲、旋转、收缩等变形效果，可以用来修改图像的任意区域。用户可以通过"液化"对话框自定义图像扭曲的范围和强度，还可以将调整好的变形效果存储起来，以便以后使用。

执行"滤镜>液化"命令，即可打开"液化"对话框，如下左图所示。在该对话框中，用户可以单击对话框中各属性前面的按钮▶，打开相应的列表，如下右图所示。

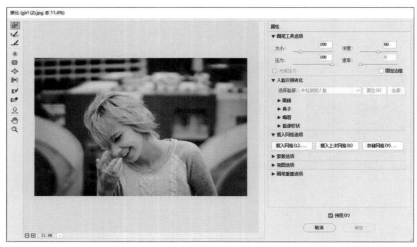

"液化"对话框

属性列表

下面对"液化"对话框中各参数的含义和应用进行介绍，具体如下。

- 向前变形工具 ：选择该工具，单击并拖动鼠标，可以向前推动像素。
- 重建工具 ：选择该工具，单击并拖动鼠标，可以将变形后的图像恢复为原来的效果。
- 平滑工具 ：选择该工具，单击并按住鼠标不动或拖动时，可减轻相应位置图像的液化效果。
- 顺时针旋转扭曲工具 ：选择该工具，单击并按住鼠标不动或拖动时，可顺时针旋转像素。如果按住 Alt键操作，则逆时针旋转像素。
- 褶皱工具 ：选择该工具，单击并按住鼠标不动或拖动时，可以使像素向画笔区域的中心移动，图像会产生向内收缩的效果。
- 膨胀工具 ：选择该工具，单击并按住鼠标不动或拖动时，可以使像素朝着离开画笔区域中心的方向移动，图像会产生向外膨胀的效果。
- 左推工具 ：选择该工具，单击并按住鼠标不动或拖动时，图像中的像素将发生位移变形效果。在拖动时按住Alt键，可在垂直向上拖动时向右推像素，或者垂直向下拖动时向左推像素。
- 冻结蒙版工具 ：选择该工具，用于将图像中不需要变形的部分保护起来，被冻结区将不会受到变形处理。按住Shift键单击，可在当前点和前一次单击点之间的直线中冻结。
- 解冻蒙版工具 ：该工具用于解除图像中的冻结部分。
- 脸部工具 ：该工具可以识别图像中的人像。
- 抓手工具 ：该工具可以用来移动画面。
- 缩放工具 ：选择该工具，在预览区中单击可放大或缩小视图。
- 画笔工具选项：在该选项组中，画笔大小用来设置扭曲图像画笔的宽度；画笔浓度用来设置画笔边缘的羽化范围，可以使画笔中心的效果最强，边缘处的效果最轻；画笔压力用来设置画笔在图像上产生的扭曲速度，较低压力可以减慢更改速度，易于对变形效果进行控制；画笔速率用来设置旋转扭曲等工具在预览图像中保持静止时扭曲所应用的速度，该值越高，扭曲的速度越快。
- 光笔压力：当计算机配置有数位板和压感笔时，勾选该复选框，可通过压感笔的压力控制工具。
- 蒙版选项：在该选项组中，替换选区用来显示原图像中的选区、蒙版或透明度；添加到选区用来显示原图像中的蒙版，此时可以使用冻结工具添加到选区；从选区中减去是从当前的冻结区域中减去通道中的像素；与选区交叉是只使用当前处于冻结状态的选定像素；反相选区是使当前的冻结区域反相；单击"无"按钮，可解冻所有冻结的区域；单击"全部蒙住"按钮，可使图像全部冻结；单击"全部反相"按钮，可使冻结和解冻区域反相。
- 显示图像：勾选该复选框，可在预览区中显示图像。
- 显示网格：勾选该复选框，可在预览区中显示网格，通过网格便于查看和跟踪扭曲，此时"网格大小"和"网格颜色"选项为可选状态，通过它们可以设置网格大小和颜色。如果要将当前的网格存储，可单击对话框顶部的"存储网格"按钮。如果要载入存储的网格，可单击对话框顶部的"载入网格"按钮。
- 显示蒙版：勾选该复选框，可以使用蒙版颜色覆盖冻结区域，在"蒙版颜色"下拉列表中可以选择蒙版的颜色。
- 显示背景：如果当前图像中包含多个图层，可通过勾选该复选框将其他图层显示为背景，以便更好地观察扭曲的图像与其他图层的合成效果。在"使用"下拉列表中可以选择作为背景的图层；在"模式"下拉列表中可以选择将背景放在当前图层的前面或后面，以便跟踪对图像所做出的更改；"不透明度"用来设置背景图层的不透明度。

10.2.6 消失点滤镜

消失点滤镜是一个特殊的滤镜，它可以在包含透视平面的图像中进行透视校正编辑。使用"消失点"滤镜可以在图像中自动应用透视原理，按照透视的角度和比例来自动适应图像的修改，从而大大节约精确设计和修饰照片所需要的时间，所有的操作都采用该透视平面来处理，Photoshop可以确定这些编辑操作的方向，并将它们缩放到透视平面，因此可以使编辑结果更加逼真。

执行"滤镜>消失点"命令，可打开"消失点"对话框，如下图所示。

"消失点"对话框

下面对"消失点"对话框中各参数的含义和应用进行介绍，具体如下。

● 编辑平面工具▶：用来选择、编辑、移动平面的节点或调整平面的大小。

● 创建平面工具▦：用来定义透视平面的四个角节点，创建了四个角节点后，可以移动、缩放平面或重新确定其形状。按住Ctrl键并拖动平面的边节点可以拉出一个垂直平面。在定义透视平面的节点时，如果节点的位置不正确，可按下Backspace键将该节点删除。

● 选框工具▢：在平面上单击并拖动鼠标可以选择图像。选择图像后，将鼠标指针移至选区内，按住Alt键拖动可以复制图像。按住Ctrl键拖动选区，则可以用原图像填充当前区域。

● 图章工具▲：选择该工具后，按住Alt键在图像中单击设置取样点，然后在其他区域拖动鼠标即可复制图像。按住Shift键单击，可以将描边扩展到上一次单击处。

● 画笔工具✎：可在图像上绘制特定的颜色。

● 变换工具▥：使用该工具时，如果移动浮动选区，效果类似于在矩形选区上使用"自由变换"命令。

● 吸管工具✎：可拾取图像中的颜色作为画笔工具的绘画颜色。

● 测量工具▭：可在平面中测量项目的距离和角度。

● 抓手工具✋：放大图像的显示比例后，使用该工具可在窗口内移动图像。

● 缩放工具🔍：在图像上单击，可放大图像的视图，按住Alt键单击，则可缩小视图。

操作提示：滤镜首选项

为了简化菜单，滤镜库中有些滤镜不会呈现在"滤镜"菜单下拉列表的滤镜组中，如果希望在下拉列表中显示滤镜库中的滤镜，可以执行"编辑>首选项>增效工具"命令，勾选"显示滤镜库的所有组和名称"复选框，即可在滤镜库中显示全部滤镜。

10.3 智能滤镜

智能滤镜是Photoshop中经常用到的功能，为智能对象添加的滤镜都是智能滤镜。一般的滤镜需要修改原图像才能呈现特效，而智能滤镜是一种非破坏性的滤镜，可以达到与普通滤镜完全相同的效果，但它是作为图层效果出现在"图层"面板中的，因此不会真正改变图像中的任何像素，并且，还可以随时修改参数或者删除滤镜。

10.3.1 智能滤镜和普通滤镜的区别

Photoshop中，普通的滤镜是通过修改原图像像素来生成效果。当对图像应用了普通滤镜之后，如果超出了"历史记录"面板所能记录的步骤范围并被保存后，就再也无法恢复到添加普通滤镜前的状态。普通滤镜的参数一旦设定就不能更改，且可调节参数较少。智能滤镜是将滤镜效果应用于智能对象上，不会修改图像上的原始数据，并且在调节滤镜方面具有更多的控制选项。

打开素材图片，查看"图层"面板，如下左图所示。执行"滤镜>滤镜库>画笔描边>强化的边缘"命令，设置完成查看画面效果及"图层"面板，如下右图所示。可以看到，图层面板没有变化。

素材图的"图层"面板

应用"普通滤镜"的"图层"面板

智能滤镜包含一个类似于图层样式的列表，列表中显示了用户使用的滤镜，只要单击智能滤镜前面的眼睛图标，将滤镜效果隐藏或删除，即可恢复原始图像。

在图层上右击，选择"转换为智能对象"命令，如下左图所示。设置完成查看"图层"面板的变化，如下中图所示。执行"滤镜>滤镜库>画笔描边>强化的边缘"命令，设置完成查看画面效果及"图层"面板，如下右图所示。双击滤镜名称后，可以反复对滤镜参数进行修改。

转换为智能对象

查看"图层"面板

应用"智能滤镜"的"图层"面板

操作提示：哪些滤镜可以作为智能滤镜使用

在Photoshop CC中，除"液化"和"消失点"等少数滤镜以外，其他的都可以作为智能滤镜使用，这其中也包括支持智能滤镜的外挂滤镜。此外，"图像>调整"菜单中的"阴影/高光"和"变化"命令也可以作为智能滤镜来使用。

10.3.2　创建智能滤镜

为图像创建智能滤镜有两种方法，一是在需要创建滤镜的图层上右击，选择"转换为智能对象"命令，如下左图所示。二是执行"滤镜>转换为智能滤镜"命令，如下右图所示。

转换为智能对象　　　　　　　　　执行"转换为智能滤镜"命令

10.3.3　修改智能滤镜

如果需要修改滤镜本身的自带参数，可以在"图层"面板中双击该滤镜效果名称，如下左图所示。会弹出对应的滤镜对话框，直接修改参数即可。

如果需要修改滤镜与下面滤镜或者图层的混合模式和不透明度，可以在"图层"面板中双击"混合选项"图标，如下中图所示。这时弹出"混合选项"对话框，直接修改参数即可，如下右图所示。

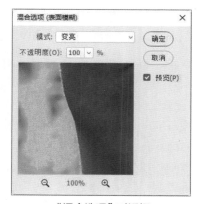

双击滤镜效果名称　　　　　　双击"混合选项"图标　　　　　　"混合选项"对话框

10.3.4　遮盖智能滤镜

当智能滤镜应用于某个智能对象时，Photoshop会在"图层"面板中该智能滤镜行上显示一个空白蒙版缩览图。默认情况下，此蒙版显示完整的滤镜效果。编辑蒙版可以有选择性地遮盖智能滤镜，使滤镜只影响图像的一部分。

滤镜蒙版的工作方式与图层蒙版非常类似，可以对它们使用许多相同的技巧。滤镜蒙版与图层蒙版一样作为Alpha通道存储在"通道"面板中，可以将其边界作为选区载入；与图层蒙版一样可以在滤镜蒙版上进行绘画，用黑色绘制的滤镜区域将被隐藏，用白色绘制的区域将可见，用灰色绘制的区域将以不同级别的透明度出现。

10.3.5　重新排列智能滤镜

当用户对一个图层应用了多个智能滤镜，如下左图所示。可以在智能滤镜列表中上下拖动这些滤镜，重新排列它们的顺序，Photoshop会按照由下而上的顺序应用滤镜，因此，图像效果会发生改变，如下右图所示。

原滤镜效果

调整滤镜顺序后效果

10.3.6　复制和删除智能滤镜

在"图层"面板中按住Alt键，将智能滤镜从一个智能对象拖动到另一个智能对象上或拖动到智能滤镜列表中的新位置，如下左图所示。放开鼠标以后，可以复制智能滤镜，如下右图所示。如果要复制所有智能滤镜，可按住Alt键并拖动在智能对象图层旁边出现的智能滤镜图标 。

拖动智能滤镜

复制智能滤镜

如果要删除单个智能滤镜，可以单击该滤镜，将它拖动到"图层"面板中的"删除图层"按钮上，如下左图所示。也可以选中需要删除的智能滤镜并右击，执行"删除智能滤镜"命令，如下中图所示。如果要删除应用于智能对象的所有智能滤镜，可以选择该智能对象图层并右击，执行"清除智能滤镜"命令，如下右图所示。

拖动到"删除图层"按钮上

执行"删除智能滤镜"命令

执行"清除智能滤镜"命令

10.4 风格化滤镜组

"风格化"滤镜组中的滤镜主要通过置换像素并且查找和提高图像中的对比度，产生一种绘画或印象派艺术效果。"风格化"滤镜组中包括"查找边缘"、"等高线"、"风"、"浮雕效果"、"扩散"、"拼贴"、"曝光过度"、"凸出"、"油画"和"照亮边缘"10种滤镜。

值得注意的是，在"风格化"滤镜组中只有"照亮边缘"滤镜收录在滤镜库中，而其他滤镜则可通过执行"滤镜>风格化"命令，在子菜单中选择。下面分别对这些滤镜的原理和应用进行介绍。

1. "查找边缘"滤镜

"查找边缘"滤镜能查找图像中主色块颜色变化的区域，并将查找到的边缘轮廓描边，使图像看起来像用笔刷勾勒的轮廓，使用该滤镜，可用显著的转换标识图像的区域，突出边缘。打开素材图片，如下左图所示。执行"滤镜>风格化>查找边缘"命令，效果如下右图所示。

素材图

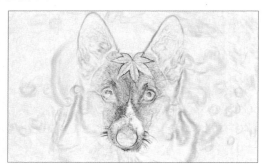
应用"查找边缘"滤镜的效果

2. "等高线"滤镜

"等高线"滤镜可以沿图像亮部区域和暗部区域的边界绘制颜色比较浅的线条效果。执行完"等高线"滤镜后，计算机会把当前文件图像以线条的形式展现。执行"滤镜>风格化>等高线"命令，打开"等高线"对话框，对其参数进行调整，如下左图所示。设置完成查看效果，如下右图所示。

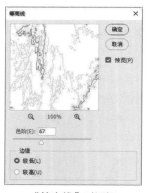
"等高线"对话框

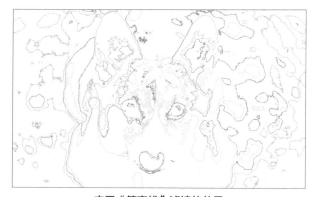
应用"等高线"滤镜的效果

下面对"等高线"对话框中各参数的含义和应用进行介绍，具体如下。

● 色阶：用来设置描绘边缘的基准亮度等级。

● 边缘：用来设置处理图像边缘的位置，以及边界的产生方法。选择"较低"单选按钮时，可以在基准亮度等级以下的轮廓上生成等高线；选择"较高"单选按钮时，则在基准亮度等级以上的轮廓上生成等高线。

3. "风"滤镜

"风"滤镜可以对图像的边缘进行位移，创建出水平线，从而模拟风的动感效果，是制作纹理或为文字添加阴影效果时常用的滤镜工具，在其对话框中可设置风吹效果样式以及风吹方向。执行"滤镜>风格化>风"命令，打开"风"对话框，对其参数进行调整，如下左图所示。设置完成查看效果，如下右图所示。

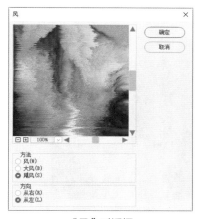

"风"对话框　　　　　　　　　　　　　　　　　应用"风"滤镜的效果

下面对"风"对话框中各参数的含义和应用进行介绍，具体如下。

● 方法：可选择三种类型的风，包括"风"、"大风"和"飓风"。

● 方向：可设置风源的方向，即从右向左吹或从左向右吹。

4. "浮雕效果"滤镜

"浮雕效果"滤镜能通过勾画图像的轮廓和降低周围色值来产生灰色的浮凸效果。执行该滤镜命令后图像会自动变为深灰色，为图像造成凸出的视觉效果。执行"滤镜>风格化>浮雕效果"命令，打开"浮雕效果"对话框，对其参数进行调整，如下左图所示。设置完成查看效果，如下右图所示。

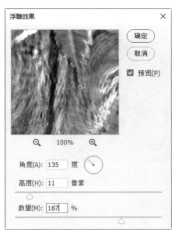
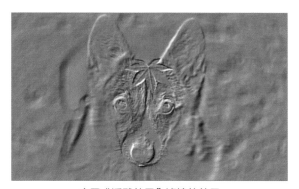

"浮雕效果"对话框　　　　　　　　　　　　　应用"浮雕效果"滤镜的效果

下面对"浮雕效果"对话框中各参数的含义和应用进行介绍，具体如下。

● 角度：用于设置照射浮雕的光线角度，它会影响浮雕的凸出位置。

● 高度：用于设置浮雕效果凸起的高度。

● 数量：用于设置浮雕滤镜的作用范围，该值越高边界越清晰，小于40%时，整个图像会变灰。

5.“扩散”滤镜

“扩散”滤镜通过随机移动像素或明暗互换，使处理后的图像看起来更像是透过磨砂玻璃观察的模糊效果。执行“滤镜>风格化>扩散”命令，打开“扩散”对话框，对其参数进行调整，如下左图所示。设置完成查看效果，如下右图所示。

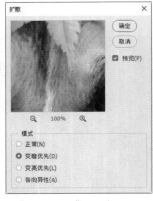 

“扩散”对话框
应用“扩散”滤镜的效果

下面对“扩散”对话框中各参数的含义和应用进行介绍，具体如下。

- 正常：图像的所有区域都进行扩散处理，与图像的颜色值没有关系。
- 变暗优先：用较暗的像素替换亮的像素，暗部像素扩散。
- 变亮优先：用较亮的像素替换暗的像素，只有亮部像素产生扩散。
- 各向异性：在颜色变化最小的方向上搅乱像素。

6.“拼贴”滤镜

“拼贴”滤镜会根据参数设置对话框中设定的值将图像分成小块，使图像看起来像是由许多画在瓷砖上的小图像拼成的效果。设置背景色为#b75621，执行“滤镜>风格化>拼贴”命令，打开“拼贴”对话框，对其参数进行调整，如下左图所示。设置完成查看效果，如下右图所示。

“拼贴”对话框
应用“拼贴”滤镜的效果

下面对“拼贴”对话框中各参数的含义和应用进行介绍，具体如下。

- 拼贴数：设置图像拼贴块的数量。当拼贴数达到99时，整个图像将被“填充空白区域用”选项组中设定的颜色覆盖。
- 最大位移：设置拼贴块的间隙。

7.“曝光过度”滤镜

“曝光过度”滤镜可以混合正片和负片图像，产生类似于摄影中的底片短暂曝光的效果，该滤镜无相应的对话框。

8. "凸出" 滤镜

"凸出"滤镜根据设置的不同选项，为选区或整个图层上的图像制作一系列块状或金字塔的三维纹理，适用于制作刺绣或编织工艺所用的一些图案。执行"滤镜>风格化>凸出"命令，打开"凸出"对话框，对其参数进行调整，如下左图所示。设置完成查看效果，如下右图所示。

"凸出"对话框   应用"凸出"滤镜的效果

下面对"凸出"对话框中各参数的含义和应用进行介绍，具体如下。

● 类型：用于设置图像凸起的方式。选择"块"单选按钮，可以创建具有一个方形的正面和四个侧面的对象，选择"金字塔"单选按钮，则创建具有相交于一点的四个三角形侧面的对象。

● 大小：用于设置立方体或金字塔地面的大小，该值越高，生成的立方体或椎体越大。

● 深度：用于设置凸出对象的高度，"随机"表示为每个块或金字塔设置任意的高度；"基于色阶"则表示使每个对象的深度与其亮度对应，越亮凸出的越多。

● 立方体正面：勾选该复选框，将失去图像整体轮廓，生成的立方体上只显示单一的颜色。

● 蒙版不完整块：勾选该复选框，可以隐藏所有延伸出的对象。

9. "油画" 滤镜

Photoshop内置的艺术风格滤镜很多，但是一直没有油画风格的滤镜，在Photoshop CC 2017中增加了油画风格滤镜。执行"滤镜>风格化>油画"命令，打开"油画"对话框，对其参数进行调整，如下左图所示。设置完成查看效果，如下右图所示。

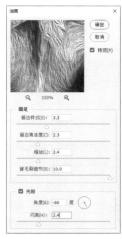

"油画"对话框   应用"油画"滤镜的效果

下面对"油画"对话框中各参数的含义和应用进行介绍，具体如下。

● 画笔：通过调节画笔的描边样式、描边清洁度、缩放、硬毛刷细节来调节画笔笔触效果。

● 光照：用于调节光线的角度与闪亮度。

10."照亮边缘"滤镜

"照亮边缘"滤镜是通过查找并标识颜色的边缘，为其增加类似霓虹灯的亮光效果。执行"滤镜>滤镜库"命令，在打开的滤镜库对话框中展开"风格化"折叠按钮，选择"照亮边缘"滤镜选项，如下左图所示。在其中可以预览到图像效果，对其参数进行调整后查看效果，如下右图所示。

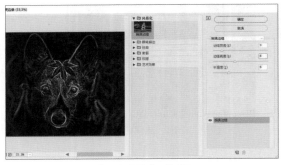

"照亮边缘"对话框   应用"照亮边缘"滤镜的效果

下面对"照亮边缘"对话框中各主要参数的含义和应用进行介绍，具体如下。

● 边缘宽度：调整数值可以增加或减少被照亮边缘的宽度。

● 边缘亮度：调整数值可以设置被照亮边缘的亮度。

● 平滑度：调整数值可以设置被照亮边缘的平滑度。

10.5 模糊滤镜组

"模糊"滤镜组中的滤镜多用于不同程度地减少相邻像素间颜色差异的图像，使该图像产生柔和或模糊的效果。通过平衡图像中已定义的线条和遮蔽区域清晰边缘旁边的像素，来柔化选区或整个图像。

"模糊"滤镜组中包括了"表面模糊"、"动感模糊"、"方框模糊"、"高斯模糊"、"进一步模糊"、"径向模糊"、"镜头模糊"、"模糊"、"平均"、"特殊模糊"和"形状模糊"11种滤镜。下面分别对这些滤镜的原理进行介绍，并对一些典型滤镜进行图像效果展示。

1."表面模糊"滤镜

"表面模糊"滤镜可以对图像边缘以内的区域进行模糊，在模糊图像时保留图像边缘，创建特殊效果以及去除杂点和颗粒，从而产生清晰边界的模糊效果。打开素材图片，如下左图所示。执行"滤镜>模糊>表面模糊"命令，打开"表面模糊"对话框，对其参数进行调整，如下中图所示。设置完成查看效果，如下右图所示。

素材图   "表面模糊"对话框   应用"表面模糊"滤镜的效果

下面对"表面模糊"对话框中各参数的含义和应用进行介绍，具体如下。

● 半径：用于指定模糊取样区域的大小。

● 阈值：用于控制相邻像素色调与中心像素值相差多大时才能成为模糊的一部分，色调值小于阈值的像素将被排除在模糊之外。

2."动感模糊"滤镜

"动感模糊"滤镜是通过模仿拍摄运动物体的手法，使像素进行某一方向上的线性位移来产生运动模糊效果。该滤镜是把当前图像的像素向两侧拉伸，在对话框中可以对角度以及拉伸的距离进行调整。执行"滤镜>模糊>动感模糊"命令，打开"动感模糊"对话框，对其参数进行调整，如下左图所示。设置完成查看效果，如下右图所示。

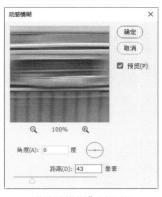 

"动感模糊"对话框　　　　　应用"动感模糊"滤镜的效果

下面对"动感模糊"对话框中各参数的含义和应用进行介绍，具体如下。

● 角度：用于设置模糊的方向，可输入角度数值，也可以拖动指针调整角度。

● 距离：用于设置像素移动的距离。

3."方框模糊"滤镜

"方块模糊"滤镜是以邻近像素颜色平均值为基准模糊图像，可以基于邻近像素的平均颜色值来模糊图像，生成类似于方块状的特殊模糊效果。执行"滤镜>模糊>方框模糊"命令，打开"方框模糊"对话框，设置"半径"值，可以调整用于计算给定像素的平均值的区域大小，如下左图所示。设置完成查看效果，如下右图所示。

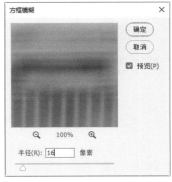 

"方框模糊"对话框　　　　　应用"方框模糊"滤镜的效果

4. "高斯模糊"滤镜

"高斯模糊"滤镜可根据数值快速地模糊图像，产生很好的朦胧效果。该滤镜可以添加低频细节，使图像产生一种朦胧效果。执行"滤镜>模糊>高斯模糊"命令，打开"高斯模糊"对话框，其中"半径"值可以设置模糊的范围，它以像素为单位，数值越高，模糊效果越强烈，如下左图所示。设置完成查看效果，如下右图所示。

"高斯模糊"对话框　　　　　　应用"高斯模糊"滤镜的效果

5. "进一步模糊"和"模糊"滤镜

"进一步模糊"和"模糊"滤镜都可以在图像中有显著颜色变化的地方消除杂色。"模糊"滤镜可对边缘过于清晰、对比度过于强烈的区域进行光滑处理，能够产生轻微的模糊效果，而"进一步模糊"滤镜产生的效果要比"模糊"滤镜强3~4倍，这两个滤镜都没有对话框。

6. "径向模糊"滤镜

"径向模糊"滤镜可产生具有辐射性的模糊效果，模拟相机前后移动或旋转产生的模糊效果。执行"滤镜>模糊>径向模糊"命令，打开"径向模糊"对话框，对其参数进行调整，如下左图所示。设置完成查看效果，如下右图所示。

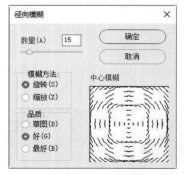 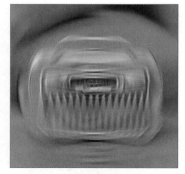

"径向模糊"对话框　　　　　　应用"径向模糊"滤镜的效果

下面对"径向模糊"对话框中各参数的含义和应用进行介绍，具体如下。

● 模糊方法：选择"旋转"单选按钮时，图像会沿着同心圆环线产生旋转的模糊效果；选择"缩放"单选按钮，则会产生放射状模糊效果。

● 中心模糊：在该设置框内单击，可以将单击点定义为模糊的原点，原点位置不同，模糊中心也不相同。

● 数量：用于设置模糊的强度，该值越高，模糊效果越强烈。

● 品质：用于设置应用模糊效果后图像的显示品质。若选择"草图"单选按钮，则处理的速度最快，但会产生颗粒状效果；若选择"好"和"最好"单选按钮，则可以产生较为平滑的效果，但区别并不明显。

7."特殊模糊"滤镜

"特殊模糊"滤镜可以查找图像的边缘并对边界线以内的区域进行模糊处理。应用该滤镜可以在模糊图像的同时仍使图像具有清晰的边界，有助于去除图像色调中的颗粒、杂色，从而产生一种边界清晰、中心模糊的效果。执行"滤镜>模糊>特殊模糊"命令，打开"特殊模糊"对话框，对其参数进行调整，如下左图所示。设置完成查看效果，如下右图所示。

"特殊模糊"对话框　　　　　　　　应用"特殊模糊"滤镜的效果

下面对"特殊模糊"对话框中各参数的含义和应用进行介绍，具体如下。

● 阈值：用于确定像素具有多大差异后才会被模糊处理。

● 品质：用于设置图像的品质，包括"低"、"中等"和"高"三种。

● 模式：在该选项的下拉列表中可以选择产生模糊效果的模式。在"正常"模式下，不会添加特殊效果；在"仅限边缘"模式下，会以黑色显示图像，以白色描示；在"叠加边缘"模式下，则以白色描绘出图像边缘像素亮度值变化强烈的区域。

8."镜头模糊"滤镜

"镜头模糊"滤镜可以向图像中添加模糊来产生更窄的景深效果，以便使图像中的一些对象在焦点内，而使另一些区域变模糊。应用该滤镜可以使用简单的选区来确定哪些区域变模糊，或者可以提供单独的Alpha通道深度映射来准确描述增加模糊。打开素材图片后，执行"滤镜>模糊>镜头模糊"命令，将打开"镜头模糊"对话框，对其参数进行调整，设置完成即可查看效果。

9."平均"滤镜

"平均"滤镜可查找图像或选区的平均颜色，然后用该颜色填充图像或选区以创建平滑外观，一般情况下将会得到一片单一的颜色。打开素材图片，如下左图所示。执行"滤镜>模糊>平均"命令，效果如下右图所示。

素材图　　　　　　　　　　　应用"平均"滤镜的效果

10. "形状模糊"滤镜

"形状模糊"滤镜可以使用指定的形状作为模糊中心进行模糊。执行"滤镜>模糊>形状模糊"命令，打开"形状模糊"对话框，对其参数进行调整，如下左图所示。设置完成查看效果，如下右图所示。

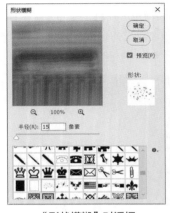 

"形状模糊"对话框   应用"形状模糊"滤镜的效果

下面对"形状模糊"对话框中各参数的含义和应用进行介绍，具体如下。

- 半径：用于设置形状的大小，该值越高，模糊效果越好。
- 形状列表：选择列表中的一个形状，即可使用该形状模糊图像。单击列表右侧的 ⊙ 按钮，可以在打开的下拉菜单中载入其他形状库。

10.6 模糊画廊滤镜组

在Photoshop CC 2017中新增加了一个"模糊画廊"滤镜组，其中包含5种特殊模糊滤镜，有"场景模糊"、"光圈模糊"、"移轴模糊"、"路径模糊"和"旋转模糊"滤镜。

1. "场景模糊"滤镜

由于镜头的限制以及诸多拍摄因素的影响，有时候拍摄出的照片景深效果并不满意，可以依靠"场景模糊"滤镜对照片的景深进行再处理。

打开素材图片，如下左图所示。执行"滤镜>模糊画廊>场景模糊"命令，即可打开"模糊工具"参数设置面板，图片的中心会出现一个黑圈带有白边的图形，同时鼠标指针会变成一个图钉形状，并且旁边带有一个"+"号，这时在图片需要模糊的位置单击一下就可以新增一个模糊区域，如下右图所示。

素材图   显示控制点

用鼠标单击模糊圈的中心，即可选择相应的模糊点，然后在参数面板中设置相关参数，如下左图所示。按住鼠标左键可以移动该模糊点，设置好参数后按Enter键确认模糊效果，如下右图所示。

"场景模糊"对话框　　　　　　　应用"场景模糊"滤镜的效果

下面对"场景模糊"对话框中各参数的含义和应用进行介绍，具体如下。

- 光源散景：控制散景的亮度，也就是图像中高光区域的亮度，数值越大亮度越高。
- 散景颜色：控制高光区域的颜色，由于是高光，颜色一般都比较淡。
- 光照范围：用色阶来控制高光范围，数值为0~255之间，范围越大，高光范围越大，相反高光就越少。

2."光圈模糊"滤镜

使用"光圈模糊"滤镜能够模拟相机景深效果，给照片添加背景虚化，用户可在画面中设置保持清晰的位置，以及虚化范围和程度等参数。

打开素材图片，如下左图所示。执行"滤镜>模糊画廊>光圈模糊"命令，即可打开"光圈模糊"的参数设置面板，图片上会出现一个小圆环，把中心的黑白圆环移到图片中需要对焦的对象上面，如下右图所示。

外围的4个小菱形叫作手柄，选择相应的手柄拖曳，可以把圆形区域的某个地方拉大，把圆形变成椭圆，同时还可以旋转；圆环右上角的白色菱形叫作圆度手柄，选择后按住鼠标往外拖曳，可以把圆形或椭圆形变成圆角矩形，再往里拖又可以缩回来；位于内侧的4个白点叫作羽化手柄，用它可以控制羽化焦点到圆环外围的羽化过渡。

素材图　　　　　　　　　　　显示控制点

257

设置参数及圆环大小，如下左图所示。跟"场景模糊"滤镜一样，可以添加多个图钉来控制图像不同区域的模糊。设置好参数后按Enter键确认模糊效果，如下右图所示。

"光圈模糊"对话框 　　　　应用"光圈模糊"滤镜的效果

3."路径模糊"滤镜

"路径模糊"滤镜可以得到适应路径形状的模糊效果，用户可以在图像中添加图钉并编辑路径，再设置参数。

4."旋转模糊"滤镜

"旋转模糊"滤镜可以得到圆形旋转的模糊效果。打开素材图片，如下左图所示。执行"滤镜>模糊画廊>旋转模糊"命令，即可打开"场景模糊"的参数设置面板，如下中图所示。设置完成查看效果，如下右图所示。

素材图 　　　　　　　显示控制点 　　　　　应用"旋转模糊"滤镜的效果

5."移轴模糊"滤镜

"移轴模糊"滤镜比较适合用于俯拍或者镜头有些倾斜的图片。

打开素材图片，如下左图所示。执行"滤镜>模糊画廊>移轴模糊"命令，即可打开"移轴模糊"的参数设置面板，用户可以在图像中添加图钉，最里面的两条直线区域为聚焦区，位于这个区域的图像是清晰的。中间有两个小方块叫作旋转手柄，可以旋转线条的角度及调大聚焦的区域。聚焦区以外、虚线区以内的部分为模糊过渡区，把鼠标指针放在虚线位置，可以拖曳拉大或缩小相应模糊的区域，如下右图所示。

素材图

显示控制点

设置参数及圆环的大小位置，如下左图所示。跟"场景模糊"滤镜一样，可以添加多个图钉来控制图像不同区域的模糊。设置好参数后按Enter键确认模糊效果，如下右图所示。

"移轴模糊"对话框

应用"移轴模糊"滤镜的效果

下面对"移轴模糊"对话框中各主要参数的含义和应用进行介绍，具体如下。

● 模糊：设置模糊的程度。

● 扭曲度：设置图片底部图像的扭曲程度，勾选"对称扭曲"复选框后，顶部及底部图像同时扭曲。

10.7 扭曲滤镜组

"扭曲"滤镜组中的滤镜主要用于对平面图像进行扭曲，使其产生旋转、挤压和水波等变形效果。

"扭曲"滤镜组包括了"波浪"、"波纹"、"极坐标"、"挤压"、"切变"、"球面化"、"水波"、"旋转扭曲"、"置换"、"玻璃"、"海洋波纹"和"扩散亮光"12种滤镜，仅"玻璃"、"海洋波纹"和"扩散亮光"收录在库中。这些滤镜运行时会占用较多的内存空间，下面分别对这些滤镜的原理进行介绍，并对一些典型滤镜进行图像效果展示。

1."波浪"滤镜

"波浪"滤镜可以通过设置波浪生成器的数量、波长、波浪高度和波浪类型等选项，创建具有波浪的纹理效果。

打开素材图片，如下左图所示。执行"滤镜>扭曲>波浪"命令，打开"波浪"对话框，对其参数进行调整，如下中图所示。设置完成查看效果，如下右图所示。

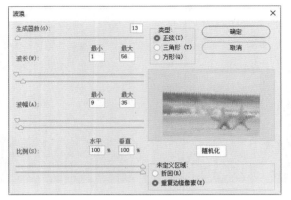

素材图   "波浪"对话框   应用"波浪"滤镜的效果

下面对"波浪"对话框中各参数的含义和应用进行介绍，具体如下。

- 生成器数：用于设置产生波纹效果的震源总数。
- 波长：用于设置相邻两个波峰的水平距离，分为最小波长和最大波长两部分，最小波长不能超过最大波长。
- 波幅：用于设置最大和最小的波幅，其中最小的波幅不能超过最大的波幅。
- 比例：用于控制水平和垂直方向的波动幅度。
- 类型：用于设置波浪的形态，包括"正弦"、"三角形"和"方形"三个单选按钮。
- 随机化：单击该按钮可随机改变在前面设定下的波浪效果。如果对当前产生的效果不满意，可单击此按钮，生成新的波浪效果。
- 未定义区域：用于设置如何处理图像中出现的空白区域，选择"折回"单选按钮，可在空白区域填入溢出的内容；选择"重复边缘像素"单选按钮，可填入扭曲边缘的像素颜色。

2. "波纹"滤镜

"波纹"滤镜跟"波浪"滤镜的工作方式相同，但提供的选项较少，只能控制波纹的数量和波纹大小。"波纹"滤镜可以在选区上创建波状起伏的图案，就像水池表面的波纹一样。如果想要在图像中制作出更多的波纹效果，可以使用该滤镜。

3. "极坐标"滤镜

"极坐标"滤镜可根据选择的选项，将选区从平面坐标转换到极坐标，或者将选区从极坐标转换到平面坐标，该滤镜可以创建圆柱变体（18世纪流行的一种艺术形式）。

4. "挤压"滤镜

"挤压"滤镜可以将整个图像或选区内的图像向内或向外挤压。其"数量"参数若设置为正值，则将选区向中心移动；"数量"参数若设置为负值，则将选区向外移动。

5. "切变"滤镜

"切变"滤镜是比较灵活的滤镜，用户可以按照自己设定的曲线来扭曲图像。打开"切变"对话框以后，在曲线上单击可以添加控制点，通过拖动控制点改变曲线的形状即可扭曲图像。如果要删除某个控制点，将其拖至对话框外即可。

打开素材图片，如下左图所示。执行"滤镜>扭曲>切变"命令，打开"切变"对话框，对其参数进行调整，如下中图所示。设置完成查看效果，如下右图所示。

素材图

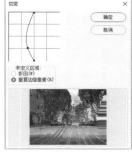
"切变"对话框

应用"切变"滤镜的效果

下面对"切变"对话框中各主要参数的含义和应用进行介绍,具体如下。

● 折回:选择该单选按钮,可在空白区域中填入溢出图像之外的图像内容。

● 重复边缘像素:选择该单选按钮,可在空图像边界不完整的空白区域填入扭曲边缘的像素颜色。

6."球面化"滤镜

"球面化"滤镜可通过将选区折成球形扭曲图像或伸展图像,以适合选中的曲线,使对象具有3D效果。

打开素材图片,如下左图所示。执行"滤镜>扭曲>球面化"命令,打开"球面化"对话框,对其参数进行调整,如下中图所示。设置完成查看效果,如下右图所示。

素材图

"球面化"对话框

应用"球面化"滤镜的效果

下面对"球面化"对话框中各参数的含义和应用进行介绍,具体如下。

● 数量:用于设置挤压程度,该值为正值时,图像向外凸起;该值为负值时,图像向内收缩。

● 模式:在该下拉列表中可以选择挤压方式,包括"正常"、"水平优先"和"垂直优先"。

7."水波"滤镜

"水波"滤镜可根据选区中像素的半径将选区径向扭曲,在该滤镜的对话框中通过设置"起伏"参数,可控制水波方向从选区的中心到其边缘的反转次数。

打开素材图片,如下左图所示。执行"滤镜>扭曲>水波"命令,打开"水波"对话框,对其参数进行调整,如下中图所示。设置完成查看效果,如下右图所示。

素材图

"水波"对话框

应用"水波"滤镜的效果

下面对"水波"对话框中各参数的含义和应用进行介绍，具体如下。

- 数量：用于设置波纹的大小，范围为−100~100。负值产生下凹的波纹，正值产生上凸的波纹。
- 起伏：用于设置波纹数量，范围为1~20，该值越高，波纹越多。
- 样式：用于设置波纹形成的方式，选择"围绕中心"选项，可以围绕图像的中心产生波纹；选择"从中心向外"选项，波纹从中心向外扩散；选择"水池波纹"选项，可以产生同心状波纹。

8. "旋转扭曲"滤镜

"旋转扭曲"滤镜可以使图像产生旋转的风轮效果，旋转会围绕图像中心进行，且中心的旋转程度比边缘的旋转程度大，指定角度时可生成旋转扭曲图案。另外，该滤镜也可以用于修复从中心扭曲的图像，使之恢复成正常状态下的图像。

打开素材图片，如下左图所示。执行"滤镜>扭曲>旋转扭曲"命令，打开"旋转扭曲"对话框，对其参数进行调整，如下中图所示。设置完成查看效果，如下右图所示。

素材图

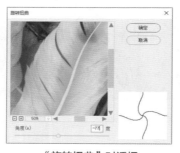
"旋转扭曲"对话框

应用"旋转扭曲"滤镜的效果

在"旋转扭曲"对话框中，"角度"值用于控制图像的扭曲方向。当"角度"值为正值时，沿顺时针方向扭曲；当"角度"值为负数时，沿逆时针方向扭曲。

9. "置换"滤镜

"置换"滤镜可为置换的图像确定如何扭曲选区，使用抛物线形的置换图创建的图像看上去像是印在一块两角固定悬垂的布上的效果。如果置换图的大小与选区的大小不同，则选择置换图适合图像的方式。在"置换"对话框中选择"伸展以适合"单选按钮，可调整置换图大小，选择"拼贴"单选按钮，可通过在图案中重复置换图案填充选区。

执行"滤镜>扭曲>置换"命令，打开"置换"对话框，对其参数进行调整，如下左图所示。单击"确定"按钮，在打开的对话框中选取一个置换图，如下中图所示。设置完成查看效果，如下右图所示。

"置换"对话框

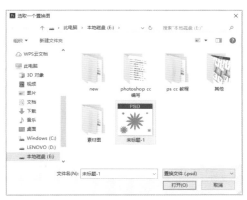
"选取一个置换图"对话框

应用"置换"滤镜的效果

下面对"置换"对话框中各主要参数的含义和应用进行介绍，具体如下。

● 水平比例/垂直比例：用于设置置换图在水平和垂直方向上的变形比例。

● 置换图：当置换图与当前图像大小不同时，选择"伸展以适合"单选按钮，置换图的尺寸会自动调整为与当前图像相同大小；选择"拼贴"单选按钮，则以拼贴的方式来填补空白区域。

● 未定义区域：可以选择一种方式，在图像边界不完整的空白区域填入边缘的像素颜色。

10."玻璃"滤镜

"玻璃"滤镜可以制作细小的纹理，使图像呈现出透过不同类型的玻璃传看的模拟效果。执行"滤镜>滤镜库>扭曲>玻璃"命令，打开"玻璃"对话框，对其参数进行调整，如下左图所示。设置完成查看效果，如下右图所示。

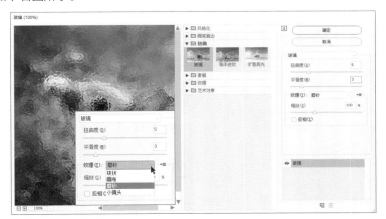
"玻璃"对话框

应用"玻璃"滤镜的效果

下面对"玻璃"对话框中各参数的含义和应用进行介绍，具体如下。

● 扭曲度：用于设置扭曲效果的强度，该值越高，图像的扭曲度越强烈。

● 平滑度：用于设置扭曲效果的平滑程度，该值越低，扭曲的纹理越细小。

● 纹理：在下拉列表中可以选择扭曲时产生的纹理，包括"块状"、"画布"、"磨砂"和"小镜头"选项。单击"纹理"右侧的 ▾≡ 按钮，选择"载入纹理"选项，可以载入一个PSD格式的文件作为纹理文件来扭曲滤镜。

● 缩放：用于设置纹理的缩放程度。

● 反相：勾选该复选框，可以反转纹理凹凸方向。

11. "海洋波纹"滤镜

"海洋波纹"滤镜为图像表面增加随机间隔的波纹，使图像产生类似海洋表面的波纹效果，有"波纹大小"和"波纹幅度"两个参数值。执行"滤镜>滤镜库>扭曲>海洋波纹"命令，打开"海洋波纹"对话框，对其参数进行调整，如下左图所示。设置完成查看效果，如下右图所示。

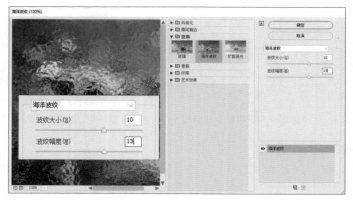

"海洋波纹"对话框   应用"海洋波纹"滤镜的效果

下面对"海洋波纹"对话框中各参数的含义和应用进行介绍，具体如下。

● 波纹大小：用于控制图像中生成的波纹的大小。

● 波纹幅度：用于控制波纹的变形程度。

12. "扩散亮光"滤镜

"扩散亮光"滤镜可以在图像中添加白色杂色，并从图像中心向渐隐亮光，使其产生一种光芒漫射的效果。使用该滤镜可以将照片处理为柔光照，亮光的颜色由背景色决定，选择不同的背景色，可以产生不同的视觉效果，该滤镜可将图像渲染成好像是透过一个柔和的扩散滤镜来观看一样。

执行"滤镜>滤镜库>扭曲>扩散亮光"命令，打开"扩散亮光"对话框，对其参数进行调整，如下左图所示。设置完成查看效果，如下右图所示。

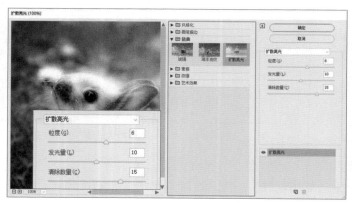

"扩散亮光"对话框   应用"扩散亮光"滤镜的效果

下面对"扩散亮光"对话框中各参数的含义和应用进行介绍，具体如下。

● 粒度：用于设置在图像中添加颗粒的密度。

● 发光量：用于设置图像中生成辉光的强度。

● 清除数量：用于限制图像中受到滤镜影响的范围，该值越高，滤镜影响的范围就越小。

10.8 锐化滤镜组

"锐化"滤镜组中的滤镜主要是通过增强图像相邻像素间的对比度，使图像轮廓分明、纹理清晰，从而减弱图像的模糊程度。

"锐化"滤镜组的效果与"模糊"滤镜组正好相反，该滤镜组提供了"USM锐化"、"锐化"、"进一步锐化"、"锐化边缘"、"智能锐化"5种滤镜，下面分别进行介绍，并对常用滤镜进行效果展示。

1. "USM锐化"和"锐化边缘"滤镜

"USM锐化"滤镜和"锐化边缘"滤镜都可以查找图像中颜色发生显著变化的区域，然后将其锐化。"USM锐化"滤镜是通过锐化图像的轮廓，使图像不同颜色之间生成明显的分界线，从而达到图像清晰化的目的。该滤镜有参数设置对话框，用户在其中可以设定锐化的程度，对于专业的色彩校正，可以使用该滤镜调整边缘细节的对比度。"锐化边缘"滤镜同"USM锐化"滤镜类似，但它没有参数设置对话框，且只对图像中具有明显反差的边缘进行锐化处理，如果反差较小，则不会锐化处理。

打开素材图片，如下左图所示。执行"滤镜>锐化>USM锐化"命令，打开"USM锐化"对话框，对其参数进行调整，如下中图所示。设置完成查看效果，如下右图所示。

素材图　　　　　　　"USM锐化"对话框　　　　应用"USM锐化"滤镜的效果

下面对"USM锐化"对话框中各参数的含义和应用进行介绍，具体如下。

● 数量：用于设置锐化强度，该值越高，锐化效果越明显。

● 半径：用于设置锐化的范围。

● 阈值：只有相邻像素间的差值达到该值所设定的范围时才会被锐化，因此，该值越高，被锐化的像素就越少。

2. "锐化"和"进一步锐化"滤镜

"锐化"滤镜可以通过增加相邻像素点之间的对比，提高图像对比度，使图像清晰化，使画面更加鲜明，此滤镜锐化程度较为轻微。"进一步锐化"滤镜可以产生强烈的锐化效果，用于提高图像对比度和清晰度。"进一步锐化"滤镜比"锐化"滤镜具有更强的锐化效果。这两个滤镜均无可调节的参数设置。

3. "防抖"滤镜

"防抖"滤镜是Photoshop CC 2017的新增滤镜，可以修复因拍照时手部抖动而产生的模糊，该滤镜对于轻微模糊的修正效果很好，对于严重模糊的图像修正后效果比较失真。

打开素材图片，如下左图所示。执行"滤镜>锐化>防抖"命令，图像中会显示锐化的范围，如下右图所示。

素材图　　　　　　　　　　　　　显示控制范围

此时将打开"防抖"对话框，对相关参数进行设置，如下左图所示。设置完成查看效果，如下右图所示。

"防抖"对话框　　　　　　　　　应用"防抖"滤镜的效果

下面对"防抖"对话框中各参数的含义和应用进行介绍，具体如下。

● 模糊描摹边界：以像素为单位指定选择模糊临摹的最大边界。

● 平滑：减少因锐化导致的高频率或颗粒状杂色。

● 伪像抑制：减少因锐化导致的较大伪像。

4. "智能锐化"滤镜

"智能锐化"滤镜可设置锐化算法或控制在阴影和高光区域中进行的锐化量，从而获得更好的边缘检测并减少锐化晕圈，是一种高级锐化方法。在"智能锐化"对话框的下方单击"阴影/高光"扩展按钮，将打开"阴影/高光"参数设置选项。"阴影"和"高光"选项区域可以分别调和阴影和高光区域的锐化强度。

打开素材图片，如下左图所示。执行"滤镜>锐化>智能锐化"命令，打开"智能锐化"对话框，对其参数进行调整，如下中图所示。设置完成查看效果，如下右图所示。

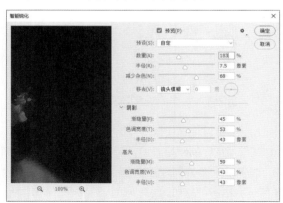

素材图　　　　　　　　　　"智能锐化"对话框　　　　　　　　应用"智能锐化"滤镜的效果

下面对"智能锐化"对话框中各参数的含义和应用进行介绍，具体如下。

- 数量：用于设置锐化数量，较高的值可以增强边缘像素之间的对比度，使图像看起来更加锐利。
- 半径：用于确定受锐化影响的边缘像素的数量，该值越高，受影响的边缘就越宽，锐化的效果也就越明显。
- 减少杂色：用于控制图像的杂色量，该值越高，画面效果越平滑，杂色越少。
- 移去：在该下拉列表中可以选择锐化算法。选择"高斯模糊"选项，可使用"USM锐化"滤镜的方法进行锐化；选择"镜头模糊"选项，可检测图像中的边缘和细节，并对细节进行更精确的锐化，减少锐化的光晕；选择"动感模糊"选项，可通过设置"角度"来减少由于相机或主体移去而导致的模糊效果。
- 渐隐量：用于设置阴影或高光中的锐化量。
- 色调宽度：用于设置阴影或高光中色调的修改范围。
- 半径：用于控制每个像素周围的区域大小，该值决定了像素是在阴影还是在高光中。向左移动滑块会指定较小的区域，向右移动滑块会指定较大的区域。

操作提示：执行滤镜命令的注意事项

应用滤镜效果的图层需要是当前可见图层；位图模式和索引模式的图像不能应用滤镜操作，另外，部分滤镜只对RGB图像起作用；若在处理滤镜效果时内存不够，有的滤镜会弹出一条错误消息进行提示。

10.9 视频滤镜组

"视频"滤镜组较为特殊，其个数较少，主要作用是用于将视频图像和普通图像进行转换，相对其他滤镜来说使用不频繁。"视频"滤镜组中包括"NTSC颜色"和"逐行"两种滤镜，使用这两种滤镜可以使视频图像和普通图像进行相互转换。

1. "NTSC颜色"滤镜

"NTSC颜色"滤镜可以将图像颜色限制在电视机重现可接受的范围之内，以防止过度饱和颜色渗透到电视扫描行中。其原理是通过消除普通视频显示器上不能显示的非法颜色，使图像可被电视正确显示。

2. "逐行"滤镜

"逐行"滤镜通过隔行扫描方式显示画面的电视以及相关的视频设备，捕捉的图像都会出现扫描线，逐行滤镜可以移去视频图像中的奇数或偶数隔行线，使在视频上扑捉的运动图像变得平滑。

执行"滤镜>视频滤镜>逐行"命令，即可打开"逐行"对话框，如右图所示。

下面对"逐行"对话框中各参数的含义和应用进行介绍，具体如下。

- 消除：选择"奇数行"单选按钮，可删除奇数扫描线；选择"偶数行"单选按钮，可删除偶数扫描线。

"逐行"对话框

- 创建新场方式：用于设置消除后以何种方式来填充空白区域，选择"复制"单选按钮，可复制被删除部分周围的像素来填充空白区域；选择"插值"单选按钮，则利用被删除部分周围的像素，通过插值的方法进行填充。

10.10 像素化滤镜组

"像素化"滤镜组中的多数滤镜是通过将图像中相似颜色值的像素转化成单元格的方法，使图像分块或平面化，从而将图像分解成肉眼可见的像素颗粒，如方形、点状等。"像素化"滤镜组提供了"彩块化"、"彩色半调"、"点状化"、"晶格化"、"马赛克"、"碎片"和"铜版雕刻"7种滤镜。这些滤镜都没有收录在滤镜库中，下面分别对这些滤镜的原理进行介绍，并对一些典型滤镜进行图像效果展示。

1. "彩块化"滤镜

"彩块化"滤镜可以使图像中的纯色或相似颜色凝结为彩色块，从而产生类似宝石刻画的效果，该滤镜没有参数设置对话框，画面效果不是很明显。

2. "点状化"滤镜

"点状化"滤镜可以在图像中随机产生彩色斑点，点与点间的空隙使用背景色填充，从而产生一种点画派作品效果。

打开素材图片，如下左图所示。执行"滤镜>像素化>点状化"命令，打开"点状化"对话框，通过设置"单元格大小"值来控制网点的大小，如下中图所示。设置完成查看效果，如下右图所示。

素材图　　　　　　　　　"点状化"对话框　　　　　　　　应用"点状化"滤镜的效果

3. "晶格化"滤镜

"晶格化"滤镜可以将图像中颜色相近的像素集中到一个多边形网格中，从而把图像分割成许多个多边形的小色块，产生晶格化的效果，也被称为"水晶折射"滤镜。

执行"滤镜>像素化>晶格化"命令，打开"晶格化"对话框，用户可以通过设置"单元格大小"值来控制多边形色块的大小，如下左图所示。设置完成查看效果，如下右图所示。

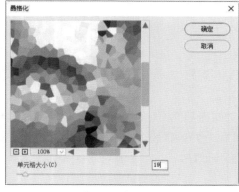

"晶格化"对话框　　　　　　　　应用"晶格化"滤镜的效果

4."马赛克"滤镜

"马赛克"滤镜可将图像分解成许多规则排列的小方块，实现图像的网格化，每个网格中的像素均使用本网格内的平均颜色填充，从而产生类似马赛克的效果。

执行"滤镜>像素化>马赛克"命令，打开"马赛克"对话框，用户可以通过设置"单元格大小"值来控制马赛克色块的大小，如下左图所示。设置完成查看效果，如下右图所示。

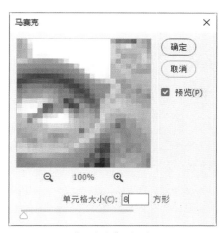

"马赛克"对话框   应用"马赛克"滤镜的效果

5."彩色半调"滤镜

"彩色半调"滤镜可以将图像中的每种颜色分离，分散为随机分布的网点，如同点状绘画效果，将一幅连续色调的图像转变为半色调的图像，使图像看起来类似彩色报纸印刷效果或铜版化效果。

执行"滤镜>像素化>彩色半调"命令，打开"彩色半调"对话框，对其参数进行调整，如下左图所示。设置完成查看效果，如下右图所示。

"彩色半调"对话框   应用"彩色半调"滤镜的效果

下面对"彩色半调"对话框中各参数的含义和应用进行介绍，具体如下。

● 最大半径：用于设置生成的最大网点的半径。

● 网角（度）：用于设置图像各个原色通道的网点角度。如果图像为灰度模式，只能使用"通道1"，当各个通道中的网角设置的数值相同时，网点会重叠显示出来。

使用彩色半调滤镜调整图像效果

学习完Photoshop的彩色半调滤镜后，下面以调整图像效果的案例来巩固所学知识，具体操作方法如下。

Step 01 打开Photoshop CC软件，按下Ctrl+O组合键打开"人物.jpg"图片，如下左图所示。

Step 02 执行"滤镜>像素化>彩色半调"命令，打开"彩色半调"对话框，设置相关参数，如下右图所示。

打开素材图片   设置"彩色半调"参数

Step 03 单击"确定"按钮，查看效果，如下左图所示。

Step 04 执行"图像>调整>黑白"命令，打开"黑白"对话框，设置相关参数，如下右图所示。

查看效果   设置"黑白"参数

Step 05 设置完成后查看应用"黑白"的效果，如下左图所示。

Step 06 添加一些文字并查看最终效果，如下右图所示。

查看效果   添加文字并查看效果

6. "碎片"滤镜

"碎片"滤镜可以将图像的像素复制4遍，然后将它们平均位移并降低不透明度，从而形成一种不聚焦的重视效果，该滤镜没有参数设置对话框。

打开素材图片，如下左图所示。执行"滤镜>像素化>碎片"命令，效果如下右图所示。

素材图　　　　　　　　　　　应用"碎片"滤镜的效果

7. "铜版雕刻"滤镜

使用"铜版雕刻"滤镜可以在图像中随机生成各种不规则的直线、曲线和斑点，使图像产生年代久远的金属效果。

执行"滤镜>像素化>铜版雕刻"命令，打开"铜版雕刻"对话框，在"类型"下拉列表中可以选择一种网点图案，包括"精细点"、"中等点"、"粒装点"、"粗网点"、"短线"、"中长直线"、"长线"、"短描边"、"中等描边"和"长边"，如下左图所示。设置完成查看效果，如下右图所示。

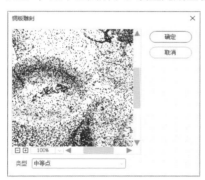 

"铜版雕刻"对话框　　　　　　应用"铜版雕刻"滤镜的效果

在"铜版雕刻"对话框中，单击"类型"下拉按钮，可以选择铜版雕刻的不同类型。选择不同的类型，画面会呈现不同的效果，如下图所示。

中等点　　　　　　粗网点　　　　　　中长直线　　　　　　长描边

10.11　渲染滤镜组

应用"渲染"滤镜组中的滤镜可以不同程度地使图像产生三维造型效果或光线照射效果，从而为图像添加特殊的光线，如云彩、镜头折光等。"渲染"滤镜组为用户提供了"云彩"、"分层云彩"、"光照效果"、"镜头光晕"和"纤维"5种滤镜，这些滤镜都没有收录在滤镜库中。下面分别对这些滤镜的原理进行介绍，并对其进行图像效果展示。

1. "分层云彩"和"云彩"滤镜

"分层云彩"滤镜可以将云彩数据和现有的像素混合，其方式与"差值"模式混合颜色的方式相同。"云彩"滤镜可以使用介于前景色与背景色之间的随机值生成柔和的云彩图案。要生成色彩较为分明的云彩图案，可以按住Alt键，然后执行"云彩"命令。

打开素材图片，如下左图所示。执行"滤镜>渲染>分层云彩"命令，效果如下中图所示。若执行"滤镜>渲染>云彩"命令，效果如下右图所示。

素材图　　　　　　　应用"分层云彩"滤镜的效果　　　　应用"云彩"滤镜的效果

2. "光照效果"滤镜

"光照效果"滤镜包括17种不同的光照风格、3种光照类型和4组光照属性，可以在RGB图像上制作出各种光照效果，也可加入新的纹理及浮雕效果，使平面图像产生三维立体的效果。

打开素材图片，如下左图所示。执行"滤镜>渲染>光照效果"命令，显示该滤镜的参数选项，如下中图所示。用户可以在该滤镜的选项栏进行添加、复位和删除灯光操作，图片上会出现一个小圆环，把中心的黑白圆环移到图片中需要对焦的对象上面，如下右图所示。

素材图　　　　　　　"光照效果"对话框　　　　　　显示控制范围

下面对"光照效果"对话框中各参数的含义和应用进行介绍，具体如下。

- 灯光类型：在"灯光"选项中，分别有聚光灯、点光和无限光三种类型。"聚光灯"可以投射出一束椭圆形的光柱，如下左图所示；"点光"可以使光在图像的正上方向各个方向照射，如下中图所示；"无限光"像太阳的光线一样，光照角度不会发生变化，如下右图所示。

"聚光灯"效果　　　　　　　　　"点光"效果　　　　　　　　"无限光"效果

- 强度：用于设置光源的强度。
- 颜色：单击选项右侧的颜色框，可在打开的"拾色器"对话框中设置光源的颜色。
- 曝光度：该值为正值时，可增加光照；为负值时，则减少光照；零值则没有效果。
- 光泽：设置灯光在图像表面的反射程度。
- 金属质感：设置反射的光线是光源颜色，还是图像本身的颜色。其值越高，反射光越接近图像本身的颜色；其值越低，反射光越接近光源的颜色。
- 环境/着色：单击"着色"选项右侧的颜色块，可以在打开的"拾色器"对话框中设置环境色。当"环境"滑块为负值时，环境光越接近环境色的互补色；滑块为正值时，则环境光越接近环境光的颜色。
- 纹理通道：选择创建纹理的通道，可以是Alpha通道，也可以是图像的红色、绿色或蓝色通道。
- 高度：拖动"高度"滑块可以将纹理从"平滑"（0）改为"凸起"（100）。

3."纤维"滤镜

"纤维"滤镜用于将前景色和背景色混合填充图像，从而生成类似纤维的效果。

打开素材图片，如下左图所示。执行"滤镜>渲染>纤维"命令，即可打开"纤维"对话框，如下中图所示。设置完成查看效果，如下右图所示。

 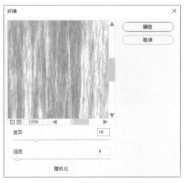 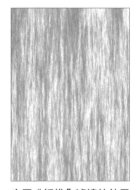

素材图　　　　　　　　　　"纤维"对话框　　　　　　　应用"纤维"滤镜的效果

下面对"纤维"对话框中各参数的含义和应用进行介绍，具体如下。

- 差异：可以控制颜色的变化方式，较低的值会产生较长的有颜色的纤维，较高的值会产生非常短且颜色分布变化较大的纤维。
- 强度：可以控制纤维的外观，如果值较低，会产生松散的织物效果；如果值较高，会产生短的绳状纤维。

4."镜头光晕"滤镜

"镜头光晕"滤镜可以模拟亮光照射到相机镜头所产生的折射，常用来表现玻璃、金属等反射的反射光，或用来增强日光和灯光的效果。通过使用不同类型的镜头，为图像添加模拟镜头产生的眩光效果，这是摄影技术中一种典型的光晕效果处理方法。在"光晕中心"预览框中单击或拖动十字，可以指定光源的中心。

打开素材图片，如下左图所示。执行"滤镜>渲染>镜头光晕"命令，显示该滤镜的参数选项，如下中图所示。用户可以在它的选项栏进行添加、复位和删除灯光操作。图片上会出现一个小圆环，把中心的黑白圆环移到图片中需要对焦的对象上面，如下右图所示。

素材图　　　　　　　　　　　　　"镜头光晕"对话框

下面对"镜头光晕"对话框中各参数的含义和应用进行介绍，具体如下。

- 光晕中心：在对话框中的图像缩览图上单击或拖动十字线，可以指定光晕的中心。
- 亮度：用于模拟光晕的强度,变化范围为10%~300%。
- 镜头类型：可模拟不同类型镜头产生的光晕。选择"50-300毫米变焦"单选按钮，效果如下左图所示；选择"105毫米变焦"单选按钮，效果如下中图所示；选择"电影镜头"单选按钮，效果如下右图所示。

选择"50-300毫米变焦"单选按钮　　　选择"105毫米变焦"单选按钮　　　选择"电影镜头"单选按钮

操作提示：图像大小对滤镜的影响

在对图像使用滤镜前应注意图像的分辨率，图像分辨率不同，得到的滤镜效果也会大相径庭。

10.12 杂色滤镜组

"杂色"滤镜组中的滤镜可以为图像添加一些随机产生的干扰颗粒，即噪点，也可以淡化图像中的噪点，同时还能为图像去斑。

"杂色"滤镜组包括"减少杂色"、"蒙尘与划痕"、"去斑"、"添加杂色"和"中间值"5种滤镜。这些滤镜都没有收录在滤镜库中，下面分别对这些滤镜的原理进行介绍，同时对一些典型的滤镜图像进行效果展示。

1."减少杂色"滤镜

"减少杂色"滤镜用于去除扫描照片和数码相机拍摄照片时产生的杂色。使用数码相机拍照时，如果用很高的ISO设置、曝光不足或者用较慢的快门速度在黑暗区域中拍照，就可能会导致出现杂色。"减少杂色"滤镜对于除去照片中的杂色非常有效。因图像的杂色显示为随机的无关像素，它们不是图像细节的一部分，"减少杂色"滤镜可基于影响整个图像或各个通道的设置保留边缘，同时减少杂色。

执行"滤镜>杂色>减少杂色"命令，即可打开"减少杂色"对话框。选择"基本"单选按钮，可以设置滤镜的基本参数，包括"强度"、"保留细节"和"减少杂色"等，如下左图所示。

在对话框中选择"高级"单选按钮后，将显示"高级"选项面板，如下右图所示。其中，"基本"选项卡与"基本"调整方式中的选项完全相同。"每通道"选项卡可以对各个颜色通道进行处理。如果亮度杂色在一个或两个颜色通道中较明显，便可以从"通道"菜单中选取颜色通道，拖动"强度"和"保留细节"滑块来减少该通道中的杂色。

"基本"参数设置

"高级"参数设置

下面对"减少杂色"对话框中各参数的含义和应用进行介绍，具体如下。

- 设置：单击🔖按钮，可以将当前设置的调整参数保存为一个预设，以后需要使用该参数调整图像时，可在"设置"下拉列表中进行选择，从而对图像自动调整。如果要删除创建的自定义预设，可单击🗑按钮。
- 强度：用于控制应用于所有图像通道的亮度杂色减少量。
- 保留细节：用于设置图像边缘和图像细节的保留程度。当该值为100%时，可保留大多数图像细节，但会将亮度杂色减到最少。
- 减少杂色：去除随机的颜色像素，其值越大，减少的颜色杂色就越多。
- 锐化细节：用于消除随机的颜色像素，该值越高，减少的杂色越多。

● 移去JPG不自然感：勾选该复选框，可以去除由于使用低JPEG品质设置存储图像而导致的斑驳的图像伪像和光晕。

2.“蒙尘与划痕”滤镜

“蒙尘与划痕”滤镜可通过更改相异的像素来减少杂色，对于去除扫描图像中的杂点和折痕特别有效。要达到在锐化图像和隐藏瑕疵之间取得平衡，可尝试“半径”与“阈值”设置的各个组合。总的来说，这个滤镜通过将图像中有缺陷的像素融入周围的像素，达到除尘和涂抹的效果，适用于处理扫描图像中的蒙尘和划痕。

打开素材图片，如下左图所示。执行“滤镜>杂色>蒙尘与划痕”命令，打开“蒙尘与划痕”对话框，如下中图所示。设置完成查看效果，如下右图所示。

素材图 　　　　“蒙尘与划痕”对话框 　　　　应用“蒙尘与划痕”滤镜的效果

下面对“蒙尘与划痕”对话框中各参数的含义和应用进行介绍，具体如下。

● 半径：该值越高，模糊程度越强。

● 阈值：用于定义像素的差异有多大才能被视为杂点，该值越高，去除杂点的效果就越弱。

3.“添加杂色”滤镜

“添加杂色”滤镜可为图像添加一些细小的像素颗粒，使其混合到图像里的同时产生色散效果，常用于添加杂点纹理效果。

打开素材图片，如下左图所示。执行“滤镜>杂色>添加杂色”命令，打开“添加杂色”对话框，如下中图所示。设置完成查看效果，如下右图所示。

 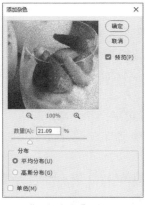 

素材图 　　　　“添加杂色”对话框 　　　　应用“添加杂色”滤镜的效果

下面对"添加杂色"对话框中各参数的含义和应用进行介绍，具体如下。

- 数量：用于设置杂色的数量。
- 分布：用于设置杂色的分布方式。选择"平均分布"单选按钮，会随机地在图像中加入杂点，效果比较柔和；选择"高斯分布"单选按钮，会沿一条钟形曲线分布的方式来添加杂点，杂点较强烈，如下左图所示。
- 单色：勾选该复选框，杂点只影响原有像素的亮度，像素的颜色不会改变，如下右图所示。

"高斯分布"设置　　　　　　　"单色"效果

4."去斑"滤镜

"去斑"滤镜通过对图像或选区内的图像进行轻微的模糊、柔化，达到掩饰细小斑点、消除轻微折痕的作用，这种模糊可在去掉杂色的同时保留原来图像的细节。

5."中间值"滤镜

"中间值"滤镜通过混合选区中像素的亮度来减少图像的杂色，该滤镜可以搜索像素选区的半径范围以查找亮度相近的像素，扔掉与相邻像素差异太大的像素，并用搜索到的像素的中间亮度值替换中心像素，来消除或减少图像的动感效果时非常有用。总的来说，该滤镜可以采用杂点和其周围像素的折中颜色来平滑图像中的区域，也是一种用于去除杂色点的滤镜，可以减少图像中杂色的干扰。

打开素材图片，如下左图所示。执行"滤镜>杂色>中间值"命令，打开"中间值"对话框，"半径"值设置得越大，图像效果越模糊，如下中图所示。设置完成查看效果，如下右图所示。

素材图　　　　　　　　　　"中间值"对话框　　　　　　　　应用"中间值"滤镜的效果

10.13 其他滤镜组

"其他"滤镜组中包括"高反差保留"、"位移"、"自定"、"最大值"和"最小值"5种滤镜。由于这类滤镜组中的滤镜运用环境都较为特殊，因此没有收录在滤镜库中。要熟练使用"其他"滤镜组中的滤镜效果，首先要对这些滤镜产生的不同效果进行了解，下面分别对其原理和一些典型的滤镜效果进行图像展示。

1."高反差保留"滤镜

"高反差保留"滤镜可以在有强烈颜色转变发生的地方按指定的半径保留边缘细节，并且不显示图像的其余部分。该滤镜对于从扫描图像中取出艺术线条和大的黑白区域非常有用。此滤镜会移去图像中的低频细节，与"高斯模糊"滤镜的效果恰好相反。

打开素材图片，如下左图所示。执行"滤镜>其他滤镜>高反差保留"命令，打开"高反差保留"对话框，如下中图所示。设置完成查看效果，如下右图所示。

素材图

"高反差保留"对话框

应用"高反差保留"滤镜的效果

在"高反差保留"对话框中，"半径"值可调理原图像保留的程度，该值越高，保留的原图像越多。如果该值为0，则整个图像将会变为灰色。

2."位移"滤镜

"位移"滤镜可将选区移动到指定的水平位置或垂直位置，而选区的原位置变成空白区域，可以用当前背景色或图像的另一部分填充这块区域，另外也可以使选区靠近图像边缘等。

打开素材图片，如下左图所示。执行"滤镜>其他滤镜>位移"命令，打开"位移"对话框，如下中图所示。设置完成查看效果，如下右图所示。

素材图

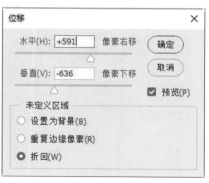

"位移"对话框

应用"位移"滤镜的效果

下面对"位移"对话框中各参数的含义和应用进行介绍，具体如下。

- 水平：用于设置水平偏移的距离。在选择"重复边缘像素"单选按钮时，正值向右偏移，左侧留下拖动的边缘像素色块；负值向左偏移，右侧将留下拖动的边缘像素色块。
- 垂直：用于设置垂直偏移的距离。在选择"重复边缘像素"单选按钮时，正值向下偏移，上侧留下拖动的边缘像素色块；负值向上偏移，下侧将留下拖动的边缘像素色块。
- 未定义区域：用于设置偏移图像后产生的窑部分的填充方式。选择"设置为背景"单选按钮时，以背景色填充空缺部分；选择"重复边缘像素"单选按钮时，可在图像边界不完整的空缺部分填入扭曲边缘的像素颜色；选择"折回"单选按钮时，则在空缺部分填入溢出图像之外的图像内容。

3. "自定"滤镜

"自定"滤镜是Photoshop为用户提供的可以自定义滤镜效果的功能。使用该滤镜，用户可以设计自己的滤镜效果，根据预定的数学运算（称为卷积），可以更改图像中每个像素的亮度值，根据周围像素值为每个像素重新指定一个值，此滤镜操作与通道加、减计算类似。用户可以存储创建的自定滤镜，并将它们应用于其他的Photoshop图像。

执行"滤镜>其他滤镜>自定"命令，即可打开"自定"对话框，如下图所示。

"自定"对话框

4. "最大值"与"最小值"滤镜

"最大值"和"最小值"滤镜可以在指定的半径内，使用周围像素的最高或最低亮度值替换当前像素的亮度值。

"最大值"滤镜具有应用阻塞的效果，可以扩展白色区域、阻塞黑色区域。打开素材图片，如下左图所示。执行"滤镜>其他滤镜>最大值"命令，打开"最大值"对话框，如下中图所示。设置完成查看效果，如下右图所示。

素材图　　　　　　　"最大值"对话框　　　　　　应用"最大值"滤镜的效果

"最小值"滤镜具有伸展的效果，可以扩展黑色区域、收缩白色区域。执行"滤镜>其他滤镜>最小值"命令，打开"最小值"对话框，如下左图所示。设置完成查看效果，如下右图所示。

"最小值"对话框

应用"最小值"滤镜的效果

综合实训　制作绚丽多彩的极光效果

极光是地球南北两极附近高空夜间出现的一种灿烂美丽的光辉，学习完Photoshop滤镜的相关知识后，下面将介绍如何利用所学知识制作出绚丽多彩的极光效果，具体操作步骤如下。

Step 01 打开Photoshop CC软件后，执行"文件>新建"命令，打开"新建"对话框，新建名为"极光效果"的文档，参数设置如下左图所示。

Step 02 新建文档后，设置背景色为黑色，然后按下Ctrl+Delete组合键，将文档的背景色填充为黑色，如下右图所示。

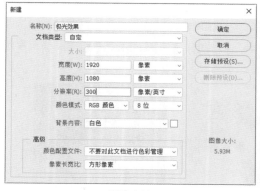

新建文档

填充文档背景色

Step 03 选择工具箱中的钢笔工具，在文档中绘制下左图所示的形状，然后单击鼠标右键，在快捷菜单中选择"建立选区"命令。

Step 04 执行"窗口>通道"命令，打开"通道"面板，单击面板底部的"创建新通道"按钮，新建一个通道，如下右图所示。

绘制极光曲线

新建通道

Step 05 设置前景色为白色，按下Alt+Delete组合键填充选区，如下左图所示。

Step 06 再按下Ctrl+Delete组合键，将选区填充为黑色，然后取消选区，如下右图所示。

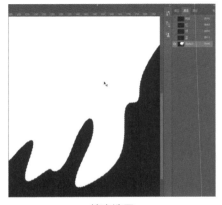

填充选区

取消选区

Step 07 按下Ctrl+L组合键，打开"色阶"对话框，设置色阶参数，如下左图所示。

Step 08 在菜单栏中执行"滤镜>模糊>高斯模糊"命令，打开"高斯模糊"对话框，设置"半径"为0.5像素，如下右图所示。

设置"色阶"参数

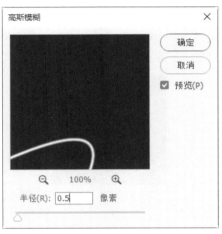

设置"高斯模糊"参数

Step 09 再次按下Ctrl+L组合键，打开"色阶"对话框，设置色阶参数，如下左图所示。

Step 10 在菜单栏中执行"图像>图像旋转>逆时针90度"命令，如下右图所示。

设置"色阶"参数

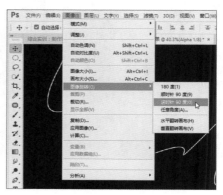

执行"逆时针90度"命令

Step 11 然后在菜单栏中执行"滤镜>风格化>风"命令，在打开的"风"对话框中设置"方法"为"风"、"方向"为"从右"，单击"确定"按钮，如下左图所示。

Step 12 按下Ctrl+Alt+F组合键，重复应用一次"风"滤镜，加强"风"滤镜效果，如下右图所示。

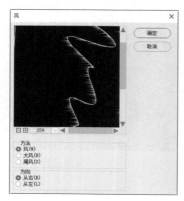

设置"风"参数

查看应用"风"滤镜的效果

Step 13 再次执行"滤镜>模糊>高斯模糊"命令，打开"高斯模糊"对话框，设置"半径"为1像素，单击"确定"按钮，如下左图所示。

Step 14 按下Ctrl+L组合键，打开"色阶"对话框，设置色阶参数，如下右图所示。

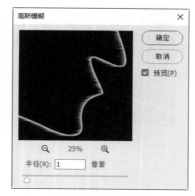

设置"高斯模糊"参数

设置"色阶"参数

Step 15 再次执行"滤镜>风格化>风"命令，在打开的"风"对话框中保持默认参数设置，单击"确定"按钮，效果如下左图所示。

Step 16 按两次Ctrl +Alt+F组合键，加强"风"滤镜效果，如下右图所示。

查看应用"风"滤镜效果　　　　　查看加强"风"滤镜效果

Step 17 在菜单栏中执行"图像>图像旋转>顺时针90度"命令，如下左图所示。

Step 18 按住Ctrl键的同时单击当前通道缩略图，载入通道选区，如下右图所示。

 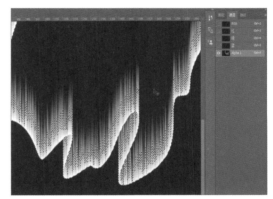

执行"顺时针90度"命令　　　　　　载入通道选区

Step 19 返回"图层"面板，保持选区为选中状态，新建"图层1"图层，如下左图所示。

Step 20 将选区填充为白色，效果如下右图所示。

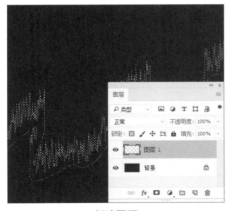 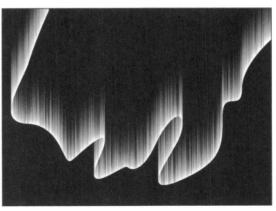

新建图层　　　　　　　　　　填充选区

Step 21 选择渐变工具，单击属性栏中的渐变编辑器按钮，打开"渐变编辑器"对话框，设置渐变颜色为
#06143b到#436087到#395f76渐变，如下左图所示。

Step 22 单击"确定"按钮后查看效果，如下中图所示。然后复制"光束"图层后，隐藏原图层，然后锁定
"光束 拷贝"图层透明度像素区域，如下右图所示。

设置渐变参数

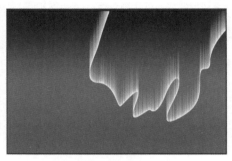

查看设置的渐变效果

锁定图层透明度像素区域

Step 23 设置前景色为#d2f483，然后按下Alt+Delete组合键，填充光丝效果，然后解锁"光束 拷贝"图层
透明度像素区域，效果如下左图所示。

Step 24 在菜单栏中执行"滤镜>模糊>动感模糊"命令，打开"动感模糊"对话框，设置动感模糊的相关参
数，如下右图所示。

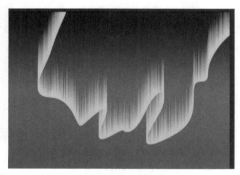

查看填充的光丝效果

设置"动感模糊"参数

Step 25 设置"光束 拷贝"图层的混合模式为"滤色"，不透明底设置为60%，如下左图所示。

Step 26 复制"光束 拷贝"图层，得到"光束 拷贝2"图层，设置该图层的混合模式为"颜色减淡"，如下右
图所示。

设置"光束 拷贝"图层参数

复制图层

Step 27 按住Alt键为当前图层添加图层蒙版，用柔边白色画笔把选区部分慢慢涂亮，增加局部光束亮度，效果如下左图所示。

Step 28 按下Ctrl+J组合键，将复制当前图层后，删除图层蒙版。然后执行"滤镜>模糊>高斯模糊"命令，打开"高斯模糊"对话框，设置"半径"为6像素，如下右图所示。

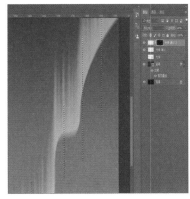

增加局部光束亮度　　　　　　　　　　　　设置"高斯模糊"参数

Step 29 按住Alt键添加图层蒙版，用透明度较低的柔边白色画笔把选区部分擦出来，再按下Ctrl+J组合键，复制当前图层后，使用移动工具往右上方稍微移动一点距离，如下左图所示。

Step 30 新建"组1"，将所有光束图层移至该组中，然后复制"组1"得到"组1拷贝"，将"光束拷贝"和"光束拷贝2"中填充洋红色，效果如下右图所示。

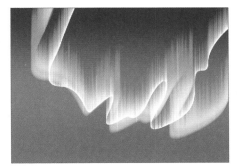

复制并移动当前图层内容　　　　　　　　　　　　修改填充颜色

Step 31 使用白色画笔绘制星星作为点缀。至此，本案例制作完成后，最终效果如下图所示。

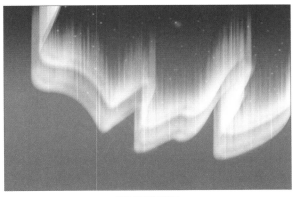

查看最终效果

Chapter 11

动画与视频

使用Photoshop除了可以处理图像外，还可以处理视频或制作动画效果。在处理视频时，可以将蒙版、滤镜、混合模式和图层样式应用到视频图层；在制作动画时，可以应用变形、图层样式等功能制作出GIF动画。本章主要介绍动画的基础知识、创建动画的方法、创建和编辑视频图层的相关操作。

核心知识点
1 了解动画制作基础
2 掌握动画的创建方法
3 熟悉视频文件和图层的创建
4 掌握视频图层的编辑

制作渐变效果动画

制作看日出动画

11.1 动画制作基础

动画是在一段时间内显示的一系列图像或帧，每一帧较前一帧都有轻微变化，当连续、快速地浏览这些帧时就会产生运动效果。使用Photoshop可以编辑视频的各个帧、图像序列文件和动画。除了可以使用任意Photoshop工具在视频上进行编辑和绘制外，还可以使用滤镜、蒙版、变换等功能进行编辑。

将编辑后的视频图层存储为PSD格式文件，可以在Premiere Pro和After Effects等应用程序中进行播放。下面对视频图层的创建、编辑等操作进行介绍。

11.1.1 认识视频图层

视频图层在Photoshop中的展示外观和普通图层相似。打开一个动态视频文件或图像序列文件，如下左图所示。Photoshop会自动创建视频图层，视频图层同样可以在"图层"面板中显示缩略图，其与普通图层的外观差别就在于在视频图层缩略图的右下角有██图标，为该视频图层添加图层蒙版，如下右图所示。

原视频　　　　　　　　　　　　　　　添加图层蒙版

另外，视频图层不仅可以像编辑普通图层一样使用画笔、仿制图章等工具在各个帧上绘制和修饰，也可以在视频图层上创建选区或应用蒙版。如对视频图层使用蒙版功能隐去部分图像，如下图所示。

隐去视频中的部分图像

11.1.2 认识"时间轴"面板

执行"窗口>时间轴"命令，打开"时间轴"面板。视频时间轴模式下的"时间轴"面板显示了文档图层的帧持续时间和动画属性。如果当前"时间轴"面板是帧动画模式，可以单击面板左下角"转换为视频时间轴"按钮切换到视频时间轴模式，如下图所示。

视频时间轴面板

下面对"时间轴"面板中的各参数和功能进行详细介绍。

- 播放控件：包括"转到第一帧" ⏮ 、"转到上一帧" ⏪ 、"播放" ▶ 和"转到下一帧" ⏩ 按钮，用于控制视频播放。
- 时间–变化秒表 ⏱ ：启用或停用图层属性的关键帧设置。
- 关键帧导航器 ◀ ◆ ▶ ：轨道标签左侧的箭头按钮用于将当前时间指示器 🔻 从当前位置移动到上一个或下一个关键帧。单击中间的按钮可添加或删除当前时间的关键帧。
- 音频控制按钮 🔊 ：可以关闭或启用音频的播放。
- 在播放头处拆分区 ✂ ：该按钮的使用可以在时间指示器所在位置拆分视频或音频。
- 过渡效果 ▪ ：单击该按钮并执行下拉菜单中的相应命令，可以为视频添加过渡效果，创建专业的淡化和交叉淡化效果。
- 当前时间指示器 🔻 ：拖曳当前时间指示器可以浏览不同时间点的帧，或者更改当前时间的帧。
- 时间标尺：根据当前文档的持续时间和帧速率，水平测量持续时间或帧计数。
- 图层持续时间条：指定图层在视频或动画中的时间位置。
- 工作区域指示器：拖曳位于顶部轨道任一端的蓝色标签，可以标记要预览或导出的动画或视频的特定部分。
- 向轨道添加媒体/音频 ➕ ：单击该按钮，可以打开一个对话框，将视频或音频添加到轨道中。
- 转换为帧动画按钮 ▦ ：单击该按钮，可以将"时间轴"面板切换到帧动画模式。

11.2 创建视频文档和图层

对已有视频文件进行编辑只需打开或导入即可，如果需要制作新的视频文件则需要创建视频文档或视频图层。

11.2.1 创建视频文档

与创建普通文档相同，执行"文件>新建"命令，在弹出的"新建"对话框中选择"胶片和视频"选项并将文档命名为"新建视频文档"，选择"空白文档预设"列表框中的HDTV 1080P选项，其他相关参数保持不变，如下左图所示。单击"创建"按钮即可，新建的文档带有非打印参考线，可以划分出图像的动作安全区域和标题安全区域，如下右图所示。

"新建文档"对话框

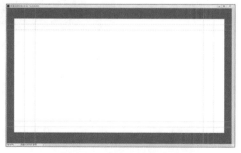
新建视频文档自带参考线

操作提示：选择新建视频文件的预设类型

在"新建文档"对话框的"空白文档预设"列表框中有25种视频的预设大小，创建"胶片和视频"类型文档时可选择合适的特定视频的预设大小，如NTSC、PAL、HDTV等。

11.2.2　创建视频图层

在Photoshop CC中，创建视频图层的方法有两种，用户可以通过将视频文件添加为新图层，也可以创建空白视频图层。

1. 将视频文件添加为新的视频图层

新建一个PSD文件，执行"图层>视频图层>从文件新建视频图层"命令，如下图所示。

执行"从文件新建视频图层"命令

在弹出的"打开"对话框中选择视频文件，如下左图所示。单击"打开"按钮，此时在原始图层的基础上就添加了一个新的视频图层，如下右图所示。

"打开"对话框

新建视频图层

2. 创建空白视频图层

新建一个PSD文件，执行"图层>视频图层>新建空白视频图层"命令，如下左图所示。即可添加空白的视频图层，如下右图所示。

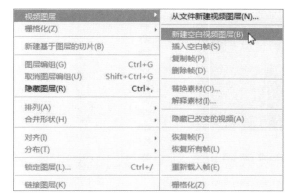

执行"新建空白视频图层"命令

新建空白视频图层

11.3　编辑视频图层

视频图层创建完成后，用户可以对视频图层进行相关编辑操作，如修改视频图层的属性、插入、复制或删除空白视频帧等。

11.3.1　导入视频文件

除了在Photoshop中直接打开视频文件外，用户还可以将视频文件导入到已有文件中，导入的视频文件将作为图像帧序列的模式显示。执行"文件>导入>视频帧到图层"命令，然后在弹出的"打开"对话框中选择想要导入的视频。

单击"打开"按钮，在弹出的"将视频导入图层"对话框中设置"导入范围"为"仅限所选范围（如果要导入所有的视频帧，则选择"从开始到结束"单选按钮）"，并使用"剪切控件"确定视频范围，其他参数保持默认不变，如下图所示。值得注意的是，如果将全部视频帧转为图层，要考虑到视频的大小，否则很容易导致电脑运转超负荷而死机。

"将视频导入图层"对话框

单击"确定"按钮，此时可以看到在"时间轴"面板中视频已经被转换成视频帧，在"图层"面板中也出现与之对应的图层，如下图所示。

视频被转换成视频帧的效果

11.3.2 导入图像序列

　　动态素材的另外一种常见形式就是图像序列，当导入包含序列图像文件的文件夹时，每个图像都会变成视频图层中的帧。序列图像文件应位于一个文件夹中（只包含要用作帧的图像），并按顺序命名，如果所有文件都具有相同的像素尺寸，则很有可能成功创建成动画。

　　执行"文件>打开"命令，弹出"打开"对话框，打开"图像序列"文件夹。在该文件夹中选择图像数字逻辑名称最小的一张图像，也就是名称为1的图像，勾选"图像序列"复选框，如下左图所示。然后单击"打开"按钮，系统会弹出"帧速率"对话框，在该对话框中可以设置动画的"帧速率"为25，如下右图所示。

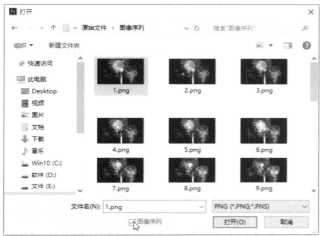

选中第一张图像同时勾选"图像序列"复选框　　　　　　**设置帧速率为25**

　　单击"确定"按钮，此时系统会自动生成一个视频图层，如下图所示。

系统自动生成视频图层

> **操作提示：什么是帧速率**
>
> 　　帧速率也称为FPS（frames per second），是指每秒钟刷新的图片的帧数，也可以理解为图形处理器每秒能够刷新几次。对影片内容而言，帧速率指每秒所显示的静止帧格数。要生成平滑连贯的动画效果，帧速率一般不小于8；而电影的帧速率为24fps。当捕捉动态视频内容时，此数字越高越优质。

11.3.3 校正像素比例

像素长宽比用于描述帧中单一像素的宽度与高度比例，不同的视频标准使用不同的像素长宽比。计算机显示器上的图像是由长方形像素组成，而视频编码设备是由非正方形像素组成，这就会导致它们在交换图像时造成图像扭曲。要校正像素的长宽比，用户可以执行"视图>像素长宽比校正"命令，然后在显示器上准确地查看DV和DI视频格式的文件。下左图是发生扭曲的图像，下右图的是校正像素长宽比的图像。

扭曲的图像

校正后图像

操作提示：像素长宽比和帧长宽比的区别

像素长宽比用于描述帧中的单一像素的宽度和高度的比例；帧长宽比用于描述图像宽度与高度的比例。例如，DV NTSC的帧长宽比4:3，而典型的宽银幕的帧长宽比为16:9。

11.3.4 修改视频图层的属性

将视频文件作为视频图层导入到文档中，可以对视频图层的位置、不透明度、样式进行调整，并且可以通过调整这些属性的数值来制作关键帧动画。

实战 制作渐变效果动画

学习了Photoshop视频编辑的相关知识后，下面，通过制作一个简单的动画效果巩固所学的知识点，具体操作如下。

`Step 01` 执行"文件>打开"命令，在弹出的"打开"对话框中找到"花火"素材文件夹，在该文件夹中选择图像数字逻辑名称最小的一张图像，也就是的名称为1的图像，同时勾选"图像序列"复选框，然后单击"打开"按钮，如下左图所示。

`Step 02` 打开"帧速率"对话框，设置"帧速率"值为25，单击"确定"按钮，如下右图所示。

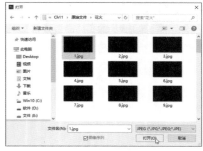

打开花火素材

设置帧速率

Step 03 此时，系统将自动生成一个视频图层，如下左图所示。

Step 04 将"星空下.jpg"图像文件直接拖曳到当前画面中，调整该图层于最底层，如下右图所示。

生成视频图层　　　　　　　　　　　　调整图层位置

Step 05 播放动画效果，发现"图层1"的动画效果较短，而"星空下"图层的播放时间过长，为了让整体效果协调，可以对齐两者的播放时间。打开"时间轴"面板，选中"星空下"的紫色进度条，当光标变成 ↔ 时进行拖曳，调整其时间轴上的播放时间，直到与"图层1"播放时间相同，如下图所示。此时再播放动画，可以看到播放时间已经对齐。

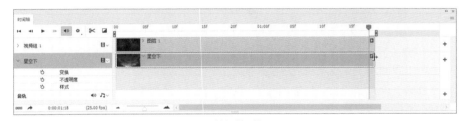

调整播放时间

Step 06 选中"星空下"图层，在"时间轴"面板中将当前时间指示器 ▼ 移动至最前端，单击"启用关键帧动画"按钮 ⑤，在此位置设置关键帧，如下左图所示。调整不透明度为95%，如下右图所示。

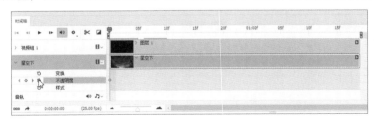

添加关键帧　　　　　　　　　　　　设置图层不透明度

Step 07 再次移动当前时间指示器至下左图所示的位置，单击"启用关键帧动画"按钮 ⑤ 在此位置设置关键帧，并调整图层不透明度为100%，如下右图所示。

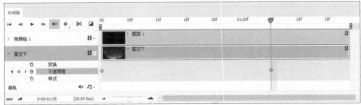

添加关键帧　　　　　　　　　　　　设置图层不透明度

Step 08 单击"播放"按钮 ▶，浏览当前动画效果，可以看到动画由半透明到不透明的渐变过程，执行"文件>存储为"命令，选择合适的路径将文件存储，如下图所示。

最终效果

11.3.5 插入、复制和删除空白视频帧

在视频图层中可以添加、删除或复制空白视频帧。

首先新建一个视频文件并命名为"新建视频"，执行"图层>视频图层>新建空白视频图层"命令，如下图所示。

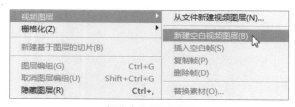

新建空白视频图层

在"时间轴"面板中选择空白视频图层，然后将当前时间指示器拖曳到所需帧的位置，如下左图所示。执行"图层>视频图层"菜单下的"插入空白帧"、"删除帧"、"复制帧"命令，如下右图所示。即可以分别在当前时间位置插入一个空白帧、删除当前时间处的视频帧、添加一个处于当前时间的视频帧的副本。

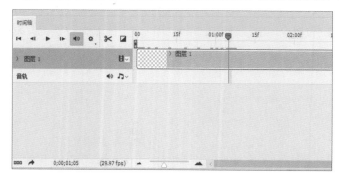

拖曳时间指示器

在当前帧插入空白帧

11.3.6　替换和解释素材

在Photoshop中，视频图层和源文件之间是保持链接关系的，如果链接由于某种原因断开，"图层"面板中的图层上会出现一个问号提示图标，如下左图所示。此时，系统会弹出提示对话框，如下右图所示。

警告图标　　　　　　　　　　　　　　　　　　　提示对话框

若要重新建立视频图层与源文件之间的链接，需要使用"替换素材"命令，该命令还可以将视频图层中的视频帧或图像序列帧替换为不同的视频或图像序列源中的帧。

要重新链接到源文件或替换视频图层的内容，首先选中该图层，然后执行"图层>视频图层>替换素材"命令，如下左图所示。在弹出的"打开"对话框中选择相应的视频或图像序列文件，即可完成替换素材，如下右图所示。

执行"替换素材"命令　　　　　　　　　　　　　选择要替换的素材

如果使用了包含Alpha通道的视频或图像序列，则一定要使用"解释素材"命令来指定Photoshop如何解释已打开或导入的命令。视频Alpha通道和帧速率。选择要解释的视频图层后，执行"图层>视频图层>解释素材"命令，打开"解释素材"对话框，如下左图所示。

"解释素材"对话框　　　　　　　　　　　　　　"颜色配置文件"下拉列表

下面分别对"解释素材"对话框中各主要参数的应用进行介绍。

- "Alpha通道"选项组：在其中选择不同的单选按钮，即可指定解释视频图层中Alpha通道的方式。当素材中包含Alpha通道时，此选项组才可用。选择"预先正片叠加-杂边"单选按钮，即可对通道使用预选正片叠底所使用的杂边颜色。
- "帧速率"下拉列表：在该下拉列表中可指定每秒播放的视频帧数。
- "颜色配置文件"下拉列表：在该下拉列表中可选择一个配置文件对视频图层中的帧或图像进行色彩管理，其下拉列表如上右图所示。

11.3.7　保存视频文件

对视频图层进行编辑后，可以将动画存储为GIF文件，以便在Web上观看。在Photoshop CC中，用户可以将视频和动画存储为QuickTime影片或PSD文件。如果未将工程文件渲染输出为视频，则最好将工程文件存储为PSD文件，以保留之前所做的编辑操作。执行"文件>存储"或"文件>存储为"命令，均可储存为PSD格式文件。

11.3.8　预览和渲染视频

在Photoshop CC中，用户可以在文档窗口中预览视频或动画，Photoshop会使用RAM在编辑会话期间预览视频或动画。当播放帧或拖曳当前时间指示器 预览帧时，Photoshop会自动对这些帧进行高速缓存，以便在下一次播放时能够更快地回放。如果要预览视频效果，可以在"时间轴"面板中单击"播放"按钮 ▶ 或按Space键（即空格键）来播放或停止播放视频。下两图为不同模式"时间轴"面板中"播放"按钮的位置。

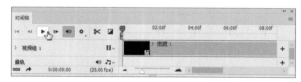

时间轴动画面板

帧动画面板

11.4　创建动画

在Photoshop中有帧动画和时间轴动画两种方式。帧动画是通过指定每秒动画播放的帧数，并编辑每一帧的内容来创建动画；时间轴动画是为每个图层的不同属性添加关键帧来创建动画的。

11.4.1　认识帧动画"时间轴"面板

在Photoshop CC中，帧动画模式的"时间轴"面板显示动画中的每个帧的缩览图。在面板中单击"转换为时间轴动画"按钮 ，可以将当前面板切换为视频时间轴模式"时间轴"面板，如下图所示。

"时间轴"面板（帧动画模式）

"时间轴"面板（帧动画模式）下，使用面板底部的工具可浏览各个帧、设置循环选项、添加和删除帧以及预览动画，下面对其功能进行详细介绍。

- 当前帧：当前选择的帧。如上图所示的第一帧，此时为选中状态。
- 帧延迟时间：设置帧在回放过程中的持续时间。
- 循环选项：设置动画在转换为GIF文件导出时图层每秒的播放次数。
- 选择第一帧 ⊮：单击该按钮，可以选择序列中的第一帧作为当前帧。
- 选择上一帧 ◂：单击该按钮，可以选择当前帧的前一帧。
- 播放动画 ▶：单击该按钮，可以在文档窗口中播放动画。如果要停止播放，再次单击该按钮即可。
- 选择下一帧 ▸：单击该按钮，可以选择当前帧的下一帧。
- 过渡动画帧 ⬞：在两个现有帧之间添加一系列帧，通过插值方法使新帧之间的图层属性均匀。
- 复制所选帧 ⊡：通过复制"时间轴"面板中的选定帧向动画添加帧。
- 删除所选帧 🗑：单击该按钮将所选择的帧删除。
- 转换为视频时间轴 ⬛：将帧模式"时间轴"面板切换到视频时间轴模式"时间轴"面板。

11.4.2 编辑动画帧

在"时间轴"面板中选择一个或多个帧，可以在面板菜单中进行新建帧、删除单帧、删除动画、拷贝/粘贴单帧、反向帧等编辑操作，如下图所示。

动画面板下拉菜单

下面对动画面板下拉菜单中各选项的含义和应用进行介绍。

- 新建帧：创建新的帧。
- 删除单帧/删除多帧：删除当前所选的一帧，如果当前选择的是多帧，则此命令为"删除多帧"。

操作提示：快速选择多帧

在动画帧面板中按住Ctrl键，可以选择任意多个帧；按住Shift键，可以选择连续的多个帧。

- 删除动画：删除全部动画帧。
- 拷贝单帧/拷贝多帧：复制当前所选的一帧，则此命令为"拷贝单帧"；如果当前选择的是多帧，则此命令为"拷贝多帧"，如下图所示。值得注意的是，拷贝帧与拷贝图层不同，拷贝图层可以理解为具有给定图层配置的图像副本；拷贝帧时，拷贝的是图层的配置（包括每一图层的可见性设置、位置和其他属性）。

拷贝单帧

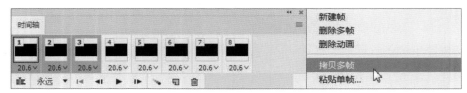

拷贝多帧

- 粘贴单帧/粘贴多帧：之前复制的是单个帧，此处则显示"粘贴单帧"命令；之前复制的是多个帧，此处则显示"粘贴多帧"命令。粘贴帧就是将之前拷贝的帧的配置应用到目标帧。选择此命令后将弹出"粘贴帧"对话框，然后选择合适的粘贴方式，如下图所示。

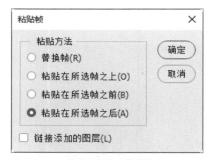

"粘贴帧"对话框

- 选择全部帧：执行该命令可一次性选中所有帧，如下图所示。

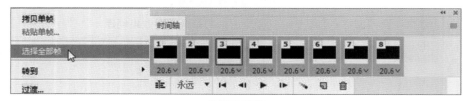

选择全部帧

- 转到：执行该命令，在子菜单中选择应用的命令，可以快速转到下一帧/上一帧/第一帧/最后一帧。
- 过渡：在两个现有帧之间添加一系列帧，通过插值方法使新帧之间的图层属性均匀。选中需要过渡的帧，如下左图所示。单击"过渡动画帧"按钮，或执行"过渡"命令，打开"过渡"对话框，如下右图所示。

| 选中需要过渡的帧 | "过渡"对话框 |

在该对话框中设置合适的参数后的效果，如下图所示。

过渡后的效果

- 反向帧：将当前所有帧的播放顺序翻转。
- 优化动画：完成动画后，应进行优化操作，以便快速下载到Web浏览器中。
- 从图层建立帧：在包含多个图层并且只有一帧的文件中，执行该命令可以创建与图层数量相等的帧，并且每一帧所显示的内容均为单一图层效果，如下图所示。

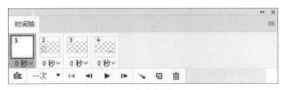

| "图层"面板 | 从图层建立帧效果 |

- 将帧拼合到图层：使用该命令会以当前视频图层中的每个帧的效果创建一个单一图层。在需要将视频帧作为单独的图像文件导出时，或在图像堆栈中需要使用静态对象时都可以使用该命令。
- 跨帧匹配围层：在多个帧之间匹配各个图层的位置、可视性、图层样式等属性，这些帧之间既可以是相邻的，也可以是不相邻（即跨帧）的。
- 为每个新帧创建新图层：创建帧时执行该命令，会自动将新图层添加到图像中。新图层在新帧中是可见的，但在其他帧中是隐藏的。如果创建的动画要求将新的可视图素添加到每一帧，使用该命令可以节省时间。
- 新建在所有帧中可见的图层：选择该命令后，新建图层自动在所有帧上显示；取消该命令，新建图层只在当前帧显示。
- 转换为视频时间轴：选择该命令，可转换为视频时间轴模式的动画面板。

- 面板选项：选择该命令将打开"动画面板选项"对话框，对动画帧面板的缩览图显示方式进行设置，如下左图所示。其对应的三种缩略图效果，如下右图所示。

"动画面板选项"对话框　　　　　　　三种缩略图效果

- 关闭：选择该命令，关闭动画帧模式的"时间轴"面板。
- 关闭选项卡组：关闭动画帧模式的"时间轴"面板所在的选项卡组。

11.4.3　创建时间轴动画

在"时间轴"面板中显示各个图层的帧持续时间和动画属性。通过在"时间轴"面板中为各个图层添加关键帧，并指定关键帧出现的时间和该图层内容持续时间来创建动画。

打开"时间轴"面板，单击"创建视频时间轴"按钮，打开视频时间轴模式的"时间轴"面板，如下图所示。

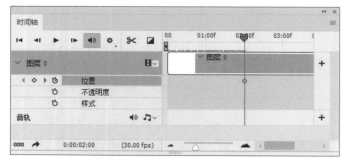

视频时间轴模式的"时间轴"面板

下面介绍视频时间轴面板中各参数的含义。

- 启用音频播放 ◀：单击该按钮即可启用音频播放功能，若再次单击该按钮，即可关闭音频播放功能。
- 在播放头处拆分 ✂：单击该按钮，即可在播放头处拆分视频。
- 选择过渡效果并拖动以应用 ▣：单击该按钮，在下拉列表中包含"渐隐"、"交叉渐隐"、"黑色渐隐"、"白色渐隐"和"彩色渐隐"5种过渡效果，选择一种效果，拖曳至两段视频中间，即可应用选中的效果至视频中。
- 添加媒体 ▣▾：添加视频文件或图像排列在视频组的最后，延长视频播放时间；也可以通过"新建视频组"命令新建视频组。
- 图层持续时间条 ▭▬▭：表示该图层在视频或动画中的时间位置。拖动任意一端对图层进行裁切，即可调整图层的时间。

- 时间指示器♥：表示选中图层当前的时间位置，也可以通过拖动预览当前动画。
- 启用关键帧动画 ♂：单击该按钮，即可为该图层的时间指示器位置添加关键帧，然后设置该属性，再次单击该按钮，即可删除该关键帧。
- 添加音频♪～：继续添加音频文件。
- 转换为帧动画：单击该按钮，即可切换至帧动画的"时间轴"面板。
- 渲染视频 ➔：单击该按钮，即可打开"渲染视频"对话框，设置各项参数，单击"渲染"按钮即可渲染当前视频，如下图所示。
- 缩放滑块：单击两端按钮即可放大或缩小时间显示。

"渲染视频"对话框

综合实训　制作看日出动画

学习了动画和视频的相关知识后，下面以看日出动画的制作为例介绍动画的制作过程，用户学习完成后可以根据需要进行练习，具体操作方法如下。

Step 01 打开Photosho软件，执行"文件>打开"命令，在弹出的对话框中选择"背景.png"素材，然后复制该图层，如下左图所示。

Step 02 按Ctrl+Shift+N组合键新建图层，命名为"黑色蒙版"。打开"拾色器（前景色）"对话框，设置前景色为黑色，并按Alt+Delete组合键填充图层，效果如下右图所示。

打开素材图片

填充图层

Step 03 执行"文件>置入嵌入的智能对象"命令，在打开的对话框中置入"小人.psd"文件，适当调整大小并放在右下角，效果如下左图所示。

Step 04 然后置入"月亮.png"文件，调整其大小，并放在合适的位置，效果如下右图所示。

置入小人素材

置入月亮素材

Step 05 使用矩形选框工具绘制出月亮遮板选区，执行"选择>修改>羽化"命令，打开"羽化选区"对话框，设置羽化半径为10像素，并填充黑色，效果如下左图所示。

Step 06 执行"窗口>时间轴"命令，弹出"时间轴"面板，单击"创建帧动画"按钮，效果如下右图所示。

绘制矩形选区并填充

打开"时间轴"面板

Step 07 单击"转换为视频时间轴"按钮，转换为视频时间轴模式"时间轴"面板，如下左图所示。

Step 08 选择"月亮档板"图层，把时间指示器拖曳至4s位置上，效果如下右图所示。

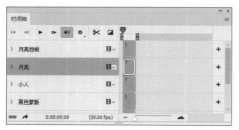
转换为视频时间轴

调整时间轴的位置

Step 09 单击"月亮档板"图层左侧">"图标，单击"位置"属性左侧"启用关键帧动画"按钮，即可在4s处添加关键帧，如下左图所示。

Step 10 移动到0s处，单击"位置"左侧"在播放头处添加或移去关键帧"按钮，在0s处增加个关键帧，此时0s处会出现个黄色四角符号，效果如下右图所示。

在4s处添加关键帧

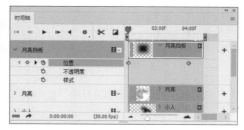
在0s处添加关键帧

Step 11 定位在4s关键帧上，把月亮挡板素材往下移动，让月亮完全出现，效果如下左图所示。

Step 12 选择"黑色蒙版"图层，将时间延长至10s处，将时间指示器移至0s位置，为"不透明度"属性添加关键帧，如下右图所示。

设置4s处月亮挡板位置　　　　　　　　　　　　添加关键帧

Step 13 将时间指示器移至10s位置并添加一个关键帧，效果如下左图所示。

Step 14 定位在10s处，然后在"图层"面板中设置"黑色蒙版"的不透明度为0%，然后按照相同的方法设置0s处的不透明度为100%，效果如下图所示。

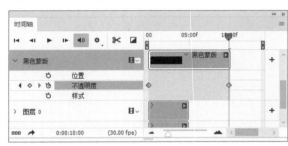 

在10s添加关键帧　　　　　　　　　　　设置不透明度

Step 15 选择画笔工具，打开"画笔预设"选取器，选择"星形14像素"笔尖形状，如下左图所示。

Step 16 打开"画笔"面板，在"画笔笔尖形状"选项区域设置大小为18像素、间距为180%，如下中图所示。

Step 17 在"散布"选项区域设置散布为327%、数量为2，如下右图所示。

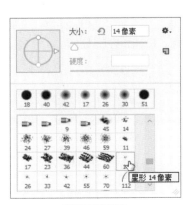  

设置画笔笔尖　　　　　设置画笔笔尖形状参数　　　　　设置散布参数

Step 18 新建图层，并命名为"星星"，使用画笔工具在湖面上绘制闪闪星星形状，效果如下左图所示。

Step 19 选择"星星"图层，在"时间轴"面板中设置时间为5s-20s，如下右图所示。

绘制星星形状   设置星星的时间范围

Step 20 对"星星"图层在"不透明度"上添加间隔不等的关键帧，并隔帧设置不透明度为0%或100%，效果如下左图所示。

Step 21 按照同样操作，对"星星"图层的"样式"属性添加间隔不等的关键帧，并隔帧设置星星出现的样式，效果如下右图所示。

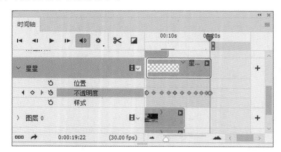 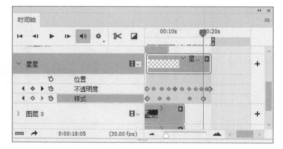

添加"不透明度"关键帧   添加"样式"关键帧

Step 22 其中"样式"设置为"外发光"样式，双击"星星"图层，打开"图层样式"对话框，勾选"外发光"复选框，设置外发光不透明度为64%、混合模式为"滤色"、颜色为黄色，设置完成后单击"确定"按钮，如下左图所示。

Step 23 使用横排文字工具，在右上角输入"一瞬的相守 燃尽半生的思念！"文字，如下右图所示。

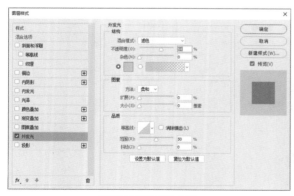 

设置"外发光"参数   输入文字

Step 24 选择文字图层，设置时间为10s-20s，然后添加"变换"、"不透明度"和"样式"的关键帧，如下左图所示。

Step 25 其中在设置文字样式时，用户可以根据个人需要进行设置，本案例中的样式仅供参考，如下右图所示。

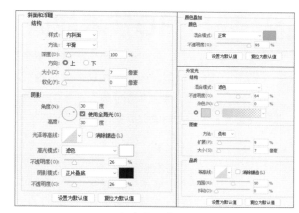

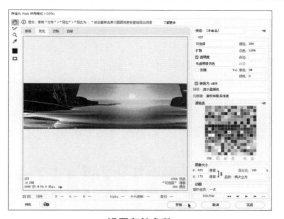

为文字添加关键帧

添加图层样式

Step 26 执行"文件>导出>存储为Web所用格式"命令，在打开的对话框中设置参数，并单击"存储"按钮，如下左图所示。

Step 27 打开"将优化结果存储为"对话框，选择合适的存储路径，输入文件名称，然后单击"保存"按钮，返回上一级对话框，单击"完成"按钮。至此，本案例制作完成，如下右图所示。

设置存储参数

保存动画

Chapter

12

3D技术成像

Photoshop已经不单单是平面设计软件，使用它不仅可以制作出简单的3D模型，还可以和其他专业的3D软件一样对模型进行编辑处理，如3ds Max、Maya等。本章主要介绍在Photoshop中对3D对象操控、创建3D对象以及为3D对象编辑纹理等操作的相关知识。

核心知识点

❶ 了解3D功能
❷ 熟悉3D对象的操控

❸ 掌握创建3D对象的方法
❹ 熟悉为3D对象编辑纹理的方法

3D视觉冲击效果图

3D文字的应用

3D凸起的效果

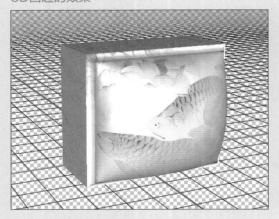

制作3D文字效果

12.1　初识 3D 功能

Photoshop的3D功能可以将文字或图像加工成立体图像效果。在实际设计中，将制作出来的立体图像运用到平面图像中，可以使图像的整体设计更加具有层次感。

12.1.1　什么是 3D 功能

Photoshop CC可以打开多种三维软件创建的模型，如3ds Max、Maya、Alias等软件。在Photoshop中打开的3D文件会保留原来的纹理、渲染以及光照信息，用户可以通过移动3D模型或对其进行动画制作、更改渲染模式、编辑或添加光照等编辑操作，也可以将多个3D模型合并为一个3D场景。3D效果的设计图往往给人们带来视觉冲击和创意灵感，如下图所示。

3D视觉冲击效果图　　　　　　　　　　　　　　创意3D效果图

在Photoshop CC中，用户可以直接将3D文件打开或导入到当前文件中进行使用，目前支持的格式有OBJ、KMZ、3DS、DAE和U3D。被打开或导入的3D文件会以3D图层的方式进行显示，该文件可以使用软件中的所有3D功能。

1. 打开3D文件

Photoshop CC可以对支持的3D文件直接进行打开操作。在菜单中执行"文件>打开"命令，打开"打开"对话框，如下左图所示。选择3D文件后，直接单击"打开"按钮即可，效果如下右图所示。

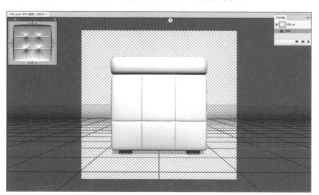

选择3D文件　　　　　　　　　　　　　　打开3D效果图

2. 查看3D图层和模型纹理

在Photoshop中导入或创建3D模型后，在"图层"面板中会出现相应的3D图层，3D图层中包含的模型纹理也会同时显示在3D图层下的条目中，如下左图所示。

3. 了解3D通道

在Photoshop中导入或创建3D模型后，在"通道"面板中可以看到，3D通道包含着对应模式下的单色通道，用于存储图像颜色和选区等不同类型信息的灰度图像。3D"通道"面板如下右图所示。

3D图层及其包含的模型纹理　　　　3D"通道"面板

12.1.2　认识 3D 操作界面

执行"窗口>3D"命令，打开3D面板，查看与3D图像相关联的组件。在3D面板的顶部可以切换"场景"、"网格"、"材质"和"光源"组件的显示，如下图所示。

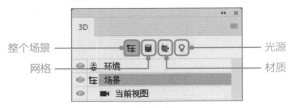

3D面板

下面将对"场景"、"网格"、"材质"和"光源"组件的应用进行详细介绍。

1. 3D场景设置

单击"整个场景"按钮，切换到3D场景面板，使用3D场景设置可以更改渲染模式或选择要在其上绘制的纹理或创建横截面等，如下左图所示。场景面板包括条目、创建新光照、删除光照等，详细功能介绍如下。

● 条目：选择条目中的选项，可以在"属性"面板中进行相关的设置。

● 创建新光照：单击"创建新光照"按钮，在弹出的下拉菜单中选择相应选项，即可创建对应的光照，下拉列表如下右图所示。

● 删除光照：选择光照选项，单击"删除光照"按钮，即可将选中的光照删除。

3D场景面板　　　　　创建新光照下拉菜单

2. 3D网格设置

单击3D面板顶部的"网格"按钮 ▦ ，可以切换到3D网格面板，如下左图所示。同时"属性"面板显示对应的设置，如下右图所示。

3D网格面板　　　　　　　　"属性"面板

下面对"属性"面板中各功能的应用进行详细介绍。

● 捕捉阴影：控制其他网格所产生的阴影能否在选定的网格表面显示。

● 投影：控制选定的网格能否将自身投影显现在其他网格表面上。

● 不可见：勾选该复选框，可以隐藏网格，但会显示其表面的所有阴影。

> **操作提示：使用"插入菜单项目"命令记录操作**
>
> 要在网格上捕捉地面所产生的阴影，可以执行"3D>地面阴影捕捉器"命令；要将这些阴影与对象对齐，可以执行"3D>将对象贴紧地面"命令。

3. 3D材质设置

3D材质的设置是从实物的本身材质出发，在对其物理属性进行分析后进行构建的方法。常见的物理属性包括：物体本身固有的属性（颜色、花纹）、物体的透明度、凹凸感、是否有明显的反射效果以及本身是否为发光体等。例如，谈到木桌材质，我们首先想到的一定是木雕花纹的表面（漫射属性）、不透明（不透明度属性）、木质表面的木纹凹凸效果（凹凸属性）、剖光的木桌也会存在一些反射现象等（反射属性）。

单击3D面板顶部的"材质"按钮 ▦ ，可以切换到3D材质面板，在材质面板中列出了当前3D文件中使用的材质。用户可以在"属性"面板更改"漫射"、"镜像"、"发光"、"环境"等属性来调整材质效果，如下左图所示。当然，3D材质面板还包含多个预设材质可供编辑使用，单击材质缩览图，展开预设的材质类型，是默认的18种预设材质效果，如下中图所示。3D图像效果如下右图所示。

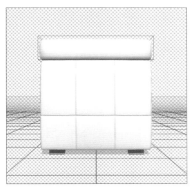

"属性"面板　　　　　　材质预设表　　　　　　3D图像效果图

4. 3D光源设置

光在现实中是必不可少的，因为光对物体的折射，人才能用肉眼看到五彩斑斓的颜色。在3D图像的制作中，灯光也是必不可少的一个组成部分，灯光可以照亮模型，从而产生逼真的深度和阴影。单击3D面板顶部的"光源"按钮 ♀ ，可以切换到3D光源面板，如下左图所示。同时也可以在"属性"面板中进行相关设置，如下右图所示。

3D光源面板　　　　　　　　　　"属性"面板

下面对"属性"面板中各参数的应用进行详细介绍。

- 预设：包含多种内置光照效果，切换即可观察到预览效果，系统提供的预设光照效果有16种，下左图为预设的"红光"光源效果。

- 光照类型：设置光照的类型，包括"点光"、"聚光灯"、"无限光"3种。在"类型"列表中选择"无限光"选项，如下中图所示。图像效果如下右图所示。

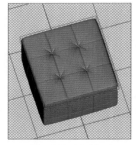

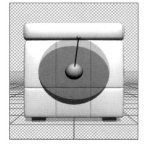

"红光"光源效果　　　　选择"类型"为"无限光"　　　　图像效果

12.2　3D 对象的操控

在打开的3D文件中，用户可以通过Photoshop CC的编辑工具对其中的对象进行旋转、滚动、拖动、滑动和缩放等操作。在Photoshop CC中，操控3D对象的移动工具属性栏如下图所示。

移动工具属性栏

12.2.1　旋转 3D 对象

在Photoshop CC中打开3D图像后，可以使用旋转3D对象工具 ⊛ 对3D图层中的对象进行旋转操作。操作方法是，上下拖动3D对象使其沿着X轴旋转，如下左图所示。左右拖动3D对象使其沿着Y轴旋转，如下右图所示。以对角线方向拖动3D对象使其沿着X、Y轴旋转，也可以在"属性"面板中输入数值来控制图像进行旋转操作，此方法旋转3D对象更为精确。

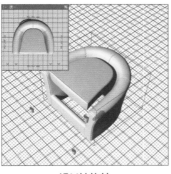

沿X轴旋转　　　　　　　　　　　　沿Y轴旋转

12.2.2　滚动 3D 对象

　　使用Photoshop CC打开3D图像后，使用滚动3D对象工具◎可以左右或上下拖动3D对象使其围绕自身的Z轴进行旋转。值得注意的是，使用滚动3D对象工具滚动3D对象时，按住Alt键，可以实现旋转3D对象工具的功能。下左图为使用滚动3D对象工具的效果。在"属性"面板中输入数值来控制图像，同样可以使其进行滚动。

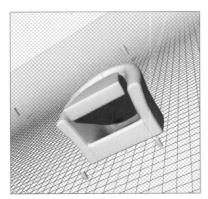
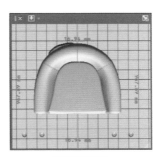

使用滚动3D对象工具的效果　　　　　　　　平面缩略图

12.2.3　拖动 3D 对象

　　使用Photoshop CC打开3D图像后，使用拖动3D对象工具✛可以在3D空间中移动3D对象，左右拖动为水平移动3D对象，上下拖动为垂直移动3D对象，在"属性"面板中输入数值同样可以控制3D对象的移动。下图为拖动3D对象往右移动的前后效果。

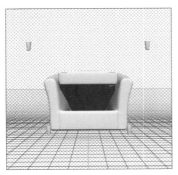
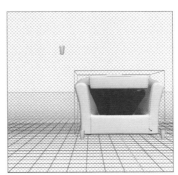

默认图像视图效果　　　　　　　　拖动对象后的效果

12.2.4　滑动 3D 对象

　　使用Photoshop CC打开3D图像后，使用滑动3D对象工具✥左右拖动可以水平移动3D对象，上下拖动可以使3D对象在透视图中前后移动（远近移动），在"属性"面板中输入数值同样可以控制滑动操作。水平移动很好理解，下面仅演示在透视图前后移动的效果图，下图为使用滑动3D对象工具的效果。

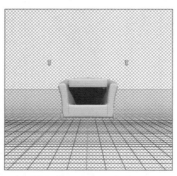

默认视觉下的图像效果　　　　　　　在透视图情况下向后移动的效果

12.2.5　缩放 3D 对象

　　在Photoshop CC中打开3D文件后，使用缩放3D对象◄工具可以改变3D对象的大小，上下拖动可以放大或缩小3D对象，下图为缩放3D对象的效果。

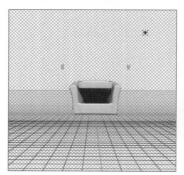
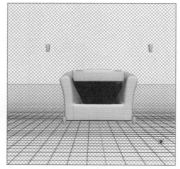

往上拖动缩小图像　　　　　　　　　往下拖动放大图像

12.2.6　调整 3D 相机

　　3D相机可以改变查看3D图像的方向，从而全方位地观察3D图像。选择3D场景面板中的"当前视图"选项，如下左图所示。在"属性"面板的"视图"下拉列表中选择相关选项，可以以不同的视角来观察模型，如下右图所示。

当前视图　　　　　　　选择"视图"选项

另外，单击"属性"面板中的"透视"按钮 ◐ ，可以调整"景深"参数，如下左图所示。以使一部分对象处于焦点范围内，从而变得清晰；其他对象处于焦点范围外，从而变得模糊。

单击"属性"面板中的"正交"按钮 ◉ ，调整"缩放"参数，可以调整模型，使其远离或靠近观察者，如下右图所示。

透视视图

正交视图

下面通过实际操作感受下效果，下左图是使用左视图观察3D效果图的效果，下右图是使用前视图观察3D效果图的效果。

左视图效果

前视图效果

12.3　创建 3D 对象

下面将介绍如何在3D面板中运用3D功能制作含有3D效果的文字、具有3D效果的图层以及创建3D凸起效果等操作方法。

12.3.1　什么是 2D 图像

二维图像是指不包含深度信息的平面图像。二维图像只有左右、上下四个方向，不存在前后方向。在一张纸上的内容就可以看成是二维，即只有面积，没有体积。Photoshop中所及的绝大部分图像都是2D图像，而3D图像与2D图像的结合会使图像设计更具冲击力，下图是一张2D图像的平面设计。

2D图像

12.3.2　创建 3D 文字对象

在实际的图像设计中，用户可以使用带有3D效果的文字来强调内容的重要性，这是一种常用的技术手法。要制作文字的3D效果，首先要创建3D模型，按下T快捷键启用横排文字工具并创建一个文字图层，如下左图所示。在3D面板中单击"3D模型"按钮，再单击"创建"按钮，如下中图所示。即可完成3D文字的创建，效果如下右图所示。

在图像中创建文字图层

在3D面板中创建模型

3D文字效果图

实战　利用 3D 文字功能制作创意海报

3D文字能够为图像设计的整体效果增加创意感和视觉冲击效果，了解了3D文字的基本制作后，下面将通过实际操进一步介绍3D文字的运用，具体操作如下。

Step 01 启动Photoshop CC软件，执行"文件>打开"命令，打开"3D文字素材.psd"文件，按下T快捷键启用横排文字工具，设置字体大小为180PX，输入Christmas文字，创建文字图层。在菜单栏执行"3D>从所选图层新建3D模型"命令，效果如下图所示。

新建文字的3D模型

Step 02 在"属性"面板中单击"形状预设"下三角按钮，在弹出的面板中选择"凸出"选项，如下左图和下中图所示。单击属性面板最上面的"变形"按钮，切换到"变形"面板，设置相关参数，如下右图所示。

选择"凸出"模式　　设置形状预设的"属性"面板　　属性的变形面板

Step 03 在3D面板的最顶端单击"材质"按钮，切换到"3D材质"面板，选择"凸出材质"选项，如下左图所示。并在"属性"面板设置其材质预设为"金属-银"，如下中图和下右图所示。同样的将"前膨胀材质"、"前斜面材质"、"后斜面材质"等均设置其材质预设为"金属-银"。

3D面板　　　　　　"属性"面板　　　　　选择"金属-银"预设材质

Step 04 在属性栏中单击"旋转3D对象"按钮，调整文字的视角效果如下左图所示。在"图层"面板中选择Christmas图层并右击，选择"栅格化3D"命令，将3D图层转换为普通图层。

Step 05 选中"球"图层组，执行"编辑>变换>透视"命令，对球和彩带的视角进行调整，使其从原本正视图的效果转变为和3D文字视角一致的效果。接着，按下T快捷键启用自由变换工具，对彩带、彩球进行排版，并使用图层蒙版对其进行修饰和加工。选中素材中的"光线"、"光线1"图层，放置在转换成普通图层的3D文字的合适位置，如下右图所示。

调整3D文字的视角　　　　　　　　　　调整图像

Step 06 选中Christmas图层，同时，按住Alt键拖曳出一个拷贝图层作为原图层的倒影。选中"Christmas 拷贝"图层，调整其不透明度为20%，按下T快捷键启用自用变换工具，右击在快捷菜单中选择"垂直翻转"命令，效果如下左图所示。

Step 07 选择魔棒工具，在属性栏中设置"容差"为32，选中3D文字的侧面和立体效果部分，效果如下右图所示。

倒影效果

建立选区

Step 08 选择渐变工具，单击其属性栏的预设渐变缩略图，在弹出的面板中选择"蓝、红、黄渐变"预设，如下左图所示。

Step 09 新建图层并命名为"渐变效果"，然后将渐变运用到选区中，效果如下右图所示。

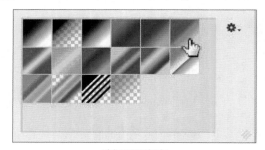

选择预设渐变

渐变效果

Step 10 为了使选区的渐变效果削弱从而加强3D文字的视觉效果，我们使用橡皮擦工具对渐变效果进行修饰，在橡皮擦工具属性栏中设置不透明度为33%，沿着右上45度角每隔一个距离进行擦拭，最终效果如下图所示。

最终效果图

12.3.3 从选区中创建 3D 凸起

在Photoshop中，"从当前选区新建3D凸出"命令可以将2D对象转换到3D网格中，从而在3D空间中精确地进行凸出、膨胀和调整操作。要进行3D凸起操作，首先选择选区，如下左图所示。在菜单栏中执行"3D>从当前选区新建3D模型"命令，可打开3D面板，如下中图所示。

创建后3D效果如下右图所示。接下来就可以使用3D凸起功能选择相关选项，在"属性"面板中可进行相应的设置。

建立选区　　　　　　　　　从选区中创建3D模型　　　　　　　　　创建选区

实战　对选中区域进行 3D 凸起编辑

学习了从选区中创建3D凸起的功能后，下面通过实际操作来了解一些更具体的3D功能及呈现效果，以便更好地为创作增光添彩，具体操作如下。

Step 01 启动Photoshop CC软件，执行"文件>打开"命令，打开"鲤鱼.jpg"文件，按下M快捷键启用矩形选框工具并绘制矩形选区，如下左图所示。

Step 02 在菜单栏中执行"3D>从当前选区新建3D模型"命令，创建3D模型，效果如下右图所示。

 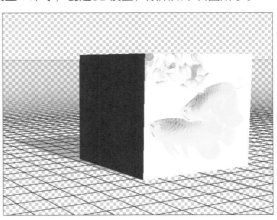

创建选区　　　　　　　　　　　　　　　　新建3D模型

Step 03 单击属性栏中的"拖动3D对象"按钮，将3D图像水平拖动到图像的中间位置。接着单击"旋转3D对象"按钮，使用旋转对象工具对图像整体进行调整，效果如下左图所示。

Step 04 下面我们将调整光照效果。单击3D面板顶部的"光源"按钮，可以切换到3D光源面板，如下右图所示。

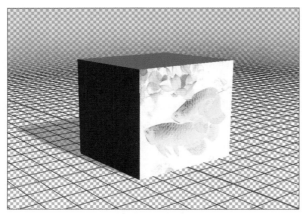

调整3D图像的视角 切换到光源面板

Step 05 此时，图像中会出现一个调整光源效果的方向杆，如下左图所示。调整方向杆并在"属性"面板中设置相关参数，如下中图所示。设置完成后图像效果如下右图所示。

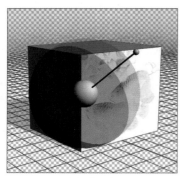

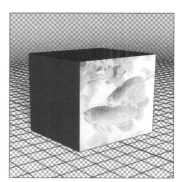

光源方向杆 光源属性面板 设置光源的效果

Step 06 在3D面板中单击"材质"按钮 ，切换到3D材质面板，选择"背景凸出材质"选项，如下左图所示。下面，在"属性"面板中单击材质缩略图，在面板中选择"巴沙木"材质，如下中图所示。设置完成后图像效果如下右图所示。

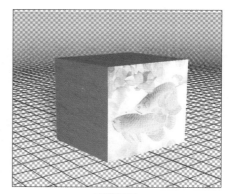

3D材质面板 "属性"面板 图像效果

Step 07 单击3D面板中的"全部场景"按钮 ，切换到3D场景面板，选择"背景"选项，如下左图所示。然后在"属性"面板中单击"形状预设"下三角按钮并选择"膨胀"预设，如下中图所示。图像效果如下右图所示。

3D面板背景选项

选择形状预设

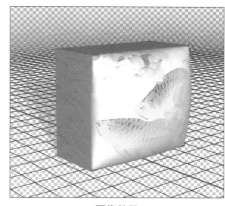

图像效果

Step 08 在"属性"面板中单击最上方的"盖子"按钮，切换到"盖子"面板并调整其参数，如下左图所示。调整后的图像可以看到凸出立体的效果被进一步增加，如下右图所示。

调整属性参数

最终效果

12.3.4 从图层中创建 3D 对象

执行"3D>从所选图层新建3D凸出"命令能够快速地将普通图层、智能对象图层、文字图层、形状图层、填充图层转换为3D凸出效果，此命令可运用的功能范围较为广泛。

同上面介绍的两种创建3D对象的方法一样，通过改变"属性"面板中的参数可以控制3D图像的效果，具体方法和效果上面都已经介绍过，这里就不做介绍。

实战 使用图层 3D 功能为设计添加动感效果

掌握了基本的3D功能知识和使用方法后，下面通过对图层建立3D模型，运用已经熟悉的知识再次温习图层3D功能的使用技巧，具体操作方法如下。

Step 01 启动Photoshop CC软件，执行"文件>打开"命令，打开"美食广场效果图.psd"文件，如下左图所示。

Step 02 选中"火龙"图层并执行"3D>从所选图层新建3D凸出"命令，为图层创建3D模型，如下右图所示。

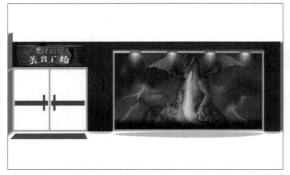

原图效果

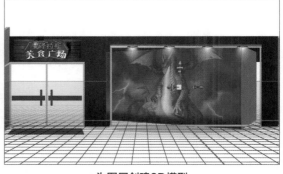

为图层创建3D模型

Step 03 单击"旋转3D对象"按钮，使用旋转对象工具对图像视角整体进行调整。在属性的"网格"面板中单击"形状预设"下三角按钮，在弹出的面板中设置形状为"等高线的斜面"，其他参数保持默认值不变，如下左图所示。

Step 04 单击"属性"面板上端的"变形"按钮，切换至"变形"面板，同样选择形状预设为"等高线的斜面"，其他参数保持默认值不变，如下右图所示。

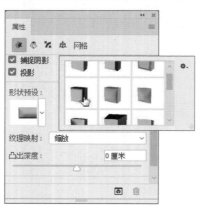

设置形状预设

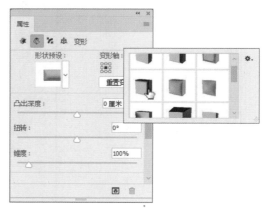

设置变形

Step 05 单击"属性"面板上端的"盖子"按钮，切换至"盖子"面板，同样选择形状预设为"等高线的斜面"，设置其参数如下左图所示。3D图层的图像效果如下右图所示。

"盖子"面板

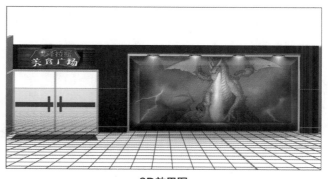

3D效果图

Step 06 在"图层"面板中选中"火龙"图层并右击，在菜单中选择"栅格化3D"命令，将3D图层转化为普通图层，至此，完成了对普通图层的3D加工，如下图所示。

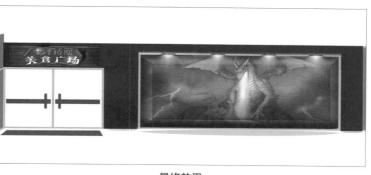

最终效果

12.4　为 3D 对象编辑纹理

在Photoshop中打开3D文件时，纹理将作为2D与3D模型一起导入到Photoshop中，这些纹理会显示在3D图层的下方，并按照漫射、凹凸和光泽度等类型编组显示，用户也可以使用绘画工具和调整工具对纹理进行编辑或者创建新的纹理。

12.4.1　编辑纹理

在"属性"面板中选择包含纹理的材质，然后单击"漫射"选项后面的"编辑漫射纹理"按钮，在弹出的菜单中选择"编辑纹理"命令，如下左图所示。纹理可以作为智能对象在独立的文档窗口中打开，这样就可以在纹理上绘画或进行编辑，如下右图所示。

编辑纹理

转换成智能对象并进行编辑

> **操作提示：快速将纹理转换为智能对象**
>
> 在"图层"面板中双击3D图层下的"纹理"选项，可以快速将"纹理"作为智能对象在独立文档中打开。

12.4.2　绘制纹理

在Photoshop CC中，用户可以像绘制2D图像一样使用绘画工具直接在3D模型上绘画。若使用选区工具选择特定的模型区域，可以在选定区域内绘制。

1. 选择绘画表面

在包含隐藏区域的模型上绘画时，可以使用选区工具在3D模型上绘制一个选区，用以限定要进行绘画的区域，然后在3D菜单下选择相应的命令，选择的是吊灯的吊链，如下图所示。

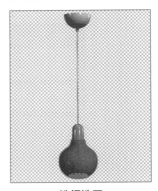

隐藏部分模型　　　　　　　　　　　　　　　选择选区

下面对子菜单中的命令进行详细解释。

- 选区内：选择该命令后，只影响完全包含在选区内的图形，如下左图所示。取消选择该命令，将隐藏选区所接触到的所有多边形，下右图为选中区域隐藏的效果。

选区内的图像被隐藏　　　　　　　　　　　　选区外的图像被隐藏

- 反转可见：使当前可见表面不可见，而使不可见表面可见，如上右图所示。
- 显示全部：使所有隐藏的表面都可见。

2. 设置绘画衰减角度

　　在模型上绘画时，绘画衰减角度控制着表面在偏离正面视图弯曲时的油彩使用量。衰减角度是根据正常或根据朝向用户的模型表面突出部分的直线来计算的。执行"3D>绘画衰减"命令，打开"3D绘画衰减"对话框，如右图所示。

3D绘画衰减对话框

- 最小角度：设置绘画随着接近最大衰减角度而渐隐的范围。若最大衰减角度是45度、最小衰减角度是30度，那么在30度和45度的衰减角度之间绘画不透明度将会从100减少到0。
- 最大角度：最大绘画衰减角度在0度~90度之间。设置为0度时，绘画仅应用于正对前方的表面，没有减弱角度；设置为90度时，绘画可以沿着弯曲的表面（如球面）延伸至其可见边缘；设置为45度角时，绘画区域将限制在未弯曲到大于45度的球面区域。

3. 标识可绘画区域

因为模型视图不能提供与2D纹理之间的一一对应关系，所以直接在模型上绘画与直接在2D纹理映射上绘画是不同的，这就可能导致无法明确判断是否可以成功地在某些区域绘画。执行"3D>选择可绘画区域"命令，即可方便地选择模型上可以绘画的最佳区域。

12.4.3 UV 叠加纹理

"UV映射"是指将2D纹理映射中的坐标与3D模型上的特定坐标相匹配，使2D纹理正确地绘制在3D模型上。双击"图层"面板中的纹理条目，可以在单独的文档窗口中打开纹理文件，如下图所示。

双击鼠标所指处   **单独打开的纹理图**

在菜单栏中执行"3D>创建绘图叠加"的命令，UV叠加将作为附加图层添加到纹理的"图层"面板中，如下图所示。

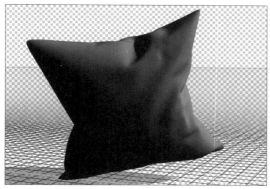

3D图像   **创建绘图叠加**

综合实训 使用 3D 文字功能制作卡通文字效果

Photoshop中的3D功能虽然在实际操作中一般只涉及较为基础的功能，使用方式也较为固定，但确是一种很实用的功能。学习完本章节的内容，相信用户对3D功能已经有了一个基本的了解，并掌握了一些较为基础的操作，下面通过制作卡通文字的案例将常用知识点串联起来。

Step 01 启动Photoshop CC软件，执行"文件>打开"命令，打开"草坪.jpg"文件，双击"背景"图层并命名为"草坪"。执行"滤镜>滤镜库>艺术效果>胶片颗粒"命令，具体参数设置如下左图所示。

Step 02 单击"确定"按钮，查看应用"胶片颗粒"滤镜的效果，如下右图所示。

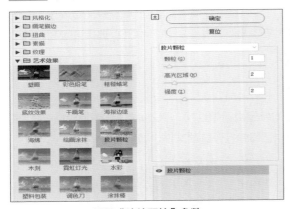

设置"胶片颗粒"参数

"胶片颗粒"滤镜的效果

Step 03 使用快速选择工具绘制下左图所示的选区，按下Delete键清除选区内容，效果如下右图所示。

绘制选区

清除选区内容

Step 04 将"天空.jpg"素材拖入Photoshop中，调整大小并栅格化图层置于所有图层最底层。按下T快捷键启用横排文字工具并输入spring文字。选择spring图层，执行"3D>从所选图层新建3D模型"命令，在3D面板中选择spring，如下左图所示。

Step 05 在"属性"面板中单击 "变形"按钮 ⬙，设置"凸出深度"为-7.9厘米、"锥度"为100%，如下右图所示。

3D面板

设置变形相关参数

Step 06 为了能够清晰地观察立体文字的效果，我们将隐藏"天空"及"草坪"图层，spring文字效果如下左图所示。

Step 07 下面使用纯色填充和渐变填充调整立体文字材质。在3D面板中展开文字材质，选择"spring后膨胀材质"选项，如下右图所示。

Spring文字　　　　　　　　　　　　选择后膨胀材质

Step 08 在"属性"面板中单击"漫射"按钮 ，选择"新建纹理"选项，如下左图所示。在打开的新文档中使用渐变工具，设置由黄到绿的渐变，如下中图所示。填充效果如下右图所示。

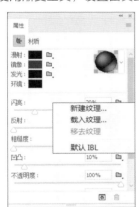

新建纹理　　　　　　　　　　设置渐变颜色　　　　　　　　　　填充渐变颜色

Step 09 填充完毕后回到3D图层，文字正面出现渐变效果，如下左图所示。

Step 10 在3D面板中选择"spring凸出材质"选项，如下右图所示。

文字正面出现渐变效果　　　　　　　　　　选择凸出材质

325

Step 11 在"属性"面板中单击"漫射"按钮 ▣，选择"新建纹理"选项，在弹出的新文档中使用油漆桶工具填充色号为#68e702的绿色，如下左图所示。

Step 12 填充完毕后回到原始文件中，文字侧面自动生成绿色效果，如下右图所示。按照同样的方法设置文字的"前膨胀材料"、"前斜面材料"、"后斜面材质"的纹理为和绿色相关的合适效果。然后，单击"旋转3D对象"工具 ☺ 调整文字图像的视角到合适效果。

填充绿色

文字图像侧面自动生成绿色

操作提示：如何提高Photoshop3D模式下的性能

　　3D模式是很占Photoshop内存的，经常会遇到电脑卡顿的情况，为了提高软件性能，用户在做好一个3D效果图像时，可以及时将其转换为普通图层，也就是执行"栅格化3D"命令。

Step 13 在"图层"面板中选中spring图层并右击，在快捷菜单中选择"栅格化3D"命令，将3D图层转换为普通图层，如下左图所示。显示隐藏的图层，查看整体效果如下右图所示。

将3D图层转换成普通图层

查看整体效果

Step 14 新建图层并命名为"藤条"，并隐藏"草坪"图层。设置默认画笔形状下的大小为5像素，前景色为绿色，使用钢笔工具在spring的合适位置绘制一条弯曲线段，然后右击在快捷菜单中选择"描边路径"命令，在弹出的对话框中设置工具为"画笔"，如下左图所示。单击"确定"按钮后效果如下右图所示。

设置描边路径

添加藤条的效果

Step 15 双击"藤条"图层，打开"图层样式"对话框，添加"内阴影"、"内发光"、"光泽"和"投影"图层样式，具体参数如下左图所示。

Step 16 选中spring图层，添加"内阴影"和"外发光"图层样式，具体参数如下右图所示。

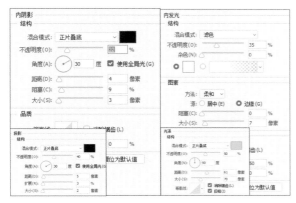

设置藤条图层样式

设置文字图层样式

Step 17 接着设置"光泽"相关参数，如下左图所示。

Step 18 打开"综合案例素材.psd"文件，将其中包含的素材合理点缀在3D效果文字上，并对整体版式进行设计。至此，本案例制作完成，最终效果如下右图所示。

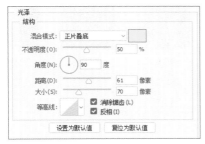

设置"光泽"相关参数

查看最终效果

Chapter

13

动作和任务自动化

Photoshop提供了图像任务自动化处理功能，通过录制动作，即可自动对图像执行相同的操作，对于多张图片进行同样处理时是很有帮助的。本章主要介绍动作和图像编辑自动化等知识。

核心知识点

❶ 了解"动作"面板的应用　　　　❸ 掌握批处理文件的操作
❷ 熟悉动作的录制

使用动作为图片添加水印

批处理调整图像色调

应用动作和自动化功能制作荷塘月色效果

13.1 动作

动作是Photoshop中的一大特色功能，使用该功能可以在单个文件或一批文件上播放一系列的任务集合。动作功能可以将执行过的操作、命令及参数记录下来，当用户需要再次执行相同操作或命令时可以从历史记录中快速调用，从而实现高效化设计的目的。

13.1.1 "动作"面板

运用动作对图像进行自动作用，是高效编辑图像的方法。要使用"动作"功能，首先应对"动作"面板有一个全面的掌握，该面板可进行动作的创建、载入、录制和播放等操作。执行"窗口>动作"命令，即可显示"动作"面板，如下左图所示。

下面分别对"动作"面板中各选项的应用进行详细介绍。

● 默认动作："动作"面板默认情况下仅"默认动作"组一个预设组。动作组呈现各"动作"的过程类似图层组对图层的呈现，是将各个动作记录下来并进行归类，以便自动播放时能够清晰地显示出步骤，便于用户进行调整和使用。

● 动作组：单击动作组前面的折叠按钮 >，可展开该动作（组），查看该组中包含的具体操作，其中的每一个操作命令组成了单个动作组，我们通常称其为"某个"动作（组）。下右图为"默认动作"组中的"木质画框-50像素"动作。

"动作"面板   "木质画框-50像素"动作

● 操作命令：单击"动作"前面的折叠按钮 >，即可展开该"动作"，在其中可以看到动作中所包含的具体操作命令。这些操作命令是录制动作时，系统根据用户的操作所记录的。一个动作可以没有操作记录，也可以有多个操作记录。

● 按钮组 ■ ● ▶：从左至右依次为"停止播放/记录"、"开始记录"和"播放选定的动作"按钮，用于对动作进行相应的控制。

● 创建新组 ▣：单击该按钮，可创建一个新的动作组，弹出"新建组"对话框，在其中设置新创建动作组的名称，如下左图所示。

● 创建新动作 ▣：单击该按钮，可弹出"新建动作"对话框，在"名称"文本框中输入新名称即可。

● 删除 ▥：单击该按钮，会弹出删除询问对话框，单击"确定"按钮将选择的动作或动作组删除，如下右图所示。

"新建组"对话框   确认删除动作提示框

13.1.2 录制动作

除了Photoshop软件自带的"默认动作"组中的动作外，用户在实际编辑图像时，还可以将常用的操作或一些原创性的操作或命令录制下来，以便下次使用时能快速调用，达到提高工作效率的目的。

单击"动作"面板底部的"创建新组"按钮 ，在弹出的对话框中输入新组名称后，单击"确定"按钮，建立一个新组。单击"动作"面板底部的"创建新动作"按钮 ，如下左图所示。用户也可以单击"动作"面板右上角的扩展按钮 ，在弹出的下拉列表中选择"新建动作"选项，如下右图所示。

使用面板下端的按钮创建新动作   使用下拉菜单添加新动作

接着，系统将弹出下左图所示的"新建动作"对话框，下面对该对话中的参数应用进行详细介绍。

- 组：此下拉列表中列出了当前"动作"面板中所有动作的名称，单击该下拉按钮，选择一个将要放置新动作的组名称。
- 功能键：为了更快捷地播放动作，可以在该下拉列表中选择一个功能键，从而在播放新动作时，直接按该功能键即可。

设置"新建动作"对话框中的参数后，单击"记录"按钮，即可创建一个新动作，同时"开始记录"按钮自动被激活，显示为红色，表示进入动作的录制阶段，如下右图所示。

"新建动作"对话框

"记录"按钮被激活

动作和任务自动化

接下来，用户可以执行需要录制在动作中的命令，系统会记录这些操作的过程。当所有操作完毕后，或录制过程中需要终止时，单击"停止播放记录"按钮，即可停止动作的记录状态。停止录制动作前，在当前图像文件中的所有操作都被记录在新动作中。

实战 通过录制"动作"为图像添加水印

学习了录制动作的相关知识，下面运用此功能为图片添加版权水印效果。录制完成后可以运用到其他任意图像中，完成多个图像批量化自动处理。

Step 01 在Photoshop中打开"向日葵.jpg"图像文件，如下左图所示。

Step 02 使用横排文字工具输入"版权所有"文本，按住Ctrl键的同时单击"版权所有"文字图层的缩略图，将文字转换成选区，如下右图所示。

打开原图

将文字转换为选区

Step 03 选择矩形选框工具，右击文字选区，在快捷菜单中选择"建立工作路径"命令，打开"建立工作路径"对话框，设置容差为1像素，如下左图所示。

Step 04 执行"窗口>动作"命令，打开"动作"面板。单击"动作"面板底部的"创建新组"按钮 ，在弹出的"新建组"对话框中输入名称为"添加水印"，单击"确定"按钮，即可在"动作"面板中新建一个组，如下右图所示。

将选区转换为路径并保持路径为显示状态

新建"添加水印"组

Step 05 单击"动作"面板底部的"创建新动作"按钮，在弹出的"新建动作"对话框中输入新动作名称为"添加水印"，如下左图所示。

Step 06 单击"记录"按钮，开始录制动作，此时"动作"面板底部的"开始记录"按钮变为红色，如下右图所示。

新建动作并命名为"添加水印"

录制动作

Step 07 执行"图像>图像大小"命令，在弹出的"图像大小"对话框中取消"重新采样"复选框的勾选，然后设置"分辨率"为72像素/英寸，如下左图所示。

Step 08 单击"确定"按钮退出对话框，此时"动作"面板将会记录下刚刚进行的图像大小的操作，如下右图所示。

调整图像大小

记录设置图像大小操作

Step 09 在当前显示的"版权水印"路径的情况下，单击"动作"面板右上角的扩展按钮 ≡，在弹出的下拉列表中选择"插入路径"选项，此时的"动作"面板变为下左图所示的状态。

Step 10 新建"图层1"图层，按下Ctrl+Enter组合键将当前路径转换为选区，按D键将"前景色"和"背景色"恢复为默认的黑、白色，按下Ctrl+Delete组合键填充选区，按Ctrl+D组合键取消选区，效果如下右图所示。

"工作路径"被记录

记录制作版权标志的操作动作

Step 11 选择"图层1"和"背景"图层，单击"动作"面板右上角的扩展按钮 ，在弹出的下拉列表中选择"插入菜单项目"选项，默认情况下会弹出下左图所示的对话框。

Step 12 保持"插入菜单项目"对话框不变，直接执行"图层>分布>垂直居中"命令，则"插入菜单项目"对话框将变为下右图所示的状态，单击"确定"按钮退出对话框。

"插入菜单项目"对话框　　　　　　记录菜单项目

> **操作提示：使用"插入菜单项目"功能记录操作**
> 为了使版权标志绝对位于图像的中心位置，需要使用对齐功能。由于Photoshop中无法记录该操作，所以只能通过执行"插入菜单项目"功能来完成。

Step 13 按照上述方法再次执行"图层>分布>水平居中"命令，此时的"动作"面板如下左图所示。

Step 14 选择"图层1"图层，设置该图层的不透明度为30%，同时隐藏"版权水印"文字图层，效果如下中图所示。对应的"动作"面板如下右图所示。然后按下Ctrl+Shift+E组合键执行"合并可见图层"操作，然后按Ctrl+W组合键或执行"文件>关闭"命令，关闭并保存对当前图像的修改。

记录菜单项目　　　　　设置图层的不透明度　　　　　动作被记录

13.1.3 指定回放速度

单击"动作"面板右上角扩展按钮 ，选择"回放选项"选项，在弹出的"回放选项"对话框中可以设置动作的播放速度，也可以将其暂停，以便对动作进行调试，如下图所示。

"回放选项"对话框

下面对"回放选项"对话框中各参数的应用进行详细介绍。

- 加速：在加速播放动作时，计算机屏幕可能不会在动作执行的过程中更新（即不出现应用动作的过程，而直接显示结果）。
- 逐步：显示每个命令的处理结果，然后再执行动作中的下一个命令。
- 暂停：选择该选项并在后面设置时间，可以指定播放动作时各个命令的间隔时间。

13.1.4　管理动作和动作组

在"动作"面板中，用户可以根据需要对动作进行重新排列、复制、删除、重命名、分类管理等操作。在"动作"面板中还可以使用Shit键来选择连续的动作步骤，或者使用Ctrl键来将非连续的动作步骤列入选择范围，然后对选中动作进行移动、复制、删除等操作。

下面对常用的管理动作和动作组的方法进行介绍。

1. 调整动作排列顺序

在"动作"面板中选中动作或动作组并将其拖曳到合适的位置上，如下左图所示。释放鼠标即可调整"动作"的排列顺序，将"画框通道-50像素"的动作组移动到"淡出效果（选区）"动作组之下，如下右图所示。

移动动作组　　　　　　移动后的效果

2. 复制动作

用户可以将动作或命令拖曳到"动作"面板下面的"创建新动作"按钮上 ，来复制动作或命令，如下左图所示。如果要复制动作组，用户可以将动作组拖曳到"动作"面板下面的"创建新：组"按钮上，如下右图所示。

复制动作　　　　　　复制动作组

用户还可以通过单击"动作"面板右上角的折叠按钮 ≡，在弹出的下拉列表中选择"复制"选项，来复制动作、动作组和命令，如下图所示。

复制动作组

复制动作

13.2　批处理和图像编辑自动化

在Photoshop中，除了可以应用预设的动作提高编辑处理图像的效率外，自动化命令也能帮助用户快速、成批量地编辑、处理图像。

自动化命令包括"批量处理图像"、"创建快捷批处理"、"裁剪并修齐照片"、"合成全景图"等，下面对这些命令的应用进行详细介绍。

13.2.1　批处理文件

"批处理"命令是将多步操作组合在一起作为一个批处理命令，将其快速应用于多张图像的同时对多张图像进行具体的编辑处理。

"批处理"命令能够批量对图像进行快速整合处理。"批处理"命令结合"动作"面板中已预设的动作命令，自动执行"动作"的步骤，给用户提供个性化且准确的帮助，很大程度上节省了工作时间，提高了工作效率。

实战　使用"批处理"命令调整多张图像的色调

了解了"批处理"功能的应用后，下面通过实际操作使用"批处理"命令一次性处理多张图像的效果，达到高效处理图像文件的目的，提高编辑图像的速度。

Step 01 首先，新建两个文件夹并分别命名为"图像"和"批处理后图像"，"图像"文件夹中的原图像如下图所示。

豪车美女　　　　　角落美人　　　　　夜和家具

"图像"文件夹

操作提示：使用自动化功能前确定放置文件的位置
"图像"文件夹用于放置需要批处理的图像文件，"批处理后图像"文件夹用于放置批处理后的图像文件。

Step 02 执行"文件>自动>批处理"命令，弹出"批处理"对话框，参数设置如下左图所示。

Step 03 单击"选择"按钮，在弹出的对话框中选择之前用于存放批处理后的图像文件的文件夹"批处理后图像"，如下右图所示。

"批处理"对话框

"浏览文件夹"对话框

Step 04 返回"批处理"对话框，单击"错误"下三角按钮，在其下拉列表中选择"将错误记录到文件"选项，单击"存储为"按钮，在弹出的对话框中找到"批处理后图像"文件夹并命名为"错误原因"，以防命令出错时可以查看详细报告。默认情况下，错误信息会被自动汇报成TXT格式的文本文档，如下左图所示。

Step 05 此时软件正在对图像进行处理，会相继弹出存储和询问对话框，分别单击"保存"和"确定"按钮，如下右图所示。

设置"错误"栏参数

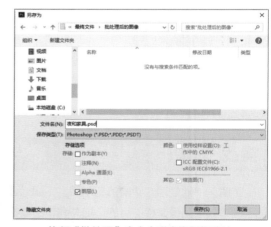

执行"批处理"命令会弹出询问框确认

Step 06 "批处理"命令执行完毕后，打开"批处理后图像"文件夹查看，可以看到处理后的图像效果，文件全部以PSD格式保存，并且"错误"文本反馈也同样储存在此文件夹中，如下图所示。

查看"批处理"后的文件夹

13.2.2　批处理图像模式

　　若需要将多张图像的文件格式转换成要求的图像格式，用户可以使用"图像处理器"命令快速对图像的文件格式进行转换，从而为用户免去简单且烦琐的操作，将宝贵的时间用到更加有意义的图像编辑中。

　　执行"文件>脚本>图像处理器"命令，即会弹出"图像处理器"的对话框，如下图所示。

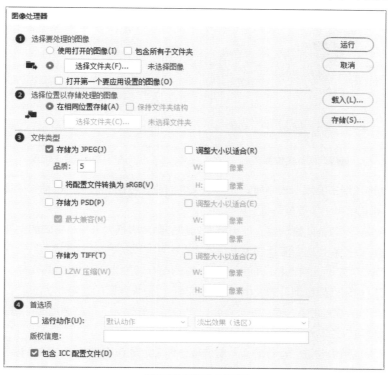

"图像处理器"对话框

下面对此对话框中的参数应用进行详细解释。

● 选择要处理的图像：该选项组中主要包括"使用打开的图像"、"包含所有子文件"、"选择文件"等功能。

　　● 使用打开的图像：当Photoshop中已经打开了若干图像，则此单选按钮被激活，此时，可以对已经打开的图像进行编辑处理。

　　● 包含所有子文件：勾选此复选框则会处理源文件内包含的所有子文件，换句话说，处理对象是源文件中的所有图像。

　　● 选择文件夹：单击"选择文件夹"按钮，会弹出左下图所示的对话框，此时可以选择源文件的位置。

● 选择位置以存储处理的图像：该选项组中主要包括"在相同位置存储"、"保持文件夹结构"、"选择位置以存储处理的图像"等参数。

　　● 在相同位置存储：选择此单选按钮，则处理过的图像会自动生成一个名为PSD的文件夹，存储在源文件中。

　　● 保持文件夹的结构：当勾选该复选框时，处理后的图像直接存储在目标文件位置，而不会自动存储在由系统生成的PSD文件夹中。

　　● 选择文件夹：单击此按钮则会弹出下右图所示的对话框，此时可以选择源文件的位置。

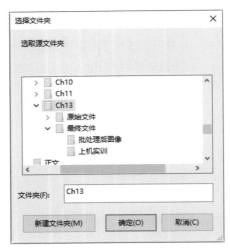
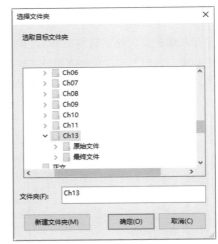

选择源文件夹位置　　　　　　　　　　　选择目标文件夹位置

- 文件类型：此选项组主要用于控制所处理图像文件的最终转换的格式，包括"存储为JPEG"、"存储为PSD"、"存储为TIFF"等复选框。
    - 存储为JPEG：勾选此复选框，即可将要处理的图片转换为JPEG格式的文件，在数值框中键入指定数值可以控制处理后图片的大小。
    - 存储为PSD：勾选此复选框，即可将要处理的图片转换为PSD格式的文件，在数值框中键入指定数值可以控制处理后图片的大小，默认情况下"最大兼容"为勾选状态。
    - 存储为TIFF：勾选此复选框，即可将要处理的图片转换为"标签图像文件格式"，在数值框中键入指定数值可以控制处理后图片的大小。
- 首选项：在该选项组中勾选"运行动作"复选框，即激活动作下拉菜单，如下图所示。选择动作下拉菜单中的预设类型，系统会自动对图像执行预设动作的批处理任务。

"首选项"选项组

综合实训　制作荷塘月色效果

　　学习了动作、批处理和图像编辑自动化的相关知识后，下面将通过制作荷塘月色效果的案例进一步对所学的动作的相关知识进行巩固，下面介绍具体操作方法。

Step 01 新建文档后，执行"窗口>动作"命令，打开"动作"面板，然后选择"木质画框"动作选项，如下左图所示。

Step 02 单击"动作"面板底部的"播放选定的动作"按钮 ▶ ，为工作区加上木质画框，然后查看效果，如下右图所示。

选择"木质画框"选项

查看为工作区添加木质画框的效果

Step 03 置入"波纹.png"素材并进行相应缩放操作后，移动到合适的位置，效果如下左图所示。

Step 04 使用矩形框选工具，在波纹素材上绘制选区，如下右图所示。

置入"波纹.png"素材

创建矩形选区

Step 05 在"动作"面板中选择"淡出效果"动作选项，单击"播放选定的动作"按钮 ▸，在弹出的"羽化选区"对话框中设置"羽化半径"值为40像素，如下左图所示。

Step 06 单击"确定"按钮，对波纹进行淡出处理效果，如下右图所示。

"羽化选区"对话框

查看为波纹设置淡出处理的效果

Step 07 置入"渐变.jpg"素材并进行相应的缩放操作后，移动到合适的位置，效果如下左图所示。

Step 08 选择波纹素材所在图层，执行"图像>调整>色彩平衡"命令，如下右图所示。

置入"渐变.jpg"素材

执行"色彩平衡"命令

动作和任务自动化

339

Step 09 打开"色彩平衡"对话框，对色彩平衡的相关参数进行设置，使波纹画面更融合，如下左图所示。

Step 10 单击"确定"按钮查看效果，如下右图所示。

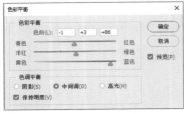

"色彩平衡"对话框　　　　　　　　　　查看设置色彩平衡后的效果

Step 11 置入"月亮.psd"素材并进行相应缩放操作后，移动到合适的位置，效果如下左图所示。

Step 12 置入"倒影.psd"素材并进行相应缩放操作后，移动到合适的位置，效果如下右图所示。

置入"月亮.psd"素材　　　　　　　　　　置入"倒影.psd"素材

Step 13 同样的操作方法，置入"荷花1.png"素材并进行相应缩放操作后，移动到合适的位置，效果如下左图所示。

Step 14 在"动作"面板中单击"创建新组"按钮 □，在打开的"新建组"对话框中将创建的新组命名为"荷花"，单击"确定"按钮，效果如下右图所示。

置入"荷花1.png"素材　　　　　　　　　　创建"荷花"组

Step 15 单击"创建新动作"按钮 □，创建荷花的动作，并单击"开始记录"按钮，进行操作记录，如下左图所示。

Step 16 复制荷花素材图层，并缩小向左移动，如下右图所示。

记录动作　　　　　　　　　　复制荷花图层

Step 17 单击"停止/播放记录"按钮▪，然后再单击"播放选定的动作"按钮▶，把记录复制缩放荷花图层的动作重复一次，复制出一个新的按比例缩放的荷花素材，并移动到左下角，如下左图所示。

Step 18 置入"水草.png"素材并移动到合适位置上，效果如下右图所示。

播放选定的动作　　　　　　　　　　　置入"水草.png"素材

Step 19 选择钢笔工具，在画面中合适的位置绘制飞鸟路径并转换为选区，然后填充白色，如下左图所示。

Step 20 在"动作"面板中单击"创建新组"按钮▫，在打开的"新建组"对话框中将创建的新组命名为"飞鸟"，单击"确定"按钮，效果如下右图所示。

绘制飞鸟选区　　　　　　　　　　　　创建"飞鸟"组

Step 21 单击"创建新动作"按钮▫，打开"新建动作"对话框，创建飞鸟的动作2，如下左图所示。

Step 22 单击"开始记录"按钮●，开始记录飞鸟的操作，如下右图所示。

创建飞鸟的动作2　　　　　　　　　　记录对飞鸟的操作

Step 23 复制飞鸟素材图层，粘贴建立新的飞鸟素材图层，并进行移动缩放处理，如下左图所示。

Step 24 单击"停止/播放记录"按钮▪，然后再单击"播放选定的动作"按钮▶，把记录复制缩放飞鸟的动作重复一次，复制出一个新的按比例缩放的飞鸟，并移动到合适位置，如下右图所示。

复制飞鸟素材　　　　　　　　　　　　　　　　播放动作

Step 25 按同样操作，重新建立新的飞鸟组和新的动作，复制出多个飞鸟，并放置在页面的左上角，效果如下左图所示。

Step 26 置入"仙鹤.png"素材并进行相应的缩放操作后，移动到合适的位置，效果如下右图所示。

复制出多个飞鸟　　　　　　　　　　　　　　置入"仙鹤.png"素材

Step 27 在"动作"面板中选择"水中倒影（文字）"动作选项，单击"播放选定的动作"按钮 ▸，为仙鹤素材添加倒影效果，并对仙鹤脚添加图层蒙版，效果如下左图所示。

Step 28 按同样操作，置入"仙鹤2.png"素材，并给仙鹤2加上水中倒影动作，效果如下右图所示。

为仙鹤素材添加倒影效果　　　　　　　　置入"仙鹤2.png"素材并添加倒影效果

Step 29 置入"仙鹤3.png"素材，并移动到下左图所示的位置。

Step 30 选择画笔工具，在画面中绘制星星效果，如下右图所示。

置入"仙鹤3.png"素材　　　　　　　　　　　绘制星星效果

Step 31 置入"星星2.png"素材并进行相应的缩放操作后，移动到合适的位置，效果如下左图所示。

Step 32 置入"金鱼.png"和"水纹3.png"素材，设置"水纹3"图层混合模式为"柔光"，如下右图所示。

置入"星星2.png"素材   置入"金鱼.png"和"水纹3.png"素材

Step 33 输入相应的文字后，在"动作"面板中选择"投影（文字）"动作选项，如下左图所示。

Step 34 单击"播放选定的动作"按钮 ▸，为文字添加投影效果，如下中图所示。

Step 35 然后在"图层"面板中选择"背景"图层，如下右图所示。

选择"投影（文字）"动作选项   为文字添加投影效果   选择"背景"图层

Step 36 在"动作"面板中选择"画框通道"动作选项，单击"播放选定的动作"按钮 ▸，如下左图所示。为整个工作画面加上画框选区，效果如下右图所示。

选择"画框通道"动作选项   为整个工作画面加上画框选区

Step 37 设置前景色为棕色，为画框选区填充颜色，效果如下图所示。

为画框选区填充颜色

Step 38 使用裁剪工具对工作区进行裁剪，效果如下图所示。

对工作区进行裁剪

Step 39 置入"树木.psd"素材，移动到画面中的合适位置上。至此，本案例制作完成，效果如下图所示。

查看最终效果

Photoshop CC综合应用

前13章在学习Photoshop CC基本功能的同时，结合一些案例的展示，使用户更深刻地理解了软件各功能的含义和用法。本章为用户提供5个不同特色的案例，将软件的各功能结合起来进行平面设计，相信通过本章的学习，用户可以更深刻了解到平面设计的具体方法。用户可以通过本章案例的学习，然后发挥个人的想象力和创意，设计出独具一格的作品。

核心知识点

❶ 熟悉Photoshop在文字设计中的应用　❹ 掌握Photoshop在图像处理中的应用
❷ 熟悉Photoshop在包装设计中的应用　❺ 掌握Photoshop在平面海报设计中的
❸ 掌握Photoshop在合成图像中的应用　　应用

文字设计

图像合成

图像处理

海报设计

14.1　文字设计

　　文字和图片是平面设计的两大要素，其中文字设计的好坏直接影响作品的整体视觉效果。好的文字设计可以提高作品的诉求力，并能赋予作品版面的审美价值。本节将介绍两种不同效果的文字设计方案，学习后，用户可以根据自己的创意制作精美的文字效果。

14.1.1　制作糖果 STAR 文字效果

　　本案例将介绍如何制作色彩鲜明、五彩缤纷的立体文字效果，在制作案例的时候使用较鲜亮的色彩，再搭配一些水果素材，产生一种酸甜可口的感觉。下面介绍具体的操作方法。

Step 01 打开Photoshop软件，然后按下Ctrl+N组合键，在打开的"新建"对话框中创建名称为"糖果Star"的文档，如下左图所示。

Step 02 新建图层，选择渐变工具，打开"渐变编辑器"对话框，设置颜色从#48cffb到白色的渐变，如下右图所示。

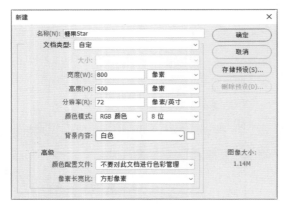

新建文档　　　　　　　　　　　　　　　　　设置渐变颜色

Step 03 单击"确定"按钮，在"图层1"图层由上向下拉出渐变效果，如下左图所示。

Step 04 选择矩形选框工具在底部绘制出矩形选区，然后新建图层，在"图层2"图层中为选区填充颜色为#421601，如下右图所示。

填充图层　　　　　　　　　　　　　　　　　创建选区并填充颜色

Step 05 选中"图层2"图层，打开"图层样式"对话框，勾选"渐变叠加"复选框，设置颜色从#bda091到#4a2b06的渐变，如下左图所示。

Step 06 单击"确定"按钮，查看添加渐变叠加的效果，如下右图所示。

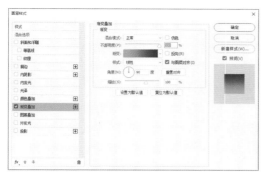

设置渐变颜色

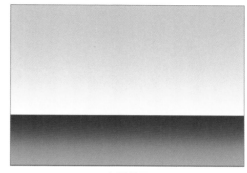

查看效果

Step 07 选择文字工具，设置字体为Berlin，输入字母S，调整文字的大小，如下左图所示。

Step 08 选择移动工具，在选中"S图层"图层状态下复制一份，按住Alt键同时，再按向上和向右方向键移动复制的图层，根据相同的方法复制并移动15次文字图层，如下右图所示。

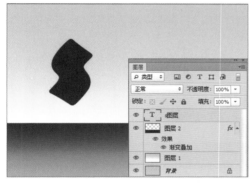

输入文字

复制图层

Step 09 将文字S复制的所有图层全部合并，并移动到S图层的下方，将"S图层"图层中的文字填充为绿色，如下左图所示。

Step 10 选中"S图层"图层，打开"图层样式"对话框，勾选"渐变叠加"复选框，在"样式"列表中选择"线性"选项，设置颜色从浅绿色到深绿色的渐变，单击"确定"按钮，如下右图所示。

组合图层并调整位置

添加"渐变叠加"样式

Step 11 选择复制的文字S图层，按照相相同的方法添加"渐变叠加"图层样式，并勾选"反向"复选框，如下左图所示。

Step 12 再次选中"S图层"图层，添加"斜面和浮雕"和"等高线"图层样式，如下右图所示。

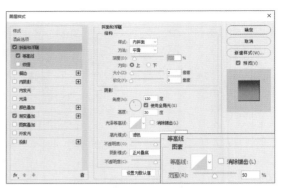

添加"渐变叠加"样式 　　　　　　　　　　　　　添加"斜面和浮雕"图层样式

Step 13 单击"确定"按钮，查看添加"斜面和浮雕"样式后的效果，如下左图所示。

Step 14 选中S图层和复制的S图层，按Ctrl+T组合键进行自由变换，将文字向右下倾斜约20度，可根据需要自行调整，之后按Enter键确定，效果如下右图所示。

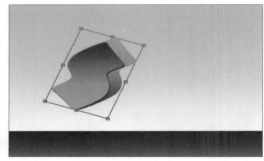

查看效果 　　　　　　　　　　　　　　　　　　倾斜文字

Step 15 然后将S图层与复制的S图层进行编组，命名为"S组"。按照相同的方法输入字母T，命名为T图层，颜色可以自行调整，此处设置为粉色，如下左图所示。

Step 16 接着选择文字T图层，打开"图层样式"对话框，设置"渐变叠加"图层样式的相应参数，如下右图所示。

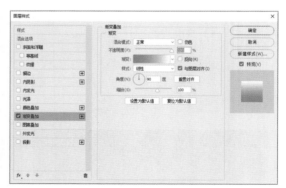

输入字母T并设置 　　　　　　　　　　　　　　　设置渐变叠加参数

Step 17 然后勾选"斜面和浮雕"复选框，设置样式为"内斜面"、方法为"平滑"、大小为2像素，如下左图所示。

Step 18 接着复制T图层并添加相同的"渐变叠加"图层样式，勾选"反相"复选框，如下右图所示。

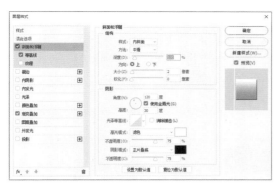

设置斜面和浮雕参数

反向渐变的效果

Step 19 同样的方法输入字母A，并复制图层，然后为字母A设置"渐变叠加"和"斜面和浮雕"图层样式，如下左图所示。

Step 20 然后为复制A图层添加"渐变叠加"图层样式，勾选"反向"复选框，然后将图层编组，并命名为"A组"，效果如下右图所示。

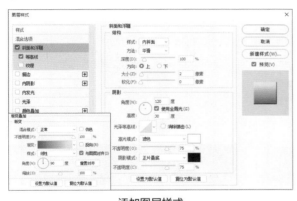

添加图层样式

查看效果

Step 21 根据相同的方法对字母R图层添加"斜面和浮雕"和"渐变叠加"图层样式，如下左图所示。

Step 22 同样为所有图层编组，命名为"R组"，效果如下右图所示。

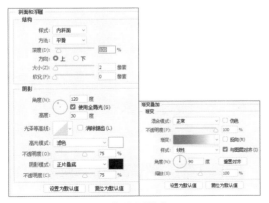

添加图层样式

查看效果

Step 23 接着将未编组的图层分别编组并命名，细微调整文字的角度与大小。然后置入"花纹.png"素材，并复制3份备用，分别命名为"花纹1"、"花纹2"、"花纹3"、"花纹4"，如下左图所示。

Step 24 接着分别将花纹所在的图层调整至各文字图层的上方，如下右图所示。

置入素材

调整图层

Step 25 然后选中"花纹1"图层，打开"图层样式"对话框，勾选"颜色叠加"复选框，设置颜色为深绿色，单击"确定"按钮，如下左图所示。

Step 26 在"花纹1"图层与"S组"之间建立剪贴蒙版，效果如下右图所示。

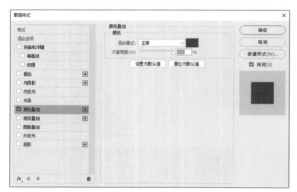

设置颜色叠加样式

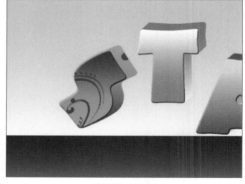

创建剪贴蒙版

Step 27 为"花纹2"图层添加"颜色叠加"图层样式，设置颜色为洋红色，单击"确定"按钮，如下左图所示。

Step 28 在"花纹2"图层与"T组"之间建立剪贴蒙版，效果如下右图所示。

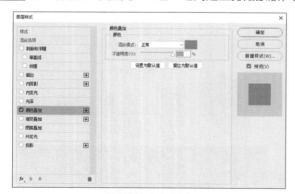

设置颜色叠加样式

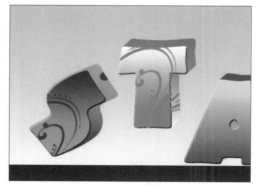

创建剪贴蒙版

Step 29 按照相同的方法，为"花纹3"添加"颜色叠加"图层样式，颜色设置为深黄色，单击"确定"按钮，如下左图所示。

Step 30 在"花纹3"图层与"A组"之间建立剪贴蒙版，效果如下右图所示。

设置颜色叠加参数

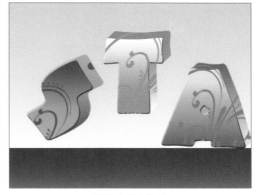

查看字母A效果

Step 31 为"花纹4"图层添加"颜色叠加"图层样式，设置颜色为紫色，单击"确定"按钮，如下左图所示。

Step 32 在"花纹4"图层与"R组"之间建立剪贴蒙版，如下右图所示。

设置颜色叠加参数

查看字母R效果

Step 33 接着分别将4个字母和相对应的素材进行编组并命名，然后分别调整大小和位置，如下左图所示。

Step 34 置入"水果素材.png"图片，多复制几份，分别调整大小和位置，并设置各素材图层不透明度。至此，糖果Star文字制作完成，查看最终效果，如下右图所示。

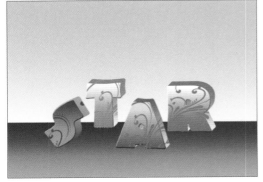

进行编组

查看最终效果

14.1.2　制作火焰效果文字

在广告设计过程中，用户可以通过制作带有特效的文字，来吸引消费者的眼球，达到强调广告主题的目的。下面介绍制作火焰效果文字的具体操作方法。

Step 01 执行"文件>新建"命令，在弹出的"新建"对话框中设置各项参数，创建新文档并命名为"文字素材制作"，参数如下左图所示。

Step 02 将"背景"图层转换为普通图层，然后重命名为"背景"，如下右图所示。

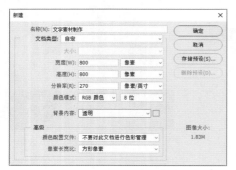

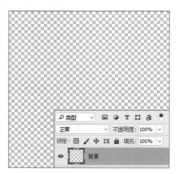

新建文档   重命名图层

Step 03 设置前景色为白色，使用油漆桶工具，为"背景"图层填充白色，如下左图所示。

Step 04 新建图层，置于"背景"图层上方，重命名为"文字层"，如下右图所示。

设置前景色   新建图层

Step 05 选择矩形选框工具，按住Shift键绘制一个正方形选区，如下左图所示。

Step 06 右击矩形选区，在弹出的快捷菜单中选择"填充"命令，在打开的对话框设置"内容"为"颜色"，如下右图所示。

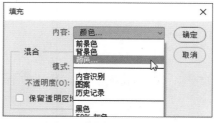

绘制选区   设置填充

Step 07 打开"拾色器（填充颜色）"对话框，设置颜色为黑色，依次单击"确定"按钮，即可为选区填充黑色，按Ctrl+D组合键取消选区，如下左图所示。

Step 08 执行"视图>标尺"命令，按住左侧标尺向右拖曳一条参考线，放置于黑色正方形中间，将黑色正方形分割成对称的左右两部分，如下右图所示。

填充选区

创建垂直参考线

Step 09 根据相同的方法添加其他参考线，使用钢笔工具绘制出M文字的轮廓，右击路径，在快捷菜单中选择"建立选区"命令，打开"建立选区"对话框保持默认设置，单击"确定"按钮，按Ctrl+Shift+I组合键进行反选，如下左图所示。

Step 10 按Delete键删除选区内的黑色区域，M文字的初步效果如下右图所示。

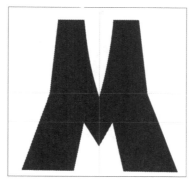

绘制路径并转换为选区

创建M文字

Step 11 新建图层，并命名为"红色修饰层"，使用钢笔工具绘制红色装饰的路径，如下左图所示。

Step 12 将路径转换为选区，设置前景色为#e71f19，按Alt+Delete组合进行填充，如下右图所示。

绘制路径

填充选区

Step 13 最后使用钢笔工具对整体效果进行微调和局部修改，然后保存该文件，效果如下左图所示。

Step 14 执行"文件>新建"命令，在弹出的"新建"对话框中设置各项参数，创建名为"火焰效果文字"的文档，参数如下右图所示。

查看M文字效果

新建文档

Step 15 将"背景"图层转换为普通图层并重命名为"背景",然后设置前景色为黑色,按Alt+Delete组合填充颜色,效果如下左图所示。

Step 16 将"文字素材制作.psd"中文字直接拖曳到"火焰特效文字"文档中,并重命名为"文字M",隐藏"背景"图层,效果如下右图所示。

填充颜色

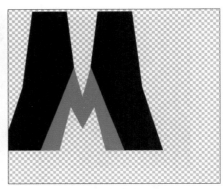

拖文字素材

Step 17 双击"文字M"图层,打开"图层样式"对话框,勾选"外发光"复选框,设置混合模式为"滤色"、不透明度为75%、颜色号为ffae3b、方法为"柔和"、大小为51像素,如下左图所示。

Step 18 然后设置"内发光"和"投影"图层样式,具体参数如下右图所示。

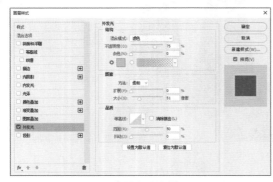

设置外发光参数

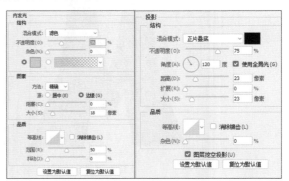

设置内发光和投影参数

Step 19 选择画笔工具,打开"画笔预设"面板,单击 按钮,在列表中选择"载入画笔"选项,打开"载入"对话框,选择火焰效果笔刷文件,单击"载入"按钮,如下左图所示。

Step 20 新建3个图层并置于所有图层最上方，分别命名为"火焰-浅色"、"火焰-中色"、"火焰-深色"。打开"拾色器（前景色）"对话框，拾取M文字外发光光晕的颜色，作为火焰浅色调部分，如下右图所示。

载入画笔

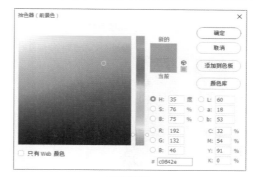

拾取颜色

Step 21 使用新载入的火焰效果笔刷，绘制出浅色火焰，画笔大小设置为130PX，然后，加深前景色的颜色，分别在对应的图层绘制出火焰中色调，再加深颜色绘制出火焰深色调，如下左图所示。

Step 22 通过不断复制3种不同色调的火苗，并调整火苗方向和大小，使火焰根部较暗，颜色最重；火焰中部需要用浅色火苗增加高光效果，注意火苗燃烧的方向要整体协调，如下右图所示。

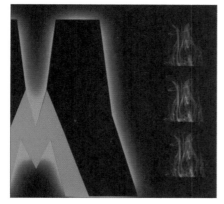

绘制3种火苗

调整火苗的位置

Step 23 还需要对火焰进行微调和修减，选择火焰图层单击"面板"中"添加图层蒙版"按钮，设置前景色为黑色，使用画笔工具对火焰进行涂抹，如下左图所示。

Step 24 根据相同的方法涂抹其他火焰需要微调或修减的位置，效果如下右图所示。

添加图层蒙版

修改后效果

Step 25 为了使文字看起来燃烧效果更逼真，需要制作文字波动效果，选中"文字M"图层，执行"滤镜>扭曲>波纹"命令，打开"波纹"对话框，设置数量为-85%，单击"确定"按钮，如下左图所示。

Step 26 至此，火焰文字制作完成，效果如下右图所示。

设置"波纹"滤镜

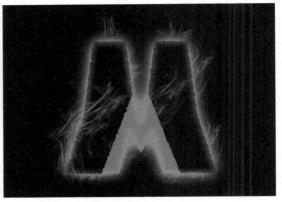

查看最终效果

14.2 包装设计

产品包装不仅可以在流通过程中保护产品，方便储运，促进销售，还可以对商品进行美化宣传。本节将介绍茶叶包装和CD盒包装设计的方法。

14.2.1 茶叶包装设计

本案例以绿色为主要色调来表现茶叶天然无污染的特点，然后使用形状工具、图层样式等功能进行设计，下面介绍具体的操作方法。

Step 01 打开Photoshop软件，新建文档，设置分辨率为300像素/英寸、颜色模式为"CMYK颜色"，具体参数如下左图所示。

Step 02 按照实际需要绘制出包装的尺寸，效果如下右图所示。

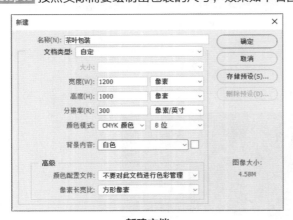

新建文档

绘制包装尺寸

Step 03 选择矩形选框工具，绘制和包装左侧一样大小的选区，设置前景色为#489037，然后填充选区，如下左图所示。

Step 04 按同样方法，选择矩形选框工具，在右边绘制选区，并填充绿色，效果如下右图所示。

绘制选区并填充绿色　　　　　　　　　　　　　绘制选区并填充绿色

Step 05 执行"文件>置入嵌入的智能对象"命令，在打开的对话框中置入"花纹.png"素材文件，适当缩放并移动到包装的右侧，如下左图所示。

Step 06 按Ctrl+J组合键，复制花纹所在的图层，移动复制的花纹使其与上方花纹链接，效果如下右图所示。

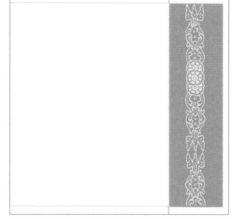

置入花纹素材　　　　　　　　　　　　　　　复制花纹素材

Step 07 新建图层，选择矩形选框工具，在花纹右侧绘制竖线选区，并填充颜色为#e8e7e8，如下左图所示。

Step 08 复制竖线选区，并向右稍微移动，如下右图所示。

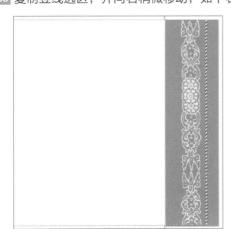

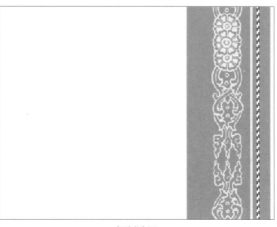

绘制选区并填充颜色　　　　　　　　　　　　　复制选区

Step 09 按照同样的操作，制作出花纹左侧的竖线，效果如下左图所示。

Step 10 根据相同的方法制作出盒了左侧花纹和下方边框的花纹，效果如下右图所示。

绘制花纹左侧直线

制作左侧和下部的花纹

Step 11 选择矩形选框工具，在左侧花纹的右侧绘制竖线选区，并填充颜色为# 579345，效果如下左图所示。

Step 12 选择矩形选框工具，绘制竖线选区，选择渐变工具，打开"渐变编辑器"对话框，设置渐变颜色，然后在选区内由上往下拖曳出金色渐变边线，效果如下右图所示。

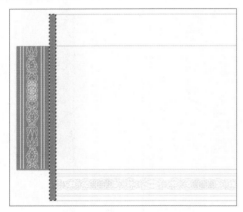

绘制竖线选区并填充绿色

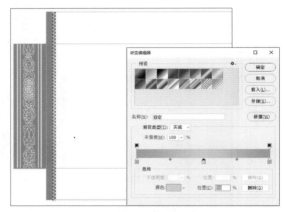

绘制选区填充渐变色

Step 13 按照同样的操作，制作出盒子右侧金色和绿色的边线，效果如下左图所示。

Step 14 置入"树.png"素材文件，适当缩放并移动到左侧合适的位置，效果如下右图所示。

绘制右侧线条

置入树素材

Step 15 选择矩形选框工具，在包装合正面沿着左和下边在树上绘制选区，效果如下左图所示。

Step 16 选择"树.png"素材所在的图层，单击"图层"面板中"添加图层蒙版"按钮，即可只显示选区内树的部分，效果如下右图所示。

创建矩形选区 添加图层蒙版

Step 17 置入"采茶人.png"素材文件，适当调整素材的大小并移动至树的右侧中间位置，效果如下左图所示。

Step 18 置入"山.png"素材文件，适当调整其大小，并放在页面的右下角，效果如下右图所示。

置入人物素材 置入山素材

Step 19 选择矩形选框工具，对山素材进行框选，效果如下左图所示。

Step 20 选择山素材图层，单击"添加图层蒙版"按钮，效果如下右图所示。

创建选区 添加图层蒙版

Step 21 置入"云.png"素材文件，适当调整大小并放在合适的位置，效果如下左图所示。

Step 22 使用直排文字工具，输入所需的文字，设置文字的字体和字号，然后移动到合适的位置，效果如下右图所示。

置入云素材

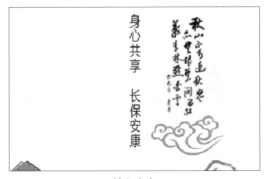

输入文字

Step 23 选择矩形选框工具，在页面中绘制矩形选区，并填充渐变色，由下向上拉出线性渐变的效果，如下左图所示。

Step 24 选择矩形选框工具，在刚绘制的矩形内绘制稍小点的矩形选区，并填充颜色为# 579345，效果如下右图所示。

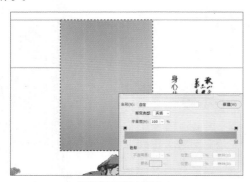

绘制选区填充渐变色

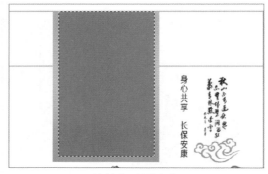

绘制选区填充绿色

Step 25 在矩形上输入"茶韵"文字，设置文字的格式，然后缩放并移动到图中位置，并对"茶韵"文字添加"描边"图层样式，效果如下左图所示。

Step 26 置入"圆形.png"素材文件，缩放并移动到合适的位置，效果下右图所示。

输入文字并设置描边

添加素材

Step 27 在圆形素材上输入"茶"文字，设置文字的格式，并移动到圆形中间位置，如下左图所示。

Step 28 在圆形素材下方输入相关文字，并设置文字的格式，效果如下右图所示。

在图形素材内输入文字　　　　　　　　　　　　　　　输入文字

Step 29 至此，茶叶包装平面图制作完成，效果如下左图所示。

Step 30 下面制作包装效果。选择矩形选框工具，绘制出包装正面的选区，执行"编辑>合并拷贝"命令，如下右图所示。

查看包装平面图效果　　　　　　　　　　　　　　　创建选区并拷贝

Step 31 置入"背景.jpg"素材文件，设整至和页面一样大小，效果如下左图所示。

Step 32 执行"编辑>粘贴"命令，即可将包装正面选区内的图像进行粘贴，效果如下右图所示。

置入素材　　　　　　　　　　　　　　　　　粘贴内容

Step 33 选中粘贴内容所在的图层，执行"编辑>变换>扭曲"命令，调整图片的控制点调整外观，效果如下左图所示。

Step 34 选择钢笔工具，沿着左侧绘制路径，然后按Ctrl+Enter组合键将路径转换为选区，并填充颜色为#1f3c1b，效果如下右图所示。

调整图片的外观

转换选区并填充颜色

Step 35 选择包装平面图左侧边框所在的图层，使用矩形选框工具，框选侧面图案，执行"编辑>合并拷贝"命令，注意需要隐藏背景图层，如下左图所示。

Step 36 执行"编辑>粘贴"命令，再执行"编辑>变换>扭曲"命令，调整控制点使其依附在左侧，效果下右图所示。

拷贝左侧花纹

粘贴并调整花纹

Step 37 选择钢笔工具，绘制出正侧面选区，并填充#d3d3d3颜色，效果下左图所示。

Step 38 按同样的方法，添加正侧面花纹图案，效果下右图所示。

绘制正侧面选区

创建正侧面花纹

Step 39 选择矩形选框工具，在正侧面左边绘制矩形选区并填充#284d24颜色，效果如下左图所示。

Step 40 按同样的方法，绘制出矩形选区，并填充# 795522颜色，效果下右图所示。

绘制选区填充颜色

绘制选区填充颜色

Step 41 同样的方法，制作出右侧的边线图案，效果如下左图所示。

Step 42 茶叶包装的立体展示图制作完成，可见包装盒挡住下方茶杯，隐藏除"图层15"之外的其他图层，使用钢笔工具沿着茶杯绘制被挡住的部分，并转换为选区，然后按Ctrl+J组合键复制选区内容并创建图层，如下右图所示。

绘制右侧边的图案

创建选区并复制

Step 43 将复制的选区移至最上方。至此，茶叶包装的立体展示图制作完成，最终效果如下图所示。

查看立体展示图效果

14.2.2　音乐 CD 盒包装设计

本实例以暗色调为主，体现架子鼓厚重、轻快的特点，展现出强烈的对比效果，采用木板上文字效果，更突出特别，富有个性。下面介绍具体操作方法。

Step 01 执行"文件>新建"命令，在弹出的"新建"对话框中设置名称为"无限音乐"的文档，具体参数如下左图所示。

Step 02 设置前景色为#e5c484，按Alt+Delete组合键填充前景色到"背景"图层。复制"背景"图层，得到"图层1"并填充图层颜色为#e15c11，如下右图所示。

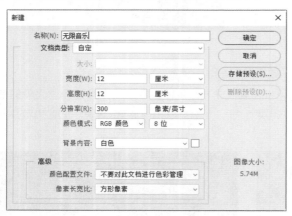 

新建图层　　　　　　　　　　　　　　填充颜色

Step 03 选择"图层1"图层，单击"图层"面板下方的"添加图层蒙版"按钮，添加图层蒙版，如下左图所示。

Step 04 使用椭圆选框工具，在图层蒙版上创建椭圆选区，执行"选择>修改>羽化"命令，在打开的对话框中设置"羽化半径"为100像素，为选区填充黑色，效果如下右图所示。

 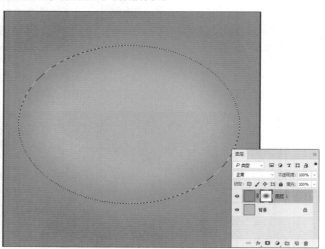

添加图层蒙版　　　　　　　　　　　羽化并填充选区

Step 05 执行"滤镜>像素化>晶格化"命令，打开"晶格化"对话框，设置单元格的大小为212，单击"确定"按钮，如下左图所示。

Step 06 新建图层，使用矩形选框工具绘制出线条，并填充白色，然后复制一些线条，尽量把线条交叉排列，效果如下右图所示。

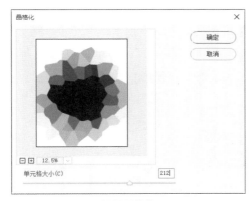

设置晶格化

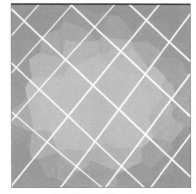

绘制选区并填充白色

Step 07 按下Ctrl+E组合键合并绘制的线条，再新建图层，使用椭圆选框工具绘制正圆，移至线条的交叉点然后填充白色，如下左图所示。

Step 08 合并线条和圆形图层，添加"外发光"图层样式，设置混合模式为"滤色"、不透明度为35%、颜色为黄色、方法为"柔和"，具体参数如下右图所示。

绘制正圆选区

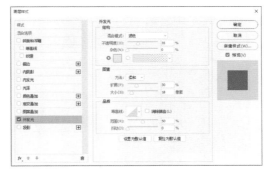

添加"外发光"样式

Step 09 置入"墙面.jpg"素材文件，适当调整素材的大小，并将该图层放置在所有图层上方，设置图层的混合模式为"强光"，效果如下左图所示。

Step 10 置入"灯光墙面.jpg"素材文件，适当调整大小并进行变形，然后移至页面左侧，如下右图所示。

置入素材并设置混合模式

置入素材并变形

Step 11 复制"灯光墙面"图层，并移动到右侧，执行"编辑>变换>水平翻转"命令，适当调整图像角度，使其左右对称，如下左图所示。

Step 12 把"灯光墙面"的两个图层合并，然后设置图层的混合模式为"变亮"，效果如下右图所示。

制作灯光墙面

设置混合模式

Step 13 新建图层，并填充颜色为#8e5416，然后执行"滤镜>渲染>纤维"命令，在打开的对话框中设置参数，制作出木纹的效果，参数如下左图所示。

Step 14 使用矩形选框工具在刚才绘制好的木纹上绘制矩形选区，按Ctrl+Shift+I组合键进行反转选区，删除多余的部分，如下右图所示。

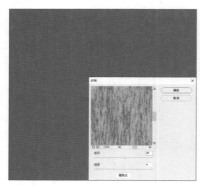

制作木纹效果

创建选区并反选

Step 15 使用横排文字工具在矩形上输入"无限"文字，并填充白色，把文字放置在木板左侧，设置文字图层混合模式为"叠加"，效果如下左图所示。

Step 16 双击文字图层，在弹出的"图层样式"对话框中勾选"斜面和浮雕"复选框，设置样式为"枕状浮雕"，具体参数如下右图所示。

输入文字

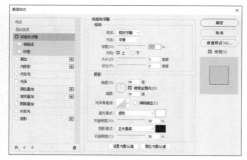

添加图层样式

Step 17 接着输入music文字，添加"投影"图层样式，设置混合模式为"正片叠底"、不透明度为75%、投影距离为7，如下左图所示。

Step 18 设置music图层的混合模式为"叠加"，效果如下右图所示。

添加"投影"样式

查看效果

Step 19 新建图层,在木板的四周绘制钉子效果。使用椭圆选框工具在木板的四周绘制圆形选区,填充颜色从#cdcdcd到#696969的渐变,如下左图所示。

Step 20 在圆形上输入文字"+"号,颜色为黑色,放置在圆形中间。新建图层,选择自定义形状工具,在属性栏中单击"形状"下三角按钮,在打开的面板中选择"太阳2"形状,如下右图所示。

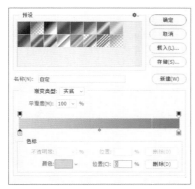

绘制选区并填充颜色

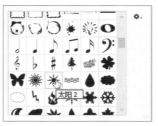

选择形状

Step 21 在画面中绘制太阳形状,为中间圆形填充颜色为#496f9e,四周填充颜色为#9d4b44,效果如下左图所示。

Step 22 然后打开"图层样式"对话框,添加"描边"样式,设置描边颜色为#ffc000、大小为9像素,如下右图所示。

绘制形状并填充

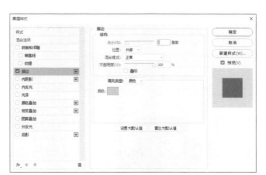

添加"描边"样式

Step 23 然后分别勾选"斜面和浮雕"和"内阴影"复选框,设置相关参数,如下左图所示。

Step 24 然后再勾选"外发光"和"投影"复选框,设置相关参数,如下右图所示。

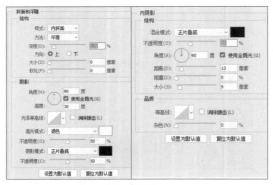

添加图层样式

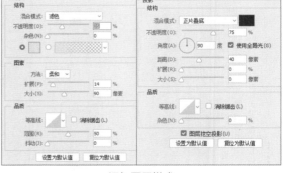

添加图层样式

Step 25 调整形状的大小并移动到木板的上方，"无限"两个字位于圆形中间，设置形状图层的混合模式为"叠加"，效果如下左图所示。

Step 26 置入"吉他.jpg"素材文件，适当调整其大小并进行旋转，将其移至合适的位置，设置图层混合模式为"正片叠底"，效果如下右图所示。

设置形状的混合模式

置入素材

Step 27 置入"架子鼓.jpg"素材文件，适当调整大小和位置，使用魔棒工具选择白色区域，按Delete键删除，如下左图所示。

Step 28 设置前景色为黑色，按住Ctrl键单击"架子鼓"图层缩略图，建立选区，按Alt+Delete组合键填充黑色，效果如下右图所示。

置入素材

创建选区填充颜色

Step 29 双击架子鼓所在的图层，打开"图层样式"对话框，勾选"描边"复选框，设置大小为5像素、填充类型为图案右对角线模式，如下左图所示。

Step 30 然后勾选"内阴影"和"外发光"复选框，其中外发光颜色为#ffd800，具体设置如下右图所示。

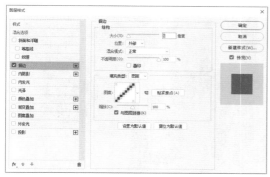

添加"描边"样式

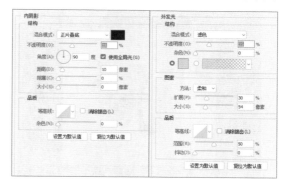

添加其他样式

Step 31 按下Ctrl+N组合，新建名为"CD盒包装效果"的文档，宽度为36厘米，高度为25厘米，然后置入"纹理.jpg"素材，使其充满页面，如下左图所示。

Step 32 按Ctrl+M组合键弹出"曲线"对话框，对图像进行调整，曲线朝上拖曳，调整完成后单击"确定"按钮，如下右图所示。

新建文档填充素材

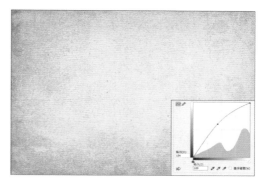

设置曲线调整图像

Step 33 将"花纹素材.png"文件置入当前图像文件中，适当调整大小和位置，设置不透明度为40%，图层混合模式为"叠加"，如下左图所示。

Step 34 将"CD盒子.psd"文件置入页面中，适当调整大小，如下右图所示。

置入花纹素材

置入CD盒子素材

Step 35 将"无限音乐.psd"素材置入，通过自由变换调整CD封面大小以及位置，对光碟边缘的图像进行处理，效果如下左图所示。

Step 36 下面制作光盘的效果。使用钢笔工具沿着光盘绘制路径，如下右图所示。

置入素材并调整

绘制路径

Step 37 设置前景色为浅蓝色，右击路径在快捷菜单中选择"填充路径"命令，在打开的对话框中设置内容为"前景色"，单击"确定"按钮，如下左图所示。

Step 38 再次置入"无限音乐"素材，适当调整其大小，使其完全覆盖绘制的形状，如下右图所示。

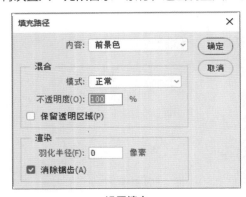
设置填充

置入素材

Step 39 将素材图层移至形状图层上方并右击，在快捷菜单中选择"创建剪贴蒙版"命令。至此，音乐CD盒包装制作完成，最终效果如下图所示。

查看最终效果

14.3 创意合成

在Photoshop中，用户可以将几张毫无关系的图片很自然地组合在一起，从而制作出具有特殊视觉效果的图像。本节将介绍黄昏中的城堡和恐怖合成3个效果合成案例的具体操作方法。

14.3.1 制作黄昏城堡合成效果

本案例将制作黄昏中的城堡合成效果，首先应用蒙版将城堡素材从原图像中抠选出来，然后将其置入到黄昏场景中，再添加倒影和涟漪效果，使画面更加真实，下面将介绍具体操作方法。

Step 01 在菜单栏中执行"文件>打开"命令，打开"雾气.jpg"文件，如下左图所示。

Step 02 在菜单栏中执行"文件>置入嵌入的智能对象"命令，置入"城堡.jpg"文件，调整大小并栅格化图层，如下中图所示。

Step 03 在"图层"面板中单击"添加图层蒙版"按钮 ▫ ，为"城堡"图层添加图层蒙版，如下右图所示。

打开素材图片

置入素材

添加图层蒙版

Step 04 将前景色设置为黑色，同时在工具箱中选择"柔边圆"画笔，调整合适的大小，接着选中图层蒙版涂抹多余的部分，如下左图所示。

Step 05 涂抹完成之后按Shift+Ctrl+Alt+E组合键盖印图层，如下中图所示。

Step 06 在工具箱中选择矩形选框工具，在盖印的图像上绘制矩形选区，如下右图所示。

涂抹图层蒙板

盖印图层

创建矩形选区

Step 07 然后按Shift+Ctrl+I组合键反向选区并删除选区内容，如下左图所示。

Step 08 按Ctrl+J组合键复制图层，接着按Ctrl+T组合键将复制的图层垂直翻转，如下中图所示。

Step 09 垂直翻转完成之后将其移动到合适的位置，如下右图所示。

删除多余部分

复制并垂直翻转图层

移动垂直翻转后的图层

Step 10 接下来按Ctrl+N组合键新建图像，在弹出的"新建"对话框中设置相关参数，如下左图所示。

Step 11 在菜单栏中执行"滤镜>杂色>添加杂色"命令，在弹出的"添加杂色"对话框中进行参数设置，如下中图所示。

Step 12 在菜单栏中执行"滤镜>模糊>高斯模糊"命令，在弹出的"高斯模糊"对话框中进行参数设置，如下右图所示。

"新建"对话框　　　　　　　　"添加杂色"对话框　　　　　　　　"高斯模糊"对话框

Step 13 在菜单栏中执行"滤镜>模糊>动感模糊"命令，在弹出的"动感模糊"对话框中进行参数设置，如下左图所示。

Step 14 按Ctrl+T组合键，对图像进行透视变换，效果如下中图所示。

Step 15 存储图像后回到原图像，在菜单栏中执行"滤镜>扭曲>置换"命令，并在弹出的"置换"对话框中进行参数设置，如下右图所示。

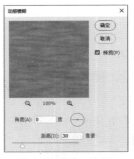
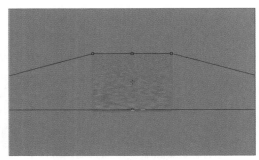

"动感模糊"对话框　　　　　　　　透视变换　　　　　　　　"置换"对话框

Step 16 单击"确定"按钮后选中刚刚创建的"涟漪"图层，如下左图所示。

Step 17 在"图层"面板中单击"创建新的填充或调整图层"下三角按钮，在列表中选择"色彩平衡"选项，设置相关参数调整图层，如下中图所示。

Step 18 调整完成之后，查看图像效果，如下右图所示。

置换后图像　　　　　　　　"色彩平衡"属性面板　　　　　　　　添加"色彩平衡"后图像

Step 19 在"图层"面板中将图层进行编组,并将不需要显示的图层隐藏,如下左图所示。

Step 20 在"图层"面板中单击"创建新的填充或调整图层"下拉按钮,在列表中选择"曲线"选项,设置相关参数调整图层,如下中图所示。

Step 21 接着按住Ctrl键的同时单击城堡的图层蒙版创建选区,如下右图所示。

对图层进行编组

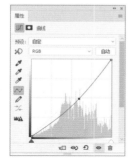
"曲线"调整图层

创建选区

Step 22 选择"曲线"调整图层,在工具箱中选择画笔工具,并选择"柔边圆"画笔,将前景色设为白色,涂抹城堡的暗处,如下左图所示。

Step 23 在"图层"面板中单击"创建新的填充或调整图层"下拉按钮,在列表中选择"曲线"选项,设置相关参数调整图层,如下中图所示。

Step 24 接着按住Ctrl键的同时单击城堡的图层蒙版创建选区,如下右图所示。

涂抹暗部

"曲线"调整图层

创建选区

Step 25 选择"曲线"调整图层,在工具箱中选择画笔工具,并选择"柔边圆"画笔,涂抹城堡的亮处,如下左图所示。

Step 26 在"图层"面板中新建组并对组进行重命名,如下中图所示。

Step 27 在工具箱中选择横排文字工具在画面右下角输入文字,最终效果如下右图所示。

涂抹亮部

新建组

查看最终效果

14.3.2 制作恐怖合成效果

在平面设计工作中，若需要表现一些特殊的效果，靠现实拍摄是不能实现的，这时就可以使用Photoshop的图片特效合成技术，下面介绍制作替换头像效果的方法，具体步骤如下。

Step 01 启动Photoshop软件后，执行"文件>新建"命令，打开"新建"对话框，具体参数设置如下左图所示。

Step 02 执行"文件>置入嵌入的智能对象"命令，打开"置入嵌入对象"对话框，选择"人物.jpg"素材图片，单击"置入"按钮后，调整到合适的大小和位置，如下右图所示。

新建文档　　　　　　　　　　　　置入"人物"素材

Step 03 选择工具箱中的椭圆选框工具，在画面中按住鼠标左键不放并拖动，绘制椭圆选区，如下左图所示。

Step 04 单击工具箱中的"设置前景色"按钮，打开"拾色器（前景色）"对话框，设置拾色器前景色为#fc9902，如下右图所示。单击"确定"按钮后，按下Alt+Delete组合键，为椭圆选区填充前景色。

绘制椭圆选区　　　　　　　　　　设置前景色

Step 05 双击选区所在的"图层16"图层，打开"图层样式"对话框，设置"外发光"图层样式，参数设置如下左图所示。

Step 06 单击"确定"按钮，可以看到选区添加"外发光"图层样式后的效果，如下右图所示。

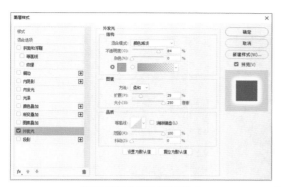

添加"外发光"图层样式　　　　查看设置"外发光"图层样式的效果

Step 07 执行"文件>置入嵌入的智能对象"命令，置入"火1.png"素材文件，并按比例缩放大小，移动到人物的右侧，如下左图所示。

Step 08 执行"文件>置入嵌入的智能对象"命令，置入"火2.png"素材文件，并按比例缩放大小，移动到人物的左侧，如下右图所示。

置入"火1.png"素材文件　　　　置入"火2.png"素材文件

Step 09 选择椭圆选框工具，按住Shift键，绘制正圆形选区，并填充白色作为月亮，如下左图所示。

Step 10 双击"月亮"图层，打开"图层样式"对话框，为"月亮"图层添加"外发光"图层样式，具体参数如下右图所示。

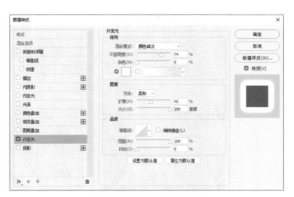

绘制月亮图形　　　　添加"外发光"图层样式

Photoshop CC综合应用

375

Step 11 单击"确定"按钮后，完成为月亮添加"外发光"图层样式的设置，效果如下左图所示。

Step 12 置入"火星2.png"素材并复制，分别移动的不同的位置上，并按比例缩放大小，效果如下右图所示。

查看月亮的效果　　　　　　　　添加火星的效果

Step 13 执行"文件>置入嵌入的智能对象"命令，置入"裂纹.png"素材文件，按比例缩放大小后，移动至月亮左侧，如下左图所示。

Step 14 执行"文件>置入嵌入的智能对象"命令，置入"裂纹1.png"素材文件，并按比例缩放大小，移动至月亮右侧，如下右图所示。

置入裂纹素材　　　　　　　　置入裂纹1素材

Step 15 执行"文件>置入嵌入的智能对象"命令，置入"裂痕.jpg"素材文件，并移动到"人物"图层下方，如下左图所示。

Step 16 选择"人物"图层，单击"图层"面板下方的"添加图层蒙版"按钮，为人物图层添加图层蒙版，选择工具箱中的渐变工具，由下往上拉出渐变蒙版，效果如下右图所示。

置入"裂痕.jpg"素材文件　　　　对人物图层添加图层蒙版

Step 17 选择"人物"图层后，在工具箱中选择修补工具，绘制下左图所示的选区。

Step 18 移动修补工具的虚线选区到其他地方，对人物头像进行修补，效果如下右图所示。

使用修补工具

对人物头像进行修补

Step 19 执行"文件>置入嵌入的智能对象"命令，置入"蜥蜴.png"素材文件，缩放到合适大小后，移动到下左图所示的位置。

Step 20 选择"蜥蜴"图层后，选择工具箱中的套索工具，绘制下右图所示的蜥蜴头部选区。

置入"蜥蜴.png"素材文件

绘制蜥蜴头部选区

Step 21 执行"选择>反选"命令后，执行"选择>修改>羽化"命令，在打开的"羽化选区"对话框中设置"羽化半径"值为5像素，删除蜥蜴除头部以外的其他选区，效果如下左图所示。

Step 22 选择"蜥蜴"图层，设置该图层的混合模式为"明度"，并调整头像的位置和大小，效果如下右图所示。

删除蜥蜴除头部以外的选区

设置图层的混合模式

Step 23 新建"黑色板块"图层，单击工具箱中的"设置前景色"按钮，打开"拾色器（前景色）"对话框，设置前景色为黑色，将"黑色板块"图层填充为黑色，如下左图所示。

Step 24 选择工具箱中的套索工具，在"黑色板块"图层中绘制选区后，执行"选择>修改>羽化"命令，在打开的"羽化选区"对话框中设置"羽化半径"值为100像素后，按Delete键，效果如下右图所示。

填充图层　　　　　　　　　　　　　　　　　　羽化选区

Step 25 选择"人物"图层，执行"图像>调整>亮度/对比度"命令，在打开的"亮度/对比度"对话框中对"人物"图层的暗度进行调整，参数设置如下左图所示。

Step 26 单击"确定"按钮，至此，本案例制作完成，查看最终效果，如下右图所示。

调整"亮度/对比度"参数　　　　　　　　　　查看最终效果

14.4　制作照片单色动漫效果

　　在动漫风格的广告设计中，为了平衡整体设计风格，用户需对选取的素材稍作加工，使之呈现动画卡通的效果。下面介绍将实拍照片制作成单色动漫效果的方法。

14.4.1　处理照片

　　本节是将照片中的主体通过"通道"面板、色阶等功能抠取出来，然后再通过"颜色叠加"图层样式将主体制作成单色的效果。下面介绍具体的操作方法。

Step 01 打开Photoshop软件，按下Ctrl+O组合键，打开"埃菲尔铁塔.jpg"素材，按住Alt键同时双击背景图层，将图层命名为"埃菲尔铁塔"，如下左图所示。

Step 02 打开"通道"面板，挑选对比度最明显的颜色通道，这里选择绿色通道。复制绿色通道并命名为"埃菲尔铁塔"，然后隐藏其余通道，"埃菲尔铁塔"通道正常显示，如下右图所示。

打开素材

复制绿色通道

Step 03 按下Ctrl+L组合键，打开"色阶"对话框，调整色阶的相关参数，如下左图所示。

Step 04 直到埃菲尔铁塔与周围风景的黑白对比最明显，单击"确定"按钮，如下右图所示。

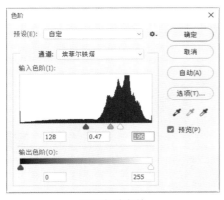

设置色阶参数

设置色阶后效果

Step 05 设置前景色为黑色，使用画笔工具将塔体下部的白色部分涂成黑色，效果如下左图所示。

Step 06 设置前景色为白色，使用画笔工具将除了埃菲尔铁塔的部分全部涂白，效果如下右图所示。

涂黑铁塔下部分

涂白背景部分

Step 07 在"通道"面板中单击"将通道作为选区载入"按钮，按下Ctrl+Shift+I组合键，反选黑色部分，如下左图所示。

Step 08 选中"埃菲尔铁塔"图层并添加图层蒙版，效果如下右图所示。

执行反选操作

添加图层蒙版

Step 09 新建图层并命名为"背景"，设置前景色为白色，按下Alt+Delete组合键，填充前景色，如下左图所示。

Step 10 双击"埃菲尔铁塔"图层，打开"图层样式"对话框，勾选"颜色叠加"复选框，设置相关参数，如下右图所示。

新建图层并填充颜色

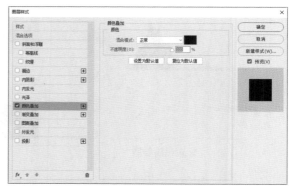

添加颜色叠加图层样式

Step 11 隐藏"埃菲尔铁塔"图层的"颜色叠加"效果。选择埃菲尔铁塔中部，执行"选择>色彩范围"命令，取样黑色部分，如下左图所示。

Step 12 按下Delete键，删除选中区域。然后显示"埃菲尔铁塔"图层的"颜色叠加"效果，再次查看效果，如下右图所示。

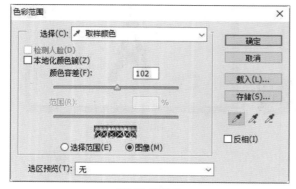

设置色彩范围

查看效果

Step 13 隐藏"埃菲尔铁塔"图层的"颜色叠加"样式，选择埃菲尔铁塔塔底部分，执行"选择>色彩范围"命令，在打开的对话框中取样多处暗色调部分，设置颜色容差为44，如下左图所示。

Step 14 按下Delete键，删除选中区域。然后显示"埃菲尔铁塔"图层的"颜色叠加"样式，查看抠取铁塔的效果，满意后栅格化图层，如下右图所示。

设置色彩范围

查看效果

Step 15 打开"骑单车.jpg"素材，按Alt双击图层并重命名为"自行车"，如下左图所示。

Step 16 打开"通道"面板，挑选对比度最明显的颜色通道。这里选择蓝色通道，复制蓝色通道并命名为"自行车"，设置原蓝色通道为隐藏，"自行车"为显示，如下右图所示。

打开素材

复制蓝色通道

Step 17 按下Ctrl+L组合键，打开"色阶"对话框，调整色阶参数，直到自行车与周围黑白对比最明显，如下左图所示。

Step 18 设置前景色为白色，使用画笔工具将背景部分涂白，如下右图所示。

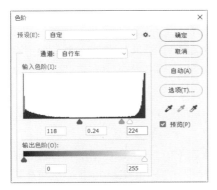

设置色阶参数

将背景部分涂白

Step 19 回到“通道”面板，单击“将通道作为选区载入”按钮，然后，按下Ctrl+Shift+I组合键反选黑色部分，效果如下左图所示。

Step 20 在“图层”面板中选中“自行车”图层，并单击“添加图层蒙版”按钮，如下右图所示。

选中黑色部分

添加图层蒙版

Step 21 双击“自行车”图层，打开“图层样式”对话框，勾选“颜色叠加”复选框，设置的具体参数，效果如下图所示。

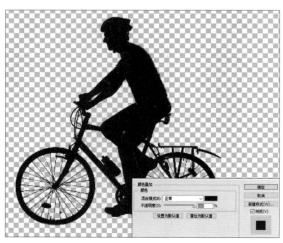

查看效果

14.4.2 制作动漫背景效果

　　动漫背景制作稍微复杂一点，首先使用形状工具和画笔工具绘制树林图形，然后使用铅笔工具和旋转扭曲滤镜制作星轨效果，最后使用画笔工具、动感模糊滤镜和水波滤镜等制作湖面的动漫效果。下面介绍具体的操作方法。

Step 01 按Ctrl+N组合键，在打开的对话框中新建文档并命名为“埃菲尔铁塔实拍照片单一色动漫效果制作”，文档尺寸为600×800像素，单击“确定”按钮，如下左图所示。

Step 02 将制作好的“埃菲尔铁塔”图层直接拖曳到新建文档中。按下Ctrl+Shift+N组合键新建图层并命名为“背景”，置于所有图层最底部。设置前景色为#3333cc，按下Alt+Delete组合键填充背景色，如下右图所示。

新建文档

置入铁塔并填充背景颜色

Step 03 新建图层并命名为"分割光带"，使用钢笔工具，绘制黑色分割带，效果如下左图所示。

Step 04 设置前景色为黑色，右击绘制路径，在快捷菜单中选择"填充路径"命令，打开"填充路径"对话框，设置内容使用为"前景色"，单击"确定"按钮，效果如下右图所示。

绘制分割带

填充路径

Step 05 设置前景色为白色，选择画笔工具，设置大小为2像素，使用钢笔工具绘制一条弧线并右击，选择"描边路径"命令，在打开的对话框中设置工具为"画笔"，效果如下左图所示。

Step 06 新建组并命名为"树林"，在组中新建一个图层，使用椭圆选框工具绘制一个任意不规则圆，并填充为黑色，如下右图所示。

绘制光晕效果

创建椭圆选区并填充黑色

Step 07 复制图层，按下Ctrl +Shift+Alt+T组合键重复上一步操作，快速复制任意圆形，效果如下左图所示。

Step 08 通过按下Ctrl+T组合键变换图形的形状，制作出不同效果的新图形，如下右图所示。

复制圆形

对图形进行变形

Step 09 接着制作丛林的树干部分，新建图层并命名为"树干"，设置前景色为黑色，使用画笔工具绘制树干，效果如下左图所示。

Step 10 新建图层并命名为"星轨"。设置前景色为白色，使用铅笔工具，分别用像素大小为2、3、4、6的画笔绘制密集的白点，如下右图所示。

绘制树干部分

绘制白点

Step 11 执行"滤镜>扭曲>旋转扭曲"命令，打开"旋转扭曲"对话框设置角度为878度，单击"确定"按钮，如下左图所示。

Step 12 按下Ctrl+T组合键对生成的"星轨"图层进行微调，效果如下右图所示。

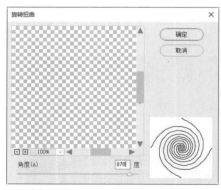

设置旋转扭曲的角度

查看星轨效果

Step 13 设置前景色为#000099。新建图层并命名为"湖面"，置于"背景"图层之上。使用矩形选框工具绘制矩形，并填充前景色，如下左图所示。

Step 14 下面绘制月亮倒影的黑色底影部分。新建图层，命名为"月影"并置于"湖面"图层之上。使用钢笔工具在湖面上绘制路径，如下右图所示。

绘制矩形选区并填充颜色

绘制路径

Step 15 右击路径，在快捷菜单中选择"建立选区"命令，在打开的对话框中单击"确定"按钮，设置前景色为黑色，按下Alt+Delete组合键，填充前景色。然后使用画笔工具对月亮倒影的黑色底影部分进行修饰，效果如下左图所示。

Step 16 选中"月影"图层，按住Alt键的同时按住鼠标左键，直接拖曳出一个"月影"的复制图层，重命名为"月亮"，如下右图所示。

绘制倒影

复制图层

Step 17 选中"月亮"图层，按Ctrl+T组合键启用自由变换，将其缩小并放在倒影中间，如下左图所示。

Step 18 双击"月亮"图层，打开"图层样式"面板，设置"颜色叠加"及"内发光"样式的相关参数，如下右图所示。

调整复制的形状

添加图层样式

Step 19 要使月亮倒影看起来更像在水中，用户可以为月亮添加水波效果。选中"月影"图层，执行"滤镜>模糊>动感模糊"命令，打开"动感模糊"对话框，设置角度为-25度、距离为23像素，如下左图所示。

Step 20 再次选中"月影"图层，执行"滤镜>扭曲>波纹"命令，打开"波纹"对话框设置数量为-60%、大小为"大"，如下右图所示。

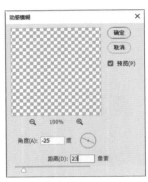
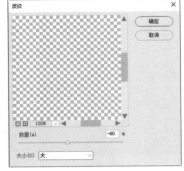

设置动感模糊参数　　　　　　　　　设置波纹参数

Step 21 至此，月亮倒影黑色底影部分的水波效果制作完成，效果如下左图所示。

Step 22 选中"月亮"图层，执行"滤镜>模糊>动感模糊"命令，在打开的对话框中设置角度为-25度、距离为20像素，效果如下右图所示。

查看设置后的月影效果　　　　　　　　　设置动感模糊的效果

Step 23 再次选中"月亮"图层，执行"滤镜>扭曲>波纹"命令，在打开的对话框中设置数量为-53%、大小为"大"，效果如下左图所示。

Step 24 新建组并命名为"湖中精灵"，使用椭圆选框工具在湖面中绘制任意形状的椭圆形选区，并填充黑色，然后复制绘制椭圆形状，适当调整其大小并放在不同的位置，如下右图所示。

查看月亮的效果　　　　　　　　　绘制椭圆形状

Step 25 为"湖中精灵"组添加"颜色叠加"图层样式，设置叠加颜色为#08134b、不透明度为100%，效果如下左图所示。

Step 26 新建组并命名为"精灵眼睛"，新建图层，设置前景色为白色。使用椭圆选框工具绘制一个圆形选区，按下Alt+Delete组合键填充白色，放在合适位置，如下右图所示。

添加颜色叠加样式

创建椭圆选区并填充颜色

Step 27 按下Ctrl+Shift+Alt+T组合键快速复制，仔细排列放在湖中精灵上面，然后将"精灵眼睛"组放于"湖中精灵"图层组之上，动漫的背景制作完成，如下图所示。

查看动漫背景效果

14.4.3 添加飞船元素

动漫背景制作完成后，接下来将为空中添加飞船元素进行点缀。使用钢笔工具绘制飞船并填充颜色，即可完成动漫的制作，下面介绍具体操作方法。

Step 01 将"自行车"图层拖曳到名为"埃菲尔铁塔实拍照片单一色动漫效果制作"的文档中，按住Ctrl+T组合键调整图形大小，放在画面的左侧，效果如下左图所示。

Step 02 接着绘制飞船图形，首先将新建图层置于所有图层之上，并命名为"飞船"。选中"飞船"图层，适当添加辅助线并使用钢笔工具绘制一个热气球飞船，如下右图所示。

置入自行车元素

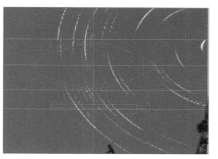

绘制飞船轮廓

Step 03 设置前景色为黑色，设置画笔工具大小为2像素。打开"路径"面板，选中"飞船"路径并右击，在快捷菜单中选择"描边路径"命令，在打开的对话框中设置工具为"画笔"，效果如下左图所示。

Step 04 对船体部分子路径进行实色填充。使用钢笔工具，按住Ctrl键单击子路径，在路径上出现空心点的情况时右击，选择"填充子路径"命令，在打开的对话框中设置使用为"前景色"，如下右图所示。

查看描边路径

设置填充子路径参数

Step 05 按照上一步骤的子路径填充方式，填充飞船路径，使用画笔工具对飞船进行微调，效果如下左图所示。

Step 06 按下Ctrl+T组合键，对自行车和飞船进行适当调整，效果如下右图所示。

完成飞船的绘制

调整自行车和飞船的大小

Step 07 最后使用钢笔工具以及画笔工具对整体设计图进行微调和修饰。至此，照片动漫效果制作完成，效果如下图所示。

查看最终效果

14.5 制作苹果创意海报

海报是一种信息的传递，是比较大众化的宣传工具。本案例将介绍制作一个苹果合成创意海报的过程，将涉及构图、调色、调光和阴影等相关知识。下面介绍具体操作方法。

14.5.1 制作海报背景

该海报的背景是由3张图片组合而成的，再使用画笔工具制作光线的效果，下面介绍具体的操作方法。

Step 01 打开Photosho软件，在"新建"对话框中创建一个名称为"苹果创意海报"文档，尺寸为1600×1200像素，分辨率为120像素/英寸，如下左图所示。

Step 02 置入"草原.jpg"素材图片，调整大小并放在合适的位置，按Enter键确认，右击该图层，在快捷菜单中选择"栅格化图层"命令，如下右图所示。

新建文档　　　　　　　　　　　　　　　　　　　　置入素材

Step 03 单击"图层"面板中的"创建新的填充或调整图层"下三角按钮，在列表中选择"色相/饱和度"选项，如下左图所示。

Step 04 在"属性"面板中设置参数，目的是降低图片的鲜艳度，参数设置如下右图所示。

选择"色相/饱和度"选项　　　　　　　　设置色相/饱和度的参数

Step 05 选中创建"色相/饱和度"图层并右击，在快捷菜单中选择"创建剪贴蒙版"命令，效果如下左图所示。

Step 06 置入"岩壁.jpg"素材，调整位置和大小，按Enter键确认，并右击该图层在快捷菜单中选择"栅格化图层"命令，如下右图所示。

创建剪贴蒙版 置入素材

Step 07 选中"岩壁"图层，执行"滤镜＞模糊＞高斯模糊"命令，打开"高斯模糊"对话框，设置模糊半径为3.1像素，如下左图所示。

Step 08 选中"岩壁"图层，单击"图层"面板中的"添加图层蒙版"按钮，如下右图所示。

设置高斯模糊参数 添加图层蒙版

Step 09 选择渐变工具，在属性栏中设置类型为"线性渐变"，然后单击渐变颜色条，打开"渐变编辑器"对话框，设置黑白渐变，如下左图所示。

Step 10 选中添加的蒙版，然后在图片区域按住Shift键由下往上拖动填充渐变，使该图片和背景融合，效果如下右图所示。

设置渐变颜色 创建渐变蒙版

Step 11 选择画笔工具，将画笔硬度调成0%，透明度控制在15%以下，流量为100%，设置前景色为黑色，在蒙版上进行细节涂抹，将草原和岩壁更真实地融合在一起，如下左图所示。

Step 12 单击"创建新的填充或调整图层"下三角按钮，在列表中选择"色相/饱和度"选项，适当降低饱和度和明度，稍微压暗，按Ctrl+Alt+G组合键向下创建剪贴蒙版，如下右图所示。

使用画笔工具进行涂抹

设置色相/饱和度的参数

Step 13 新建空白图层，选择画笔工具，设置画笔硬度为80%左右、大小为100像素左右、前景色为白色，然后绘制白色图形，如下左图所示。

Step 14 选中白色图形图层，执行"滤镜>模糊>径向模糊"命令，在打开的对话框中设置数量为100、模糊方法为"缩放"，将模糊中心点移至左上角，如下右图所示。

绘制白色图形

设置径向模糊参数

Step 15 调节大小和位置，将图形放置在右上角的合适位置，按Ctrl+J组合键复制一层，按Ctrl+T组合键适当进行旋转，效果如下左图所示。

Step 16 调整光束图层的不透明度设置为75%，效果如下右图所示。

复制光束图层

设置不透明度

Step 17 新建空白图层，使用多边形套索工具绘制以下选区，设置前景色为#ffecd3，按Alt+Delete组合键进行填充颜色，如下左图所示。

Step 18 选中该图层，执行"滤镜>模糊>方框模糊"命令，打开"方框模糊"对话框，设置半径在40~60像素之间，效果如下右图所示。

绘制多边形并填充颜色

设置方框模糊的效果

Step 19 为该图层创建空白蒙版，选择渐变工具，设置黑白渐变，然后在蒙版上由右下角往左上角拖曳，填充黑白渐变，如下左图所示。

Step 20 单击"创建新的填充或调整图层"下三角按钮，在列表中选择"渐变"选项，打开"渐变填充"对话框，设置相关参数，如下右图所示。

创建渐变的图层蒙版

设置渐变填充

Step 21 渐变颜色为白色到无色的过渡，然后设置渐变图层的混合模式为"滤色"，效果如下左图所示。

Step 22 置入"树.jpg"素材文档，适当调整大小并放在页面的左侧位置，如下右图所示。

设置图层混合模式

置入树素材

Step 23 使用钢笔工具沿着左侧树的轮廓进行绘制路径，树叶部分稍后进行处理，如下左图所示。

Step 24 按Ctrl+Enter组合键载入选区，按M键选择选区工具，在属性栏中单击"选择并遮住"按钮，设置相关参数，如下右图所示。

绘制路径

设置选区属性

Step 25 使用钢笔工具抠出树叶以右的区域，按Ctrl+Enter组合键建立选区，直接按Alt+Delete组合填充前景色黑色，效果如下左图所示。

Step 26 选中该图层，注意不要选择蒙版，然后执行"选择>色彩范围"命令，打开"色彩范围"对话框，先单击蓝天的地方，参数如下右图所示。

抠取树叶

设置色彩范围参数

Step 27 设置前景色为黑色，保持选区并选择图层蒙版，选择画笔工具（硬度为100%、不透明度为100%）涂抹蓝天部分，然后按Ctrl+D组合取消选区，如下左图所示。

Step 28 新建"色相/饱和度"图层，设置色相为66、饱和度为-24，然后按Ctrl+Alt+G组合键向下创建剪贴蒙版，如下右图所示。

删除蓝天部分

设置色相/饱和度参数

Step 29 新建"曲线"图层，将曲线向上稍微调整，按Ctrl+Alt+G组合键向下创建剪贴蒙版，如下左图所示。

Step 30 新建"亮度/对比度"图层，设置亮度为28、对比度为-6，按Ctrl+Alt+G组合键向下创建剪贴蒙版，如下右图所示。

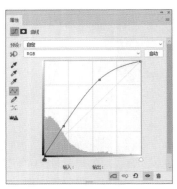

设置曲线参数　　　　　　　　　　　设置亮度/对比度参数

Step 31 新建"色彩平衡"图层，设置色调为"中间调"，再设置相关参数，按Ctrl+Alt+G组合键向下创建剪贴蒙版，如下左图所示。

Step 32 新建"色阶"图层，设置相关参数，按Ctrl+Alt+G组合键向下创建剪贴蒙版，如下右图所示。

设置色彩平衡参数　　　　　　　　　　设置色阶参数

Step 33 新建图层，按住Alt键并单击"添加图层蒙版"按钮，创建隐藏蒙版，选择画笔工具，设置硬度为0%、不透明度为20%、颜色纯白，然后在蒙版上的树轮廓进行涂抹，制作高光部分，如下左图所示。

Step 34 选择画笔工具，设置大小为600像素、硬度为0%、不透明度100%、颜色为#f1dc65，新建空白图层，在树叶处单击，效果如下右图所示。

制作树的高光部分　　　　　　　　　　绘制黄色点

Step 35 选中该图层，执行"滤镜>模糊>高斯模糊"命令，打开"高斯模糊"对话框，设置半径在80~150之间，如下左图所示。

Step 36 然后将图层的混合模式设置为"滤色"，适当降低图层的不透明度，效果如下右图所示。

设置模糊半径 　　　　　　　　　　　　　　　　　设置图层混合模式

Step 37 新建空白图层，选择画笔工具，设置画笔大小100像素、硬度0%、不透明度5%~10%、前景色 #0a0e04，在树根位置绘制阴影，调整图层的混合模式为"正片叠底"，效果如下左图所示。

Step 38 新建空白图层，调小画笔像素，其他参数不变，沿着树根界线处绘制深一点的阴影，图层的混合模式为"正片叠底"，效果如下右图所示。

绘制树的阴影 　　　　　　　　　　　　　　　　　绘制深点的阴影

14.5.2　制作海报主体部分

下面介绍海报主体苹果的设计，主要是对苹果的色调进行调整，然后再制作高光和阴影部分。下面介绍具体的操作方法。

Step 01 置入"苹果.jpg"素材图片，适当调整其大小，放在页面的中间位置。选择快速选择工具在苹果上绘制选区，如下左图所示。

Step 02 保持选区，单击属性栏中"选择并遮住"按钮，设置相关参数，尽量把瑕疵去掉，如下右图所示。

置入素材并创建选区 　　　　　　　　　　　　　　　　抠取苹果

Step 03 新建"曲线"图层，适当将曲线向上拖曳，按Ctrl+Alt+G组合键向下创建剪贴蒙版，效果如下左图所示。

Step 04 再次新建"曲线"图层，适当调整曲线，提亮苹果，并向下创建剪贴蒙版，效果如下右图所示。

设置曲线参数

设置曲线参数

Step 05 选择图层蒙版，在"属性"面板中单击"反向"按钮，然后选择画笔工具，设置硬度为0%、不透明度为10%~20%、颜色纯白，在蒙版上涂抹苹果边缘，如下图所示。

在图层蒙版上涂抹苹果边缘

Step 06 新建"曲线"图层，将曲线向下拖曳，拉暗苹果，并向下创建剪贴蒙版，效果如下左图所示。

Step 07 选择图层蒙版，在"属性"面板中单击"反向"按钮，然后选择画笔工具，设置硬度为0%、不透明度为10%~20%、颜色纯白，在蒙版上涂抹苹果底部，如下右图所示。

设置曲线参数

在图层蒙版上涂抹苹果底部

Step 08 新建"曲线"图层，再次拉暗苹果底部，并向下创建剪贴蒙版，如下左图所示。

Step 09 创建"反向"蒙版，选择画笔工具，设置硬度为0%、不透明度为10%~20%、颜色纯白，在蒙版上涂抹苹果最底部，适当降低图层不透明度，此处设置73%，效果如下右图所示。

设置曲线参数

在图层蒙版上涂抹苹果最底部

Step 10 新建空白图层，选择画笔工具，设置大小为1000像素、硬度为0%、不透明度在5%~15%之间，绘制苹果受光面，向下创建剪贴蒙版，然后设置图层混合模式为"滤色"、不透明度为70%，效果如下左图所示。

Step 11 在"苹果"图层的下方新建3个图层，使用画笔工具绘制阴影，颜色#100302，第1个图层绘制界线，颜色加深，设置图层混合模式为"正片叠底"，适当降低不透明度，效果如下右图所示。

制作受光面

绘制阴影界线

Step 12 第2个图层绘制延伸深阴影，绘制完后并执行"高斯模糊"命令，具体参数用户要看实际需要设置，颜色稍浅点，设置图层混合模式为"正片叠底"，适当降低不透明度，如下左图所示。

Step 13 第3个图层，使用多边形套索工具绘制苹果的长阴影选区，填充颜色为#100302，然后执行"滤镜>模糊>方框模糊"命令，设置半径数值在40以上，效果如下右图所示。

绘制延伸深阴影

绘制长阴影选区

Step 14 为该阴影图层添加图层蒙版，使用画笔工具适当涂抹阴影部分，然后设置图层混合模式为"正片叠底"，适当降低不透明度。至此，主体苹果设计完成，效果如下图所示。

查看设置苹果的效果

14.5.3　添加海报修饰素材

背景和主体设计完成后，感觉整体版面很单调，下面添加一些修饰素材，如落叶和文字，具体操作方法如下。

Step 01 在最上方新建空白图层，使用钢笔工具绘制落叶并填充颜色，按Ctrl+J组合键复制3层，并调整复制图层的位置、大小和颜色，执行"滤镜>模糊>动感模糊"命令，进行模糊处理，效果如下图所示。

绘制落叶形状

Step 02 选中落叶所有图层按Ctrl+E组合键合并图层，按Ctrl+J组合键复制一层，调整位置和大小，效果如下左图所示。

Step 03 单击"创建新的填充或调整图层"下三角按钮，在列表中选择"照片滤镜"选项，在"属性"面板中设置相关参数，如下右图所示。

合并图层

设置照片滤镜参数

Step 04 新建"色彩平衡"图层，设置中间调的相关参数，如下左图所示。

Step 05 单击"色调"下三角按钮，选择"阴影"选项，设置相关参数，如下中图所示。

Step 06 单击"色调"下三角按钮，选择"高光"选项，设置相关参数，如下右图所示。

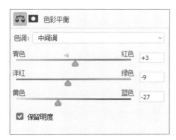

设置中间调参数

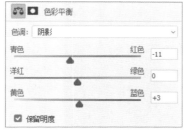

设置阴影参数

设置高光参数

Step 07 新建"颜色查找"图层，3DLUT文件选择LateSunset.3DL，图层不透明度设置为30%，效果如下左图所示。

Step 08 新建文本图层，输入标题文字，设置文字的格式，字体颜色为#ffedd9，效果如下右图所示。

设置颜色查找的效果

输入文字

Step 09 新建文本图层，输入副标题文字，设置文字的格式，文字颜色为#ffedd9，效果如下左图所示。

Step 10 新建文本图层，输入正文内容，设置文字的格式，文字颜色颜色#ffefad，效果如下右图所示。

输入副标题

输入正文内容

Step 11 按Ctrl+J组合键复制正文内容图层，然后删除内容，重新输入相关文字，然后在右下角输入相关信息，效果如下左图所示。

Step 12 按Ctrl+Alt+Shift+E组合键盖印图层，再按Ctrl+J组合键复制一层，设置图层的混合模式为"正片叠底"、不透明度为20%，如下右图所示。

输入其他文字信息   复制图层

Step 13 至此，苹果创意海报制作完成，最终效果如下图所示。用户可以尝试更换素材或场景，制作出其他海报效果。

查看最终效果